实用多元统计分析

主　编：向东进

副主编：李宏伟　刘小雅

中国地质大学出版社

内容简介

本书以介绍实用数理统计方法为目的，内容包括：矩阵代数与概率统计的一些基础知识、回归分析、判别分析、聚类分析、主成分分析与典型相关分析、因子分析与对应分析，书中例题大都是各个领域的实际应用问题，基本上是利用功能强大的统计软件 SPSS 计算的。

本书主要为理工科非数学专业研究生编写，也可以作为信息、管理类等有关专业的高年级本科生教材，还可以作为统计方法应用工作者的参考书籍。

图书在版编目(CIP)数据

实用多元统计分析/向东进主编．—武汉：中国地质大学出版社，2005.9(2011.3 重印)

ISBN 978-7-5625-2047-4

Ⅰ.①实…

Ⅱ.①向…

Ⅲ.①多元分析：统计分析

Ⅳ.①O212.4

中国版本图书馆 CIP 数据核字(2011)第 023656 号

实用多元统计分析　　向东进 主编

李宏伟　刘小雅 副主编

责任编辑：方　菊　　责任校对：张咏梅

出版发行：中国地质大学出版社(武汉市洪山区鲁磨路 388 号)　　邮政编码：430074

电　话：(027)67883511　　传真：67883580　　E-mail：cbb@cug.edu.cn

经　销：全国新华书店　　http://www.cugp.cn

开本：787 毫米×1092 毫米 1/16　　字数：300 千字　印张：12

版次：2005 年 9 月第 1 版　　印次：2011 年 3 月第 3 次印刷

印刷：湖北睿智印务有限公司　　印数：3 001—5 000 册

ISBN 978-7-5625-2047-4　　定价：25.00 元

"研究生系列教材"总序

在中国地质大学研究生院建院二十周年来临之际，第一批反映我校研究生教学与科学研究成果的"研究生系列教材"出版了，这是我校研究生教育发展过程中的一件大事，可喜可贺！

随着我校研究生招生规模的不断扩大，如何保证研究生的培养质量是我们必须积极思考并努力着手解决的问题。这套研究生系列教材的及时出版，正是一个很有力的举措。研究生教材建设是保证和提高研究生培养质量的重要手段，是反映一个学校教师队伍的学术水平和教学水平的宏观尺度，更是具有战略性意义的基本建设。各门课程必须有高质量的教材，才能使研究生通过学习，掌握各门学科的坚实的基础理论和系统的专门知识，为从事科学研究工作打下良好的基础。因此，我校研究生院筹集资金设立了"研究生教材建设基金"，资助出版"研究生系列教材"以满足本校各学科研究生教学的需要，促进我校研究生教材建设工作，提高研究生培养质量。

由于研究生具有人才的高层次性、培养的超前性和学习的研究性等特点，这就要求研究生教材并不是本科生教材的简单深化和延续，而应该结合学校的学科专业结构和特色来编写系统性、新颖性、适用性融为一体的研究生教材。这套"研究生系列教材"以具有我校特色的研究生课程教材为主，既有基础理论教材，又有研究生专业课教材，准备在今后数年内分批次出版。"研究生系列教材"总的特色是从我校研究生的教学实际需要出发，根据各门课程在各专业研究生培养中的地位和作用，在内容上求新、求深、求精。专业课程教材还要力求高起点，反映科学规律，追踪该学科专业的发展前沿，反映国内外的最新研究成果。

虽然，我们的主观愿望是尽可能组织编写出一套特色鲜明、适用性强的高质量"研究生系列教材"，但由于我校研究生教材建设工作起步不久，经验不足，已出版的教材质量尚待在使用中检验，敬请校内外专家学者及读者不吝指教，我们将非常感谢。

姚书振

中国地质大学(武汉)研究生院　院长

2005年5月20日

目　录

第一章 绪 论

§1.1 什么是多元统计分析

科学研究是一个反复学习的过程.无论是研究自然现象还是社会现象,人们往往以解释某种现象或者预测某种变化趋势作为目标,然后通过收集数据并分析数据对这些目标进行检验,通常还会对所研究的现象提出一个改进的解释.在这个过程中,常常需要同时观测多个指标.例如,要衡量一个地区的经济发展状况,需要观测的指标有:总产值、利润、效益、劳动生产率、万元产值能耗、固定资产、流动资金周转率、物价、信贷、税收等等;在医学诊断中,要判断某人是否患病,也需要做多项指标的体检,如:血压、脉搏跳动次数、白血球、体温等等.像这样需要处理多个变量的观测数据的情况,如何进行有效的分析和研究呢?如果用一元统计方法,则必须把多个变量分开分析,一次处理一个变量,这样做有时候也许比较方便有效,但由于这种方法忽视了诸多变量间可能存在的相关性,因此,一般会丢失很多信息.另一种方法就是本书要讨论的多元统计方法,它同时对多个变量的观测数据进行分析.这样的分析对诸变量之间的关系、相依性和相对重要性都能提供有用信息.

许多多元分析方法的基本依据是多元正态分布的概率模型.因此,多元统计分析包括的主要内容有:多元正态总体的参数估计和假设检验以及常用的统计方法.这些方法是:多元数据图表示法、聚类分析、判别分析、回归分析、主成分分析、因子分析、对应分析、典型相关分析、路径分析和多维标度法等.本书主要介绍多元分析的各种常用方法.随着计算机技术的发展,已经产生了一些功能十分强大的标准统计分析软件包,从而使那些原本相当复杂方法的实现步骤变得容易起来.SPSS因其功能强大、容易学习、操作方便而备受国内科技工作者的青睐.本书中大多数应用实例是经由SPSS计算而得.

1.1.1 研究的内容和方法

英国著名统计学家肯德尔(Kendall)把多元统计分析所研究的内容和方法概括为以下几个方面:

(1)数据或结构化简.通过变量变换等方法将相互依赖的关系变成不相关,或者把高维空间的数据投影到低维空间,在不损失有价值信息的前提下尽可能简单地将被研究的现象描述出来,并希望这种表示能够很容易地进行解释.主成分分析、因子分析和对应分析都属于这类方法.

(2)分类和分组.即根据所测量的特征将一些"类似的"对象或变量分组,同时给出好的分组法则.如聚类分析和判别分析是解决这些问题的统计方法.

(3)研究变量间的依赖关系.人们对变量间关系的本质感兴趣.变量间是否相互独立?还

是有一个或多个变量依赖于其他变量？如果是后者，那么这种关系又是怎样的？能否建立变量之间的定量关系并用于预测或控制？可用回归分析方法解决这样的问题. 如果要分析两组变量之间的相互关系，可用典型相关分析.

(4)多元数据的统计推断. 主要是考虑参数估计和假设检验问题. 尤其是与多元正态分布有关的估计和假设检验问题. 通过假设检验，证实某些假设条件的合理性或支持原有的某种理论.

(5)多元统计分析的理论基础. 多元统计分析的理论基础包括多维随机向量，以及各种多元统计量，推导它们的分布并研究其性质，研究它们的抽样分布理论.

1.1.2 多元统计分析的应用

多元统计方法是科学研究的一种重要工具，其应用颇为广泛，下面我们列举一些这样的实际问题.

1. 医学

(1)在一项关于癌症患者对放射疗法反应的研究中，对一批患者测量六项反应指标. 因为难于同时解释所有变量的观测值，于是人们需要寻找刻画患者反应的一个简单综合性指标. 可以采用主成分分析方法达到这一数据化简的目的，而且不损失数据中蕴涵的主要信息.

(2)对视觉刺激(如闪光)的反应情况能够从头皮上用电脑记录下来. 在一项关于视觉系统多重硬化效应研究中，研究人员采用多元分析中的判别分析方法，建立数值判别法则，把由视觉疾病引起多重硬化的病人与没有这种病的人区分开来.

(3)随机抽取 200 名患有抑郁症的病人，按照测量到的指标，可以将他们分成不同的类型，这里可以采用聚类分析方法. 如果对阑尾炎患者进行诊断，则可根据病人的多种症状(体温、白血球、恶心、呕吐、腹部压痛感等)，采用判别分析方法判别此人患何种类型阑尾炎.

2. 商业和经济

(1)保险公司希望能够通过收集投保单位的一些金融变量的数据，以便应用多元分析中的判别分析建立一个判别准则，将投保者分为有偿付能力的和“预后不良”的两类，然后采取相应的补救措施，以防止后者破产.

(2)对我国 30 个省市自治区的社会情况进行分析，选取一些能反映社会情况的代表性指标，如：人口密度、城市和农村的平均每人每月收入和支出情况、居住面积、城市绿化率等等. 首先根据这些指标将 30 个省市自治区进行分类(聚类分析)，然后根据分类结果对社会情况进行综合评价.

(3)根据人均国民收入、人均工农业产值、人均消费水平等多种指标来判别一个国家的经济发展程度所属的类型.

(4)如何研究国民收入变量与投资性变量之间的相关关系？如何研究企业的经济效益指标与其资金、利税等主要财务指标之间的关系？可用典型相关分析.

(5)如何考察某产品的多个质量指标与影响产品质量的因素之间的关系？如何考察商品的销售量与商品价格、消费者的收入等等之间的关系？可否对今后的销售情况进行预测？可以采用多元回归分析方法.

(6)上市公司的经营业绩是投资者很关心的问题，对股票价格有直接的影响. 如何对上市公司的经济效益进行评价，供投资者择股参考呢？有人从上市公司的财务报表中选取了 7 项指标(每股税后利润、净资产利润率、资金利润率、主营业务利润率、应收账款周转率、税后利润增长率、主营业务收入增长率)做分析.研究者利用主成分分析确定了反映上市公司赢利水平、发展能力、经营能力的三个综合指标,对上市公司做了排序,供投资者参考.

3. 教育学

(1)如何对高考的成绩做因素分析?学生入学后的成绩与高考的各门成绩有何关系?

(2)如何对教师的教学活动做出合理的评价?研究人员选取了反映教学态度、教学水平、教学方法和教学效果几个方面的共计 13 项指标,运用主成分分析方法,确定评价教师教学质量的综合指标,并运用聚类分析方法对教师做了分类.

4. 体育科学

林登于 1977 年对奥林匹克运动会十项全能成绩用因子分析方法确定了四个基本体力因子:短跑速度、臂力,长跑耐力、腿力.在这里,目的是确定观测变量(田径运动成绩)对潜在变量(体力因子)的依赖关系.

5. 生物学和生态学

(1)在植物育种研究中,当植物收获时,我们要选择种子,以保证在一些特征上,下一代优于上一代.这时往往要测量、评价很多特征.育种者的目标就是在最短的时间内,使遗传基因达到最大.可以用因子分析方法和判别分析方法.

(2)一项研究探讨了中国七星瓢虫在黄海、渤海的群聚与近期气象条件的关系,另一项研究对 1 000 个类似的鱼类样本进行分类,根据测量的特征,如体重、身长、鳍数、鳍长、头宽等,将这些鱼分成若干个不同品种.

6. 环境保护

(1)有学者研究了洛杉矶地区大气污染物的浓度.在一项研究中,在较长的一段时间内,每天测量与污染物有关的七个变量.空气污染的程度在一周内是否固定不变,或周末与平时是否有显著差异,要知道这些庞杂的测量数据是否能用一种容易解释的方式加以归纳化简.可以用假设检验和数据化简方法.

(2)为了了解某大型化工厂对环境的污染程度,可在厂区建立多个监测点,每天定时测定各种污染气体的浓度.可用统计方法将厂区按污染情况分为严重污染、一般污染和轻微污染三类;并为今后建立监测点提供经济合理的方案.

7. 地质学

(1)在一项关于沉积物体积等级分布的研究中,多元分析被用于构造 10 个变量的两个线性函数,以便地质学家区分五种沉积环境,所获得的结果使人们大大减少了为区别不同沉积类型所必须做的一些实验室工作.

(2)在一项关于金矿地球化学特征的研究中,研究人员应用相关分析、因子分析和回归分析方法确定了金的指示性元素,划分了成矿阶段,对未知地区进行了含矿性预测.

8. 心理学

在一项冒险行为的研究中,随机地分配每个学生去接受三种不同训练或"处理"的一种,然后,用同一测验的两种形式去检查他们,对错误反应给予高、低两种处罚分数.这样的测验得分与带有不同风险的训练方案有关.我们需要考察的是:在用测验得分度量可察觉的风险方面,不同的训练是否确有差别?需要利用假设检验方法.

9. 气象学

研究人员为了确定树木年龄与各种气候参数之间的定量关系，首先确定了年轮所包含的气候信息的类型，然后找出公元 1 700 年以来的气候异常现象. 他们应用多元分析方法把海量的数据化简到人们能够处理的范围之内. 又重新定义了几个新变量，并对它们做较为简单的统计分析和解释.

10. 社会学

调查青年对婚姻家庭的态度，如：对文化和职业的要求，对经济收入的态度，对老人的责任，对相貌的重视等等作为主要因素分析，以便进行正确引导和思想教育.

11. 考古学

考古学家根据挖掘出来的人头盖骨的高、宽等特征来判断是男或女，根据挖掘出的动物牙齿的有关测试指标，判别它是属于哪一类动物，是哪一时代的.

12. 军事科学

现代战争中的空情信息复杂多变，如何合理地区分空中目标，以提取其主要信息，是空情信息处理的一个重要方面. 可以基于多元统计的思想，采用聚类分析和判别分析的方法，对空中目标进行区分、辨别，为指挥人员提供作战决策的依据.

13. 文学

关于《红楼梦》一书的作者一直存在争议，一般认为前 80 回为曹雪芹所作，后 40 回为高鹗所续. 对此，能否从数学上做出论证？复旦大学李贤平教授带领他的学生们将 120 回看成是 120 个样本，选定与情节无关的虚词作为变量，并以每一回里这些变量出现的次数作为数据，然后用聚类方法进行分类，果然将 120 回分为两类，即前 80 回为一类，后 40 回为另一类. 之后还论证前 80 回确为曹雪芹所写，后 40 回却不是高鹗一人所写. 这个论证在红学界引起了很大轰动.

§1.2　利用多元统计方法解决实际问题的大致步骤

利用多元统计分析方法解决实际问题时，我们往往要做好以下几个步骤的工作.

1. 提炼具体问题，确定欲达目标

各个领域的实际问题，涉及的变量往往很多，变量之间的关系也复杂多样，由于种种局限使得我们不可能在研究中面面俱到，我们只能集中精力抓主要矛盾. 因此，提炼问题，确定切实可行的目标就成为首要步骤.

2. 根据定性理论，设置指标变量

对于实际的研究问题，确定了目标之后，立即面临了一个具体问题：在该项研究中应涉及哪些指标变量?这要求依据与研究对象有关的定性理论进行分析研究. 对于研究自己不熟悉领域的问题，在选择变量时要与有关专家合作. 另外还要注意，漏掉重要变量肯定会影响研究效果，但也不是引入的变量越多越好 . 关于这一点，我们在介绍具体的多元统计分析方法时，将会有深入的解释. 总之，指标变量的确定是一项非常重要的工作，一般不能一次就完全确定，通常要经过反复试算才能选定一些合适的变量.

3. 收集、整理统计数据

统计模型的建立基于指标变量的样本统计数据，样本数据的质量对统计模型的应用效果有至关重要的影响.

常用的样本数据分为时间序列数据和横截面数据.时间序列数据是按时间顺序排列的统计数据.对于收集到的时间序列数据,我们要注意数据的可比性,如历年的国民收入数据,是不是按可比价格计算的?对于没有可比性的统计数据要进行整理.在应用一些多元分析方法时,要消除时间序列数据的序列相关性.横截面数据是在同一时间截面上的统计数据,采用这种数据时,要注意消除异方差性.

在整理统计数据时,不仅要对一些变量的数据进行折算、差分,有时还要用到把数据对数化、标准化等变换方式,有时还须注意剔除个别异常值,必要时,还要利用插值方法把空缺的数据补齐.

4. 根据目标和数据,选择统计方法,构造理论模型

在收集到所设置变量的数据之后,就要确定适当的数学模型来描述研究对象.在这个步骤中,要将研究对象所遵循的基本原理与数学方法相结合.如做回归分析时,一方面可以画出因变量与自变量的散点图,另一方面也要依据有关理论知识,确定回归模型.有时候,我们无法根据所获得的信息确定模型的形式,这时可以采用不同的形式进行计算机模拟,从不同的模拟结果中,选择较好的一个作为理论模型.

5. 进行统计计算,估计模型参数,求得一些结果

此工作现在基本上都由统计软件来做.

6. 模型的检验与修改

当模型的未知参数估计出来,各种计算也已完成之后,已经初步建立了一个统计模型,但这个统计模型是否真正揭示了所研究问题的实质呢?还有待对模型进行检验.

检验过程包括统计检验和模型实际意义的检验.在没有通过检验的情况下,需要对模型做修改,有时要经过反复修改,方能得到一个理想模型.

7. 统计模型的应用

当一个实际问题的统计模型通过了各种检验之后,我们就可以运用它做进一步的分析研究.需要说明的是,在统计模型的应用中,要注意将定性分析与定量分析有机结合起来.这是因为统计方法只是从事物外在性的数量上去研究问题,这种纯数量的关系是否反映了事物的本质,还有待专门学科的研究才能下定论.

第二章　矩阵代数基础知识

§2.1　矩阵代数的基础知识

2.1.1　矩阵的概念及其运算

定义 2.1　将 $m \times n$ 个实数 $a_{ij}(i=1,2,\cdots,m;j=1,2,\cdots,n)$ 排成一个数阵

$$A=\begin{pmatrix} a_{11} & a_{12} & \cdots & a_{1n} \\ a_{21} & a_{22} & \cdots & a_{2n} \\ \vdots & \vdots & & \vdots \\ a_{m1} & a_{m2} & \cdots & a_{mn} \end{pmatrix}$$

称 A 为 $m \times n$ 矩阵. 常记为 $A=(a_{ij})_{m\times n}$,a_{ij} 表示是 A 的元素,m、n 分别表示 A 的行数和列数.

元素全为零的矩阵称为零矩阵,记为 O.

$m=1$ 的矩阵称为行向量;$n=1$ 的矩阵称为列向量.

$m=n$ 的矩阵称为 n 阶方阵. 元素 $a_{ii}(i=1,2,\cdots,n)$ 称为方阵主对角线上的元素,其他元素称为非对角元素.

主对角线上的元素全为 1,非对角元素全为零的方阵称为单位矩阵,记为 I.

定义 2.2　把矩阵 A 的行元素换成同序数的列元素得到的一个新矩阵,称为 A 的转置矩阵,

记为

$$A^{\mathrm{T}}=\begin{pmatrix} a_{11} & a_{12} & \cdots & a_{1n} \\ a_{21} & a_{22} & \cdots & a_{2n} \\ \vdots & \vdots & & \vdots \\ a_{m1} & a_{m2} & \cdots & a_{mn} \end{pmatrix}^{\mathrm{T}}=\begin{pmatrix} a_{11} & a_{21} & \cdots & a_{m1} \\ a_{12} & a_{22} & \cdots & a_{m2} \\ \vdots & \vdots & & \vdots \\ a_{1n} & a_{2n} & \cdots & a_{mn} \end{pmatrix}$$

$A^{\mathrm{T}}=A$ 的方阵称为对称矩阵. $A^{\mathrm{T}}=-A$ 的方阵称为反对称矩阵.

定义 2.3　两个行数、列数都相等的矩阵称为同型矩阵.

两个同型矩阵 $A=(a_{ij})_{m\times n}$、$B=(b_{ij})_{m\times n}$ 的各个对应元素分别相等,即 $a_{ij}=b_{ij}(i=1,2,\cdots,m;j=1,2,\cdots,n)$,称 A 与 B 相等,记为 $A=B$.

两个同型矩阵 $A=(a_{ij})_{m\times n}$、$B=(b_{ij})_{m\times n}$ 的和、差定义为 $A\pm B=(a_{ij}\pm b_{ij})_{m\times n}$.

数 k 与矩阵 A 的乘积定义为 $kA=(ka_{ij})_{m\times n}$.

矩阵 $A=(a_{ij})_{m\times p}$ 与矩阵 $B=(b_{ij})_{p\times n}$ 的乘积定义为 $AB=(c_{ij})_{m\times n}$,其中 $c_{ij}=\sum\limits_{k=1}^{p}a_{ik}b_{kj}$,$(i=1,2,\cdots,m;j=1,2,\cdots,n)$.

上述转置运算以及另外四种运算符合以下的规律:

$$A+(-1)A=\boldsymbol{O},(A\pm B)^{\mathrm{T}}=A^{\mathrm{T}}\pm B^{\mathrm{T}},(AB)^{\mathrm{T}}=B^{\mathrm{T}}A^{\mathrm{T}}$$
$$(A^{\mathrm{T}})^{\mathrm{T}}=A,A(BC)=(AB)C,A(B+C)=AB+AC$$

2.1.2　矩阵的微分运算

定义 2.4　设 $\boldsymbol{X}=(x_{ij}(t))_{m\times n}$ 是矩阵，它的各个元素是 t 的函数，下列矩阵是它的微分矩阵：

$$\frac{\mathrm{d}\boldsymbol{X}}{\mathrm{d}t}=\begin{pmatrix} x'_{11}(t) & x'_{12}(t) & \cdots & x'_{1n}(t) \\ x'_{21}(t) & x'_{22}(t) & \cdots & x'_{2n}(t) \\ \vdots & \vdots & & \vdots \\ x'_{m1}(t) & x'_{m2}(t) & \cdots & x'_{mn}(t) \end{pmatrix}=(x'_{ij}(t))_{m\times n}$$

由定义 2.4 可得以下运算公式：

$$\frac{\mathrm{d}(\boldsymbol{X}+\boldsymbol{Y})}{\mathrm{d}t}=\frac{\mathrm{d}\boldsymbol{X}}{\mathrm{d}t}+\frac{\mathrm{d}\boldsymbol{Y}}{\mathrm{d}t}$$
$$\frac{\mathrm{d}(\boldsymbol{XY})}{\mathrm{d}t}=\frac{\mathrm{d}\boldsymbol{X}}{\mathrm{d}t}\boldsymbol{Y}+\boldsymbol{X}\frac{\mathrm{d}\boldsymbol{Y}}{\mathrm{d}t}$$

定义 2.5　设多元函数 $f(x_1,x_2,\cdots,x_n)$ 是可微的，记 n 维向量 $\boldsymbol{x}=(x_1,x_2,\cdots,x_n)^{\mathrm{T}}$，称向量

$$\frac{\partial f(\boldsymbol{x})}{\partial \boldsymbol{x}}=(\frac{\partial f}{\partial x_1},\frac{\partial f}{\partial x_2},\cdots,\frac{\partial f}{\partial x_n})^{\mathrm{T}}\text{ 是函数 } f(\boldsymbol{x}) \text{ 的微分向量}.$$

由定义 2.5 有下述微分运算结论.

定理 2.1　设 $\boldsymbol{x}=(x_1,x_2,\cdots,x_n)^{\mathrm{T}}$，已知向量 $\boldsymbol{a}=(a_1,a_2,\cdots,a_n)^{\mathrm{T}}$，则 $\dfrac{\partial(\boldsymbol{x}^{\mathrm{T}}\boldsymbol{a})}{\partial \boldsymbol{x}}=\boldsymbol{a}$.

证　因 $\boldsymbol{x}^{\mathrm{T}}\boldsymbol{a}=a_1x_1+a_2x_2+\cdots+a_nx_n$，根据定义 5 有

$$\frac{\partial(\boldsymbol{x}^{\mathrm{T}}\boldsymbol{a})}{\partial \boldsymbol{x}}=\left(\frac{\partial(\boldsymbol{x}^{\mathrm{T}}\boldsymbol{a})}{\partial x_1},\frac{\partial(\boldsymbol{x}^{\mathrm{T}}\boldsymbol{a})}{\partial x_2},\cdots,\frac{\partial(\boldsymbol{x}^{\mathrm{T}}\boldsymbol{a})}{\partial x_n}\right)^{\mathrm{T}}$$
$$=(a_1,a_2,\cdots,a_n)^{\mathrm{T}}=\boldsymbol{a}$$

故定理结论成立.□

特别地，当 $\boldsymbol{a}=\boldsymbol{x}$ 时，有 $\dfrac{\partial(\boldsymbol{x}^{\mathrm{T}}\boldsymbol{x})}{\partial \boldsymbol{x}}=2\boldsymbol{x}$.

因为 $\boldsymbol{x}^{\mathrm{T}}\boldsymbol{x}=x_1^2+x_2^2+\cdots+x_n^2$，所以

$$\frac{\partial(\boldsymbol{x}^{\mathrm{T}}\boldsymbol{x})}{\partial \boldsymbol{x}}=\left(\frac{\partial(\boldsymbol{x}^{\mathrm{T}}\boldsymbol{x})}{\partial x_1},\frac{\partial(\boldsymbol{x}^{\mathrm{T}}\boldsymbol{x})}{\partial x_2},\cdots,\frac{\partial(\boldsymbol{x}^{\mathrm{T}}\boldsymbol{x})}{\partial x_n}\right)^{\mathrm{T}}$$
$$=(2x_1,2x_2,\cdots,2x_n)^{\mathrm{T}}=2\boldsymbol{x}\quad\square$$

定理 2.2　设 $\boldsymbol{x}=(x_1,x_2,\cdots,x_n)^{\mathrm{T}}$，$\boldsymbol{B}=(b_{ij})_{n\times n}$ 是一对称矩阵，则 $\dfrac{\partial(\boldsymbol{x}^{\mathrm{T}}\boldsymbol{Bx})}{\partial \boldsymbol{x}}=2\boldsymbol{Bx}$.

证　注意到 $\boldsymbol{B}$ 是对称矩阵，故

$$\boldsymbol{x}^{\mathrm{T}}\boldsymbol{Bx}=\sum_{i=1}^{n}\sum_{j=1}^{n}b_{ij}x_ix_j=x_1(\sum_{j=1}^{n}b_{1j}x_j)+x_2(\sum_{j=1}^{n}b_{2j}x_j)+\cdots+x_n(\sum_{j=1}^{n}b_{nj}x_j)$$
$$=b_{11}x_1^2+b_{22}x_2^2+\cdots+b_{nn}x_n^2+2b_{12}x_1x_2+\cdots+2b_{n-1,n}x_{n-1}x_n$$

所以对每一个变量 $x_i(i=1,2,\cdots,n)$，有

$$\frac{\partial(\boldsymbol{x}^{\mathrm{T}}\boldsymbol{Bx})}{\partial x_i}=\sum_{j=1}^{n}b_{ij}x_j+x_1b_{1i}+x_2b_{2i}+\cdots+x_nb_{ni}$$

$$= \sum_{j=1}^{n} x_j b_{ji} + \sum_{j=1}^{n} b_{ij} x_j = 2\sum_{j=1}^{n} b_{ij} x_j \qquad (i = 1,2,\cdots,n)$$

故向量$\dfrac{\partial(\boldsymbol{x}^{\mathrm{T}}\boldsymbol{B}\boldsymbol{x})}{\partial \boldsymbol{x}} = \left(2\sum_{j=1}^{n} b_{1j}x_j, 2\sum_{j=1}^{n} b_{2j}x_j, \cdots, 2\sum_{j=1}^{n} b_{nj}x_j\right)^{\mathrm{T}} = 2\boldsymbol{B}\boldsymbol{x}$ □

定理 2.3　设 $\boldsymbol{x} = (x_1, x_2, \cdots, x_n)^{\mathrm{T}}$ 是 n 维向量，$\boldsymbol{y} = (y_1, y_2, \cdots, y_m)^{\mathrm{T}}$ 是 m 维向量，$\boldsymbol{B} = (b_{ij})_{n\times m}$ 是 $n \times m$ 矩阵，则$\dfrac{\partial(\boldsymbol{x}^{\mathrm{T}}\boldsymbol{B}\boldsymbol{y})}{\partial \boldsymbol{x}} = \boldsymbol{B}\boldsymbol{y}$，$\dfrac{\partial(\boldsymbol{x}^{\mathrm{T}}\boldsymbol{B}\boldsymbol{y})}{\partial \boldsymbol{y}} = \boldsymbol{B}^{\mathrm{T}}\boldsymbol{x}$.

证　因为 $\boldsymbol{x}^{\mathrm{T}}\boldsymbol{B}\boldsymbol{y} = x_1\left(\sum_{j=1}^{m} b_{1j}y_j\right) + x_2\left(\sum_{j=1}^{m} b_{2j}y_j\right) + \cdots + x_n\left(\sum_{j=1}^{m} b_{nj}y_j\right)$

$$= y_1\left(\sum_{i=1}^{n} b_{i1}x_i\right) + y_2\left(\sum_{i=1}^{n} b_{i2}x_i\right) + \cdots + y_m\left(\sum_{i=1}^{n} b_{im}x_i\right)$$

所以向量$\dfrac{\partial(\boldsymbol{x}^{\mathrm{T}}\boldsymbol{B}\boldsymbol{y})}{\partial \boldsymbol{x}} = \left(\dfrac{\partial(\boldsymbol{x}^{\mathrm{T}}\boldsymbol{B}\boldsymbol{y})}{\partial x_1}, \dfrac{\partial(\boldsymbol{x}^{\mathrm{T}}\boldsymbol{B}\boldsymbol{y})}{\partial x_2}, \cdots, \dfrac{\partial(\boldsymbol{x}^{\mathrm{T}}\boldsymbol{B}\boldsymbol{y})}{\partial x_n}\right)^{\mathrm{T}}$

$$= \left(\sum_{j=1}^{m} b_{1j}y_j, \sum_{j=1}^{m} b_{2j}y_j, \cdots, \sum_{j=1}^{m} b_{nj}y_j\right)^{\mathrm{T}} = \boldsymbol{B}\boldsymbol{y}$$

$$\frac{\partial(\boldsymbol{x}^{\mathrm{T}}\boldsymbol{B}\boldsymbol{y})}{\partial \boldsymbol{y}} = \left(\frac{\partial(\boldsymbol{x}^{\mathrm{T}}\boldsymbol{B}\boldsymbol{y})}{\partial y_1}, \frac{\partial(\boldsymbol{x}^{\mathrm{T}}\boldsymbol{B}\boldsymbol{y})}{\partial y_2}, \cdots, \frac{\partial(\boldsymbol{x}^{\mathrm{T}}\boldsymbol{B}\boldsymbol{y})}{\partial y_m}\right)^{\mathrm{T}}$$

$$= \left(\sum_{i=1}^{n} b_{i1}x_i, \sum_{i=1}^{n} b_{i2}x_i, \cdots, \sum_{i=1}^{n} b_{im}x_i\right)^{\mathrm{T}} = \boldsymbol{B}^{\mathrm{T}}\boldsymbol{x} \quad \square$$

2.1.3　方阵的行列式与逆矩阵

定义 2.6　由 n 阶方阵的 $\boldsymbol{A} = (a_{ij})_{n\times n}$ 元素组成的行列式叫做方阵的行列式，记作 $|\boldsymbol{A}|$. 如果 $|\boldsymbol{A}| \neq 0$，称 $\boldsymbol{A}$ 为非奇异阵，否则称为奇异阵.

定义 2.7　对于 n 阶方阵 $\boldsymbol{A}$，如果存在 n 阶方阵 $\boldsymbol{B}$，使得 $\boldsymbol{AB} = \boldsymbol{BA} = \boldsymbol{I}$，则称矩阵 $\boldsymbol{A}$ 是可逆的，并称 $\boldsymbol{B}$ 是 $\boldsymbol{A}$ 的逆矩阵，记作 $\boldsymbol{A}^{-1} = \boldsymbol{B}$.

方阵行列式和逆矩阵的重要性质有：

1°　$|k\boldsymbol{A}| = k^n|\boldsymbol{A}|$，其中 $\boldsymbol{A}$ 是 n 阶方阵，k 是常数.

2°　$|\boldsymbol{AB}| = |\boldsymbol{A}| \cdot |\boldsymbol{B}|$，其中 $\boldsymbol{A}$、$\boldsymbol{B}$ 均为方阵.

3°　$|\boldsymbol{A}^{\mathrm{T}}| = |\boldsymbol{A}|$，$|\boldsymbol{A}^{-1}| = (|\boldsymbol{A}|)^{-1}$.

4°　如果方阵是可逆的，则逆矩阵是惟一的.

5°　方阵可逆的充分必要条件是其为非奇异阵.

6°　$(\boldsymbol{AB})^{-1} = \boldsymbol{B}^{-1}\boldsymbol{A}^{-1}$，$(\boldsymbol{A}^{\mathrm{T}})^{-1} = (\boldsymbol{A}^{-1})^{\mathrm{T}}$.

2.1.4　方阵的特征值与特征向量

定义 2.8　对于 n 阶方阵 $\boldsymbol{A}$，如果存在数 λ 和 n 维非零向量 $\boldsymbol{x}$，使得 $\boldsymbol{A}\boldsymbol{x} = \lambda\boldsymbol{x}$，则称数 λ 为方阵 $\boldsymbol{A}$ 的特征值，$\boldsymbol{x}$ 为对应于 λ 的特征向量.

方程组 $\boldsymbol{A}\boldsymbol{x} = \lambda\boldsymbol{x}$，即 $(\boldsymbol{A} - \lambda\boldsymbol{I})\boldsymbol{x} = \boldsymbol{0}$ 有非零解 $\boldsymbol{x}$ 的充要条件是系数行列式等于零. 即 $|\boldsymbol{A} - \lambda\boldsymbol{I}| = 0$. 此式称为 $\boldsymbol{A}$ 的特征方程. 等式左端

$$|\boldsymbol{A} - \lambda\boldsymbol{I}| = \begin{vmatrix} a_{11} - \lambda & a_{12} & \cdots & a_{1n} \\ a_{21} & a_{22} - \lambda & \cdots & a_{2n} \\ \vdots & \vdots & & \vdots \\ a_{n1} & a_{n2} & \cdots & a_{nn} - \lambda \end{vmatrix}$$

是一个关于未知量 λ 的 n 次多项式，称为 $\boldsymbol{A}$ 的特征多项式.

特征值和特征向量是两个极为重要的概念，它们在本书所介绍的判别分析、主成分分析、典型相关分析中起重要作用. 下面是一些有关的结论：

1° n 阶方阵 $\boldsymbol{A}$ 有且恰有 n 个特征值. 这些特征值可以是实数，也可以是复数.

2° 设 n 阶方阵 $\boldsymbol{A}=(a_{ij})_{n\times n}$ 的特征值分别为 $\lambda_1,\lambda_2,\cdots,\lambda_n$，则 $\lambda_1+\lambda_2+\cdots+\lambda_n=a_{11}+a_{22}+\cdots+a_{nn}$.

3° n 阶方阵 $\boldsymbol{A}$ 与 $\boldsymbol{A}^{\mathrm{T}}$ 有相同的特征值.

4° 如果 $\boldsymbol{A}$ 是 $m\times n$ 阶矩阵，$\boldsymbol{B}$ 是 $n\times m$ 阶矩阵，则 $\boldsymbol{AB}$ 和 $\boldsymbol{BA}$ 有相同的非零特征值.

5° 实对称矩阵的特征值都是实数. 因此，实对称矩阵的特征值可以按大小次序排成 $\lambda_1\geqslant\lambda_2\geqslant\cdots\geqslant\lambda_n$.

6° 实对称矩阵 $\boldsymbol{A}$ 的不同特征值所对应的特征向量是正交的. 因此，存在正交矩阵 $\boldsymbol{P}$，使得 $\boldsymbol{P}^{-1}\boldsymbol{AP}=\boldsymbol{\Lambda}$，其中 $\boldsymbol{\Lambda}$ 是以 $\boldsymbol{A}$ 的 n 个特征值为对角元素的对角矩阵.

7° 实对称矩阵 $\boldsymbol{A}$ 为正定矩阵的充分必要条件是 $\boldsymbol{A}$ 的特征值都是正的. 因此，矩阵 $\boldsymbol{A}$ 是非奇异的.

8° 如果 $\boldsymbol{A}$ 是 n 阶正定矩阵，$\boldsymbol{B}$ 是 $n\times m(m\leqslant n)$ 阶矩阵，且 $R(\boldsymbol{B})=m$，则 $\boldsymbol{B}^{\mathrm{T}}\boldsymbol{AB}$ 是正定阵.

2.1.5　矩阵的秩、迹与正交矩阵

定义 2.9　矩阵 $\boldsymbol{A}$ 的行(或列)向量组的秩称为这个矩阵的秩，记作 $R(\boldsymbol{A})$.

矩阵 $\boldsymbol{A}$ 的秩可反映该矩阵的很多特性，它有以下主要性质：

1° $R(\boldsymbol{A})=R(\boldsymbol{A}^{\mathrm{T}})$.

2° $R(\boldsymbol{AB})\leqslant\min\{R(\boldsymbol{A}),R(\boldsymbol{B})\}$.

3° 如果方阵 $\boldsymbol{B}$、$\boldsymbol{C}$ 都是非奇异的，则 $R(\boldsymbol{BAC})=R(\boldsymbol{A})$.

4° n 阶方阵 $\boldsymbol{A}$ 为非奇异阵的充分必要条件是 $R(\boldsymbol{A})=n$，并称 $\boldsymbol{A}$ 是满秩的.

定义 2.10　n 阶方阵 $\boldsymbol{A}$ 主对角线上的元素之和称为这个矩阵的迹，记为 $\mathrm{tr}\boldsymbol{A}=\sum_{i=1}^{n}a_{ii}$.

任意方阵的迹具有下列性质：

1° $\mathrm{tr}\boldsymbol{A}=\mathrm{tr}\boldsymbol{A}^{\mathrm{T}}$.

2° $\mathrm{tr}(\boldsymbol{A}+\boldsymbol{B})=\mathrm{tr}\boldsymbol{A}+\mathrm{tr}\boldsymbol{B}$.

3° $\mathrm{tr}(\boldsymbol{AB})=\mathrm{tr}(\boldsymbol{BA})$.

4° $\mathrm{tr}\boldsymbol{A}=\lambda_1+\lambda_2+\cdots+\lambda_n$，其中 $\lambda_i(i=1,2,\cdots,n)$ 是矩阵 $\boldsymbol{A}$ 的特征值.

定义 2.11　对于 n 阶方阵 $\boldsymbol{A}$，如果 $\boldsymbol{A}^{\mathrm{T}}\boldsymbol{A}=\boldsymbol{AA}^{\mathrm{T}}=\boldsymbol{I}$，则称 $\boldsymbol{A}$ 为正交矩阵.

正交矩阵有下列性质：

1° 若 $\boldsymbol{A}$ 是正交矩阵，则 $\boldsymbol{A}^{-1}=\boldsymbol{A}^{\mathrm{T}}$.

2° 正交矩阵的逆矩阵仍然是正交矩阵.

3° 两个正交矩阵的积仍然是正交矩阵.

4° 设 $\boldsymbol{A}$ 是正交矩阵，$\boldsymbol{B}$ 与 $\boldsymbol{A}$ 是同阶方阵，则 $\mathrm{tr}(\boldsymbol{A}^{\mathrm{T}}\boldsymbol{BA})=\mathrm{tr}(\boldsymbol{B})$.

2.1.6　二次型与正定阵

定义 2.12　含有 n 个变量 $x_1,x_2,\cdots,x_n$ 的二次齐次函数

$$f(x_1,x_2,\cdots,x_n)=\sum_{i=1}^{n}\sum_{j=1}^{n}a_{ij}x_ix_j=\boldsymbol{x}^{\mathrm{T}}\boldsymbol{A}\boldsymbol{x}$$

称为二次型，式中 $\boldsymbol{x}=(x_1,x_2,\cdots,x_n)^{\mathrm{T}}$，$\boldsymbol{A}=(a_{ij})_{n\times n}$ 是一个对称矩阵. 如果 a_{ij} 是复数，称 $f(\boldsymbol{x})$ 为复二次型；如果 a_{ij} 是实数，称 $f(\boldsymbol{x})$ 为实二次型.

如果存在可逆的线性变换 $\boldsymbol{x}=\boldsymbol{C}\boldsymbol{y}$，使得二次型只含平方项，即形如 $f=k_1y_1^2+k_2y_2^2+\cdots+k_ny_n^2$，称为二次型的标准形.

定义 2.13　设有实二次型 $f(\boldsymbol{x})=\boldsymbol{x}^{\mathrm{T}}\boldsymbol{A}\boldsymbol{x}$，如果对一切非零 n 维列向量 $\boldsymbol{x}$，有 $\boldsymbol{x}^{\mathrm{T}}\boldsymbol{A}\boldsymbol{x}>0$，则称实二次型 $f(\boldsymbol{x})=\boldsymbol{x}^{\mathrm{T}}\boldsymbol{A}\boldsymbol{x}$ 是正定的，相应的对称矩阵 $\boldsymbol{A}$ 是正定的；如果对一切非零 n 维列向量 $\boldsymbol{x}$，有 $\boldsymbol{x}^{\mathrm{T}}\boldsymbol{A}\boldsymbol{x}<0$，则称实二次型 $f(\boldsymbol{x})=\boldsymbol{x}^{\mathrm{T}}\boldsymbol{A}\boldsymbol{x}$ 是负定的，相应的对称矩阵 $\boldsymbol{A}$ 是负定的.

判断二次型 $f(\boldsymbol{x})=\boldsymbol{x}^{\mathrm{T}}\boldsymbol{A}\boldsymbol{x}$ 是否正定的主要方法有：

1°　实二次型 $f(\boldsymbol{x})=\boldsymbol{x}^{\mathrm{T}}\boldsymbol{A}\boldsymbol{x}$ 为正定的充分必要条件是：它的标准形中 n 个系数皆正.

2°　对称矩阵 $\boldsymbol{A}$ 为正定的充分必要条件是：$\boldsymbol{A}$ 的特征值皆正.

3°　对称矩阵 $\boldsymbol{A}$ 为正定的充分必要条件是：$\boldsymbol{A}$ 的各阶顺序主子式皆正，即

$$a_{11}>0,\begin{vmatrix}a_{11}&a_{12}\\a_{21}&a_{22}\end{vmatrix}>0,\cdots,\begin{vmatrix}a_{11}&\cdots&a_{1n}\\\vdots&&\vdots\\a_{n1}&\cdots&a_{nn}\end{vmatrix}>0$$

4°　对称矩阵 $\boldsymbol{A}$ 为负定的充分必要条件是：奇数阶主子式为负，而偶数阶主子式为正，即

$$(-1)^k\begin{vmatrix}a_{11}&\cdots&a_{1k}\\\vdots&&\vdots\\a_{k1}&\cdots&a_{kk}\end{vmatrix}>0,\qquad k=1,2,\cdots,n$$

§2.2　线性方程组

2.2.1　线性方程组解的结构

设非齐次方程组 $\boldsymbol{A}\boldsymbol{x}=\boldsymbol{b}$　　(2.1)

其中　$\boldsymbol{A}=\begin{pmatrix}a_{11}&a_{12}&\cdots&a_{1n}\\a_{21}&a_{22}&\cdots&a_{2n}\\\vdots&\vdots&&\vdots\\a_{m1}&a_{m2}&\cdots&a_{mn}\end{pmatrix}$，$\boldsymbol{x}=(x_1,x_2,\cdots,x_n)^{\mathrm{T}}$，$\boldsymbol{b}=(b_1,b_2,\cdots,b_m)^{\mathrm{T}}$.

记增广系数矩阵 $\boldsymbol{B}=\begin{pmatrix}a_{11}&a_{12}&\cdots&a_{1n}&b_1\\a_{21}&a_{22}&\cdots&a_{2n}&b_2\\\vdots&\vdots&&\vdots&\vdots\\a_{m1}&a_{m2}&\cdots&a_{mn}&b_m\end{pmatrix}$，与方程组(2.1)相应的齐次方程组为

$$\boldsymbol{A}\boldsymbol{x}=\boldsymbol{0}\tag{2.2}$$

关于方程组解的几个重要结论是：

1°　方程组(2.1)有解的充要条件是 $R(\boldsymbol{A})=R(\boldsymbol{B})$.

2°　当 $m=n$ 时，方程组(2.1)有惟一解的充要条件是 $\boldsymbol{A}$ 为非奇异阵. 这时，解为 $\boldsymbol{x}=\boldsymbol{A}^{-1}\boldsymbol{b}$.

3°　当 $m\neq n$ 时，如果 $R(\boldsymbol{A})=r<n$，则方程组(2.2)有无穷多组解，且解向量的全体构成 $n-r$ 维向量空间.

4° 方程组(2.2)的通解加上方程组(2.1)的一个特解,构成方程组(2.1)的通解.

在多元分析中,经常要进行的运算有:求矩阵的行列式或逆;解线性方程组;做某种递推运算等.下面介绍主要的计算方法.

2.2.2 高斯消去法

设 $m=n$ 时,非齐次线性方程组(2.1)中 $\boldsymbol{A}$ 为非奇异阵.为了书写方便,我们记 $\boldsymbol{A}=(a_{ij}^{(0)})_{n\times n}$,列向量 $\boldsymbol{b}$ 的元素记为 $\boldsymbol{b}=(a_{1,n+1}^{(0)},a_{2,n+1}^{(0)},\cdots,a_{n,n+1}^{(0)})^{\mathrm{T}}$.

假定 $a_{11}^{(0)}\neq 0$(否则可适当调换方程的次序,使得第一个方程的第一个系数非零),把第一个方程的 $-\dfrac{a_{21}^{(0)}}{a_{11}^{(0)}}$ 倍加到第二个方程上,消去第二个方程中的 x_1;类似地,把第一个方程的 $-\dfrac{a_{i1}^{(0)}}{a_{11}^{(0)}}$ 倍加到第 i 个方程上,消去第 i 个方程中的 $x_1(i=3,4,\cdots,n)$,得到

$$\begin{cases} a_{11}^{(0)}x_1+a_{12}^{(0)}x_2+a_{13}^{(0)}x_3+\cdots+a_{1n}^{(0)}x_n=a_{1,n+1}^{(0)} \\ \qquad a_{22}^{(1)}x_2+a_{23}^{(1)}x_3+\cdots+a_{2n}^{(1)}x_n=a_{2,n+1}^{(1)} \\ \qquad \cdots\cdots\cdots\cdots\cdots\cdots \\ \qquad a_{n2}^{(1)}x_2+a_{n3}^{(1)}x_3+\cdots+a_{nn}^{(1)}x_n=a_{n,n+1}^{(1)} \end{cases} \tag{2.3}$$

再假定 $a_{22}^{(1)}\neq 0$(否则可适当调换后 $n-1$ 个方程的次序,使得第二个方程的第一个系数非零),用上述同样的步骤在后 $n-2$ 个方程中消去 x_2,得到

$$\begin{cases} a_{11}^{(0)}x_1+a_{12}^{(0)}x_2+a_{13}^{(0)}x_3+\cdots+a_{1n}^{(0)}x_n=a_{1,n+1}^{(0)} \\ \qquad a_{22}^{(1)}x_2+a_{23}^{(1)}x_3+\cdots+a_{2n}^{(1)}x_n=a_{2,n+1}^{(1)} \\ \qquad\qquad a_{33}^{(2)}x_3+\cdots+a_{3n}^{(2)}x_n=a_{3,n+1}^{(2)} \\ \qquad\qquad \cdots\cdots\cdots\cdots\cdots\cdots \\ \qquad\qquad a_{n3}^{(2)}x_3+\cdots+a_{nn}^{(2)}x_n=a_{n,n+1}^{(2)} \end{cases} \tag{2.4}$$

其中

$$a_{ij}^{(2)}=\begin{cases} a_{ij}^{(1)}-a_{i2}^{(1)}a_{2j}^{(1)}/a_{22}^{(1)}, & i=3,4,\cdots,n;\quad j=3,4,\cdots,n,n+1 \\ 0, & i=3,4,\cdots,n;\quad j=1,2 \end{cases} \tag{2.5}$$

按照上述步骤进行 $n-1$ 次,得到方程组

$$\begin{cases} a_{11}^{(0)}x_1+a_{12}^{(0)}x_2+a_{13}^{(0)}x_3+\cdots+a_{1n}^{(0)}x_n=a_{1,n+1}^{(0)} \\ \qquad a_{22}^{(1)}x_2+a_{23}^{(1)}x_3+\cdots+a_{2n}^{(1)}x_n=a_{2,n+1}^{(1)} \\ \qquad\qquad a_{33}^{(2)}x_3+\cdots+a_{3n}^{(2)}x_n=a_{3,n+1}^{(2)} \\ \qquad\qquad \cdots\cdots\cdots\cdots\cdots\cdots \\ \qquad\qquad\qquad a_{nn}^{(n-1)}x_n=a_{n,n+1}^{(n-1)} \end{cases} \tag{2.6}$$

从式(2.6)的第 n 个方程解出 $x_n=a_{n,n+1}^{(n-1)}/a_{nn}^{(n-1)}$,代回到第 $n-1$ 个方程,可解出 x_{n-1},类似地,依次回代直到从第一个方程中解出 x_1,从而得到方程组(2.6),也就是方程组(2.1)的一个解向量.这就是高斯消去法.

此方法可用对增广矩阵 $\boldsymbol{B}$ 作线性变换表示成为

$$B=\begin{pmatrix} a_{11}^{(0)} & a_{12}^{(0)} & a_{13}^{(0)} & \cdots & a_{1n}^{(0)} & a_{1,n+1}^{(0)} \\ a_{21}^{(0)} & a_{22}^{(0)} & a_{23}^{(0)} & \cdots & a_{2n}^{(0)} & a_{2,n+1}^{(0)} \\ a_{31}^{(0)} & a_{32}^{(0)} & a_{33}^{(0)} & \cdots & a_{3n}^{(0)} & a_{3,n+1}^{(0)} \\ \vdots & \vdots & \vdots & & \vdots & \vdots \\ a_{n1}^{(0)} & a_{n2}^{(0)} & a_{n3}^{(0)} & \cdots & a_{nn}^{(0)} & a_{n,n+1}^{(0)} \end{pmatrix} \to \begin{pmatrix} a_{11}^{(0)} & a_{12}^{(0)} & a_{13}^{(0)} & \cdots & a_{1n}^{(0)} & a_{1,n+1}^{(0)} \\ 0 & a_{22}^{(1)} & a_{23}^{(1)} & \cdots & a_{2n}^{(1)} & a_{2,n+1}^{(1)} \\ 0 & a_{32}^{(1)} & a_{33}^{(1)} & \cdots & a_{3n}^{(1)} & a_{3,n+1}^{(1)} \\ \vdots & \vdots & \vdots & & \vdots & \vdots \\ 0 & a_{n2}^{(1)} & a_{n3}^{(1)} & \cdots & a_{nn}^{(1)} & a_{n,n+1}^{(1)} \end{pmatrix} \to$$

$$\to \begin{pmatrix} a_{11}^{(0)} & a_{12}^{(0)} & a_{13}^{(0)} & \cdots & a_{1n}^{(0)} & a_{1,n+1}^{(0)} \\ 0 & a_{22}^{(1)} & a_{23}^{(1)} & \cdots & a_{2n}^{(1)} & a_{2,n+1}^{(1)} \\ 0 & 0 & a_{33}^{(2)} & \cdots & a_{3n}^{(2)} & a_{3,n+1}^{(2)} \\ \vdots & \vdots & \vdots & & \vdots & \vdots \\ 0 & 0 & a_{n3}^{(2)} & \cdots & a_{nn}^{(2)} & a_{n,n+1}^{(2)} \end{pmatrix} \cdots \to \begin{pmatrix} a_{11}^{(0)} & a_{12}^{(0)} & a_{13}^{(0)} & \cdots & a_{1n}^{(0)} & a_{1,n+1}^{(0)} \\ 0 & a_{22}^{(1)} & a_{23}^{(1)} & \cdots & a_{2n}^{(1)} & a_{2,n+1}^{(1)} \\ 0 & 0 & a_{33}^{(2)} & \cdots & a_{3n}^{(2)} & a_{3,n+1}^{(2)} \\ \vdots & \vdots & \vdots & & \vdots & \vdots \\ 0 & 0 & 0 & \cdots & a_{nn}^{(n-1)} & a_{n,n+1}^{(n-1)} \end{pmatrix}$$

显见高斯消去法将系数矩阵 $\boldsymbol{A}$ 变成了一个上三角阵，然后从最后一个方程出发，依次求出未知数 $x_n, x_{n-1}, \cdots, x_2, x_1$. 如果能将 $\boldsymbol{A}$ 变成对角阵，则求解未知数将更方便. 所以有了下面的高斯-约当消去法.

2.2.3 高斯-约当消去法

我们用对增广矩阵 $\boldsymbol{B}$ 的变换表述计算过程：

$$B=\begin{pmatrix} a_{11}^{(0)} & a_{12}^{(0)} & a_{13}^{(0)} & \cdots & a_{1n}^{(0)} & a_{1,n+1}^{(0)} \\ a_{21}^{(0)} & a_{22}^{(0)} & a_{23}^{(0)} & \cdots & a_{2n}^{(0)} & a_{2,n+1}^{(0)} \\ a_{31}^{(0)} & a_{32}^{(0)} & a_{33}^{(0)} & \cdots & a_{3n}^{(0)} & a_{3,n+1}^{(0)} \\ \vdots & \vdots & \vdots & & \vdots & \vdots \\ a_{n1}^{(0)} & a_{n2}^{(0)} & a_{n3}^{(0)} & \cdots & a_{nn}^{(0)} & a_{n,n+1}^{(0)} \end{pmatrix} \to \begin{pmatrix} 1 & a_{12}^{(1)} & a_{13}^{(1)} & \cdots & a_{1n}^{(1)} & a_{1,n+1}^{(1)} \\ 0 & a_{22}^{(1)} & a_{23}^{(1)} & \cdots & a_{2n}^{(1)} & a_{2,n+1}^{(1)} \\ 0 & a_{32}^{(1)} & a_{33}^{(1)} & \cdots & a_{3n}^{(1)} & a_{3,n+1}^{(1)} \\ \vdots & \vdots & \vdots & & \vdots & \vdots \\ 0 & a_{n2}^{(1)} & a_{n3}^{(1)} & \cdots & a_{nn}^{(1)} & a_{n,n+1}^{(1)} \end{pmatrix} \to$$

$$\to \begin{pmatrix} 1 & 0 & a_{13}^{(2)} & \cdots & a_{1n}^{(2)} & a_{1,n+1}^{(2)} \\ 0 & 1 & a_{23}^{(2)} & \cdots & a_{2n}^{(2)} & a_{2,n+1}^{(2)} \\ 0 & 0 & a_{33}^{(2)} & \cdots & a_{3n}^{(2)} & a_{3,n+1}^{(2)} \\ \vdots & \vdots & \vdots & & \vdots & \vdots \\ 0 & 0 & a_{n3}^{(2)} & \cdots & a_{nn}^{(2)} & a_{n,n+1}^{(2)} \end{pmatrix} \to \cdots \to \begin{pmatrix} 1 & 0 & 0 & \cdots & 0 & a_{1,n+1}^{(n)} \\ 0 & 1 & 0 & \cdots & 0 & a_{2,n+1}^{(n)} \\ 0 & 0 & 1 & \cdots & 0 & a_{3,n+1}^{(n)} \\ \vdots & \vdots & \vdots & & \vdots & \vdots \\ 0 & 0 & 0 & \cdots & 1 & a_{n,n+1}^{(n)} \end{pmatrix}.$$

这时，解向量 $\boldsymbol{x}=(a_{1,n+1}^{(n)}, a_{2,n+1}^{(n)}, \cdots, a_{n,n+1}^{(n)})^{\mathrm{T}}$. 其中对于变换次数 $k(k=1,2,\cdots,n)$，计算系数的公式是：

$$a_{ij}^{(k)}=\begin{cases} a_{ij}^{(k-1)}-a_{ik}^{(k-1)}a_{kj}^{(k-1)}/a_{kk}^{(k-1)}, & i\neq k; j=1,2,\cdots,n,n+1 \\ a_{kj}^{(k-1)}/a_{kk}^{(k-1)}, & i=k; j=1,2,\cdots,n,n+1 \end{cases} \tag{2.7}$$

用此方法消去变量时，不一定按 $x_1, x_2, \cdots, x_n$ 的次序，可按任意指定的次序 $x_{t_1}, x_{t_2}, \cdots, x_{t_n}$ 进行. 这时，第 k 步计算系数的公式是：

$$a_{ij}^{(k)}=\begin{cases} a_{ij}^{(k-1)}-a_{it_k}^{(k-1)}a_{t_kj}^{(k-1)}/a_{t_kt_k}^{(k-1)}, & i\neq t_k; j=1,2,\cdots,n,n+1 \\ a_{t_kj}^{(k-1)}/a_{t_kt_k}^{(k-1)}, & i=t_k; j=1,2,\cdots,n,n+1 \end{cases} \tag{2.8}$$

例 2.1 用高斯-约当消去法解方程组 $\begin{cases} 2x_1-x_2+3x_3=1, \\ 3x_1-2x_2-2x_3=3, \\ x_1-x_2+3x_3=2. \end{cases}$

解 我们按 $t_1=2, t_2=1, t_3=3$ 的次序进行消元，即依次消去变量 x_2, x_1, x_3.

$$\boldsymbol{B}=\begin{pmatrix}2&-1&3&1\\3&-2&-2&3\\1&-1&3&2\end{pmatrix}\to\begin{pmatrix}2&-1&3&1\\-3/2&1&1&-3/2\\1&-1&3&2\end{pmatrix}\to\begin{pmatrix}1/2&0&4&-1/2\\-3/2&1&1&-3/2\\-1/2&0&4&1/2\end{pmatrix}\to$$

$$\begin{pmatrix}1&0&8&-1\\-3/2&1&1&-3/2\\-1/2&0&4&1/2\end{pmatrix}\to\begin{pmatrix}1&0&8&-1\\0&1&13&-3\\0&0&8&0\end{pmatrix}\to\begin{pmatrix}1&0&0&-1\\0&1&0&-3\\0&0&1&0\end{pmatrix}$$

所以方程组的解向量是　　$\boldsymbol{x}=(-1,-3,0)^{\mathrm{T}}$ □

2.2.4　求解求逆并行方案

很多问题在求解方程组(2.1)的同时,需求出逆矩阵 $\boldsymbol{A}^{-1}$. 这只要按照上述高斯-约当消去法的步骤,作用于矩阵($\boldsymbol{B}$ ┆ $\boldsymbol{I}$)上,变形为:

$$\left(\begin{array}{ccccc:ccc}1&0&\cdots&0&a_{1,n+1}^{(n)}&a_{1,n+2}^{(n)}&\cdots&a_{1,2n+1}^{(n)}\\0&1&\cdots&0&a_{2,n+1}^{(n)}&a_{2,n+2}^{(n)}&\cdots&a_{2,2n+1}^{(n)}\\\vdots&\vdots&&\vdots&\vdots&\vdots&&\vdots\\0&0&\cdots&1&a_{n,n+1}^{(n)}&a_{n,n+2}^{(n)}&\cdots&a_{n,2n+1}^{(n)}\end{array}\right)$$

即可. 这时方程组的解仍为 $\boldsymbol{x}=(a_{1,n+1}^{(n)},a_{2,n+1}^{(n)},\cdots,a_{n,n+1}^{(n)})^{\mathrm{T}}$,虚线后面的方阵就是 $\boldsymbol{A}^{-1}$. 第 k 步系数 $a_{ij}^{(k)}$ 的计算公式同式(2.8),不过下标 $j=1,2,\cdots,n,n+1$ 需修改成为 $j=1,2,\cdots,n,n+1,n+2,\cdots,2n+1$.

2.2.5　求解求逆紧凑方案

在上面的求解求逆并行方案中我们看到,当消去变量 x_{t_k} 时,系数矩阵中的第 t_k 列变成了已知列 $(0,0,\cdots,0,1,0,\cdots,0)^{\mathrm{T}}$,只有第 t_k 行元素是 1,其余都是 0. 而且随后对其他变量进行消去变换时,这一列不再发生变化. 因此,为了简化计算和减少计算存储空间,可把这一列舍去. 另外,在消去变量 x_{t_k} 时,参加求逆用的单位方阵 $\boldsymbol{I}$ 的第 t_k 列 $(0,0,\cdots,0,1,0,\cdots,0)^{\mathrm{T}}$ 开始发生变化. 这样,将发生变化后的列记录到原来第 t_k 列的位置就可以节省存储空间,而不影响最后的结果. 下面是按 $x_{t_1},x_{t_2},\cdots,x_{t_n}$ 的次序消元并将矩阵 $\boldsymbol{B}$ 变换成为

$$\left(\begin{array}{cccc:c}a_{11}^{(n)}&a_{12}^{(n)}&\cdots&a_{1n}^{(n)}&a_{1,n+1}^{(n)}\\a_{21}^{(n)}&a_{22}^{(n)}&\cdots&a_{2n}^{(n)}&a_{2,n+1}^{(n)}\\\vdots&\vdots&&\vdots&\vdots\\a_{n1}^{(n)}&a_{n2}^{(n)}&\cdots&a_{nn}^{(n)}&a_{n,n+1}^{(n)}\end{array}\right)$$

的公式(其中虚线左边的方阵是 $\boldsymbol{A}^{-1}$,右边的向量是解 $\boldsymbol{x}$):

$$a_{ij}^{(k)}=\begin{cases}1/a_{t_kt_k}^{(k-1)}, & i=t_k,j=t_k\\-a_{it_k}^{(k-1)}/a_{t_kt_k}^{(k-1)}, & i\neq t_k,j=t_k\\a_{t_kj}^{(k-1)}/a_{t_kt_k}^{(k-1)}, & i=t_k,j\neq t_k\\a_{ij}^{(k-1)}-a_{it_k}^{(k-1)}a_{t_kj}^{(k-1)}/a_{t_kt_k}^{(k-1)}, & i\neq t_k,j\neq t_k\end{cases}\tag{2.9}$$

2.2.6　$m\neq n$ 时,方程组(2.1)的解法

设矩阵 $\boldsymbol{A}$ 的秩与 $\boldsymbol{B}$ 的秩相等,为 $r<n$,于是矩阵 $\boldsymbol{A}$ 有一个 r 阶子式不为零,且所有的 $r+$

1 阶子式皆为零. 对方程组(2.2)，为简单起见，我们把非零的 r 阶子式放在矩阵 $\boldsymbol{A}$ 的左上角，相应的前 r 个方程写成：

$$\begin{cases} a_{11}^{(0)}x_1 + a_{12}^{(0)}x_2 + \cdots + a_{1r}^{(0)}x_r = -a_{1,r+1}^{(0)}x_{r+1} - a_{1,r+2}^{(0)}x_{r+2} - \cdots - a_{1n}^{(0)}x_n \\ a_{21}^{(0)}x_1 + a_{22}^{(0)}x_2 + \cdots + a_{2r}^{(0)}x_r = -a_{2,r+1}^{(0)}x_{r+1} - a_{2,r+2}^{(0)}x_{r+2} - \cdots - a_{2n}^{(0)}x_n \\ \cdots\cdots\cdots\cdots\cdots\cdots \\ a_{r1}^{(0)}x_1 + a_{r2}^{(0)}x_2 + \cdots + a_{rr}^{(0)}x_r = -a_{r,r+1}^{(0)}x_{r+1} - a_{r,r+2}^{(0)}x_{r+2} - \cdots - a_{rn}^{(0)}x_n \end{cases} \tag{2.10}$$

假定用高斯-约当消去法得到如下结果：

$$\begin{cases} x_1 = a_{1,r+1}^{(r)}x_{r+1} + a_{1,r+2}^{(r)}x_{r+2} + \cdots + a_{1n}^{(r)}x_n \\ x_2 = a_{2,r+1}^{(r)}x_{r+1} + a_{2,r+2}^{(r)}x_{r+2} + \cdots + a_{2n}^{(r)}x_n \\ \cdots\cdots\cdots\cdots\cdots\cdots \\ x_r = a_{r,r+1}^{(r)}x_{r+1} + a_{2,r+2}^{(r)}x_{r+2} + \cdots + a_{rn}^{(r)}x_n \end{cases} \tag{2.11}$$

下面，任给一组 $x_{r+1}, x_{r+2}, \cdots, x_n$，由式(2.11) 可得齐次方程组(2.2) 的一个解向量. 特别地，如果分别取下列 $n-r$ 组数值

$$\begin{pmatrix} x_{r+1} \\ x_{r+2} \\ \vdots \\ x_n \end{pmatrix} = \begin{pmatrix} 1 \\ 0 \\ \vdots \\ 0 \end{pmatrix}, \begin{pmatrix} x_{r+1} \\ x_{r+2} \\ \vdots \\ x_n \end{pmatrix} = \begin{pmatrix} 0 \\ 1 \\ \vdots \\ 0 \end{pmatrix}, \cdots, \begin{pmatrix} x_{r+1} \\ x_{r+2} \\ \vdots \\ x_n \end{pmatrix} = \begin{pmatrix} 0 \\ 0 \\ \vdots \\ 1 \end{pmatrix}$$

可得 $n-r$ 个方程组(2.2) 的解向量

$$\boldsymbol{x}_1 = \begin{pmatrix} a_{1,r+1}^{(n)} \\ a_{2,r+1}^{(n)} \\ \vdots \\ a_{r,r+1}^{(n)} \\ 1 \\ 0 \\ \vdots \\ 0 \end{pmatrix}, \boldsymbol{x}_2 = \begin{pmatrix} a_{1,r+2}^{(n)} \\ a_{2,r+2}^{(n)} \\ \vdots \\ a_{r,r+2}^{(n)} \\ 0 \\ 1 \\ \vdots \\ 0 \end{pmatrix}, \cdots, \boldsymbol{x}_{n-r} = \begin{pmatrix} a_{1n}^{(n)} \\ a_{2n}^{(n)} \\ \vdots \\ a_{rn}^{(n)} \\ 0 \\ 0 \\ \vdots \\ 1 \end{pmatrix}$$

再求出方程组(2.1) 的一个特解 $\boldsymbol{x}^*$，则可得方程组(2.1) 的通解为

$$\boldsymbol{x} = c_1\boldsymbol{x}_1 + c_2\boldsymbol{x}_2 + \cdots + c_{n-r}\boldsymbol{x}_{n-r} + \boldsymbol{x}^*$$

其中 $c_1, c_2, \cdots, c_{n-r}$ 是任意常数.

第三章　概率统计基础知识

§3.1　概率基础知识

3.1.1　随机变量及其分布函数

定义 3.1　在不变的一组条件 S 下，重复做 n 次试验，记 k 是 n 次试验中事件 A 发生的次数. 当试验的次数 n 很大时，如果频率 k/n 稳定地在某一数值 p 的附近摆动，而且一般说来随着试验次数的增多，这种摆动的幅度越来越小，则称 A 为随机事件，并称数值 p 为随机事件 A 在条件组 S 下发生的概率，记作 $P(A)=p$.

概率的性质：

1° $0\leqslant P(A)\leqslant 1$.

2° 对于必然事件 U 和不可能事件 V，有 $P(U)=1, P(V)=0$.

定义 3.2　对于条件组 S 下的每一个可能结果 ω，存在惟一的实数 $X(\omega)$ 与之对应，且对任何实数 x，事件 $\{X(\omega)\leqslant x\}$ 都有确定的概率，则称 $X(\omega)$ 是一个随机变量，简记为 X.

定义 3.3　如果随机变量 X 全部可能取到的值 x_i 是有限个或可列无限多个，事件 $\{X=x_i\}$ 的概率 $P\{X=x_i\}=p_i, i=1,2,\cdots$，且 $p_i\geqslant 0$，$\sum\limits_i p_i=1$，则称 X 为离散型随机变量；相应的 $P\{X=x_i\}=p_i(i=1,2,\cdots)$ 称为 X 的概率分布或分布律.

定义 3.4　设 X 是一个随机变量，x 是任意实数. 函数 $F(x)=P\{X\leqslant x\}$ 称为 X 的分布函数，记作 $X\sim F(x)$.

分布函数的主要性质：

1° $0\leqslant F(x)\leqslant 1,\qquad -\infty<x<+\infty$.

2° $F(x)$ 关于 x 是单调不减且右连续的函数.

3° $\lim\limits_{x\to-\infty}F(x)=0$，$\lim\limits_{x\to+\infty}F(x)=1$.

3.1.2　常见的连续型随机变量

定义 3.5　如果对随机变量 X 的分布函数 $F(x)$，存在非负可积函数 $f(x)$，使得对任意实数 x 有 $F(x)=P\{X\leqslant x\}=\int_{-\infty}^{x}f(t)\mathrm{d}t$，$-\infty<x<+\infty$，则称 X 为连续型随机变量，称函数 $f(x)$ 为 X 的概率密度函数，简称概率密度或密度函数.

一个函数 $f(x)$ 能作某个连续型随机变量 X 的分布密度函数的充要条件是：

1° $f(x)\geqslant 0,\qquad -\infty<x<+\infty$.

2° $\int_{-\infty}^{+\infty} f(x)\mathrm{d}x = 1$.

常见的连续型随机变量是：

(1) 均匀分布.

如果随机变量 X 有密度函数

$$f(x)=\begin{cases}\frac{1}{b-a}, & a\leqslant x\leqslant b;\\ 0, & x<a,x>b.\end{cases}$$ 则称 X 在 $[a,b]$ 上服从均匀分布.

(2) 正态分布.

如果随机变量 X 有密度函数

$f(x)=\frac{1}{\sqrt{2\pi}\sigma}\exp\{-\frac{1}{2}(\frac{x-\mu}{\sigma})^2\}, -\infty<x<+\infty$，其中 $-\infty<\mu<+\infty,\sigma>0$，则称 X 服从正态分布，记作 $X\sim N(\mu,\sigma^2)$.

特别地，当 $\mu=0,\sigma=1$ 时，称 X 服从标准正态分布，记作 $X\sim N(0,1)$. 相应的分布密度函数和分布函数分别记作 $\varphi(x)$ 和 $\Phi(x)$.

(3) 对数正态分布.

如果随机变量 X 有密度函数

$f(x)=\frac{1}{\sqrt{2\pi}\sigma x}\exp\{-\frac{1}{2}(\frac{\ln x-\mu}{\sigma})^2\}, x>0$，则称 X 服从对数正态分布，记作 $X\sim \ln N(\mu,\sigma^2)$.

(4)χ^2 分布.

如果随机变量 X 有密度函数

$$f(x)=\frac{1}{2^{\frac{n}{2}}\Gamma(\frac{n}{2})}x^{\frac{n}{2}-1}\mathrm{e}^{-\frac{x}{2}}, x>0$$

其中 $\Gamma(\frac{n}{2})=\int_0^{+\infty}t^{\frac{n}{2}-1}\mathrm{e}^{-t}\mathrm{d}t$，则称 X 服从自由度为 n 的卡方分布，记作 $X\sim\chi^2(n)$.

(5)t 分布.

如果随机变量 X 有密度函数

$$f(x)=\frac{\Gamma(\frac{n+1}{2})}{\sqrt{n\pi}\Gamma(\frac{n}{2})}(1+\frac{x^2}{n})^{-\frac{n+1}{2}}, -\infty<x<+\infty$$

其中 $\Gamma(\frac{n+1}{2})=\int_0^{+\infty}t^{\frac{n+1}{2}-1}\mathrm{e}^{-t}\mathrm{d}t, \Gamma(\frac{n}{2})=\int_0^{+\infty}t^{\frac{n}{2}-1}\mathrm{e}^{-t}\mathrm{d}t$，则称 X 服从自由度为 n 的 t 分布，记作 $X\sim t(n)$.

(6)F 分布.

如果随机变量 X 有密度函数

$$f(x)=\frac{\Gamma(\frac{m+n}{2})}{\Gamma(\frac{m}{2})\Gamma(\frac{n}{2})}(\frac{m}{n})^{\frac{m}{2}}x^{\frac{m}{2}-1}(1+\frac{m}{n}x)^{-\frac{m+n}{2}}, x\geqslant 0$$

则称 X 服从第一自由度为 m，第二自由度为 n 的 F 分布，记作 $X\sim F(m,n)$.

3.1.3　随机变量的数字特征

定义 3.6　设连续型随机变量 X 的概率密度函数为 $f(x)$. 如果积分 $\int_{-\infty}^{+\infty}|x|f(x)\mathrm{d}x$ 收敛，则称积分 $\int_{-\infty}^{+\infty}xf(x)\mathrm{d}x$ 为随机变量 X 的数学期望，记作 $E(X)$，即 $E(X)=\int_{-\infty}^{+\infty}xf(x)\mathrm{d}x$. 设离散型随机变量 X 的概率分布是 $P\{X=x_i\}=p_i\quad(i=1,2,\cdots)$. 如果级数 $\sum_{i=1}^{+\infty}|x_i|p_i$ 收敛，则称级数 $\sum_{i=1}^{+\infty}x_ip_i$ 为随机变量 X 的数学期望，记作 $E(X)$，即 $E(X)=\sum_{i=1}^{+\infty}x_ip_i$.

期望有下列性质和计算公式：

1°　$E(c)=c$，其中 c 是任意常数.

2°　$E(cX)=cE(X)$.

3°　$E(c+X)=c+E(X)$.

4°　$E(X+Y)=E(X)+E(Y)$，其中 X、Y 是任意两个随机变量.

5°　设 Y 是随机变量 X 的函数，$Y=g(X)$. 当 X 是离散型随机变量时，设 $P\{X=x_i\}=p_i$，$(i=1,2,\cdots,n,\cdots)$，如果下式右端绝对收敛，则 Y 的数学期望为

$$E(Y)=E[g(X)]=\sum_{i=1}^{+\infty}g(x_i)p_i$$

当 X 是连续型随机变量时，设密度函数为 $f(x)$，如果下式右端绝对收敛，则 Y 的数学期望为

$$E(Y)=E[g(X)]=\int_{-\infty}^{+\infty}g(x)f(x)\mathrm{d}x$$

定义 3.7　设 X 是一个随机变量，如果 $E[X-E(X)]^2$ 存在，则称 $E[X-E(X)]^2$ 为 X 的方差，记作 $D(X)$，即 $D(X)=E[X-E(X)]^2$；且称 $\sqrt{D(X)}$ 为 X 的标准差或均方差.

方差有下列性质和计算公式：

1°　$D(c)=0$，其中 c 是任意常数.

2°　$D(cX)=c^2D(X)$.

3°　$D(c+X)=D(X)$.

4°　$D(X)=E(X^2)-[E(X)]^2$.

5°　当 X 是离散型随机变量时，设分布律为 $P\{X=x_i\}=p_i(i=1,2,\cdots,n,\cdots)$，则 X 的方差为 $D(X)=\sum_{i=1}^{+\infty}[x_i-E(X)]^2p_i$；当 X 是连续型随机变量时，设密度函数为 $f(x)$，则 X 的方差为 $D(X)=\int_{-\infty}^{+\infty}[x-E(x)]^2f(x)\mathrm{d}x$.

例 3.1　求在区间 $[a,b]$ 上服从均匀分布的随机变量 X 的数学期望和方差.

解　因为随机变量 X 的密度函数为 $f(x)=\begin{cases}\dfrac{1}{b-a}, & a\leqslant x\leqslant b;\\ 0, & x<a,x>b.\end{cases}$ 所以，数学期望

$$E(X)=\int_{-\infty}^{+\infty}xf(x)\mathrm{d}x=\int_a^b\frac{x}{b-a}\mathrm{d}x=\frac{b+a}{2}$$

又因为 $E(X^2)=\int_{-\infty}^{+\infty}x^2f(x)\mathrm{d}x=\int_a^b\frac{x^2}{b-a}\mathrm{d}x=\frac{a^2+ab+b^2}{3}$，所以方差

$$D(X)=E(X^2)-[E(X)]^2=\frac{a^2+ab+b^2}{3}-(\frac{a+b}{2})^2=\frac{(b-a)^2}{12}$$ □

例 3.2　设 $X\sim N(\mu,\sigma^2)$，求 $E(X)$ 和 $D(X)$.

解　因为随机变量 X 的密度函数 $f(x)=\frac{1}{\sqrt{2\pi}\sigma}\exp\{-\frac{1}{2}(\frac{x-\mu}{\sigma})^2\}$，$-\infty<x<+\infty$，所以，数学期望

$$
\begin{aligned}
E(X)&=\int_{-\infty}^{+\infty}xf(x)\mathrm{d}x=\int_{-\infty}^{+\infty}\frac{x}{\sqrt{2\pi}\sigma}\exp\{-\frac{1}{2}(\frac{x-\mu}{\sigma})^2\}\mathrm{d}x\\
&=\int_{-\infty}^{+\infty}\frac{t+\mu}{\sqrt{2\pi}\sigma}\exp\{-\frac{t^2}{2\sigma^2}\}\mathrm{d}x\qquad(\text{其中令 } t=x-\mu)\\
&=\int_{-\infty}^{+\infty}\frac{-\sigma}{\sqrt{2\pi}}\exp\{-\frac{t^2}{2\sigma^2}\}\mathrm{d}(-\frac{t^2}{2\sigma^2})+\int_{-\infty}^{+\infty}\frac{\mu}{\sqrt{\pi}}\exp\{-\frac{t^2}{2\sigma^2}\}\mathrm{d}(\frac{t}{\sqrt{2}\sigma})\\
&=\frac{-\sigma^2}{\sqrt{2\pi}}\exp\{-\frac{t^2}{2}\}\Big|_{-\infty}^{+\infty}+\frac{\mu}{\sqrt{\pi}}\sqrt{\pi}\qquad(\text{其中}\int_{-\infty}^{+\infty}\exp\{-x^2\}\mathrm{d}x=\sqrt{\pi})\\
&=0+\mu=\mu
\end{aligned}
$$

方差

$$
\begin{aligned}
D(X)&=\int_{-\infty}^{+\infty}[x-E(x)]^2f(x)\mathrm{d}x=\int_{-\infty}^{+\infty}\frac{(x-\mu)^2}{\sqrt{2\pi}\sigma}\exp\{-\frac{1}{2}(\frac{x-\mu}{\sigma})^2\}\mathrm{d}x\\
&=\int_{-\infty}^{+\infty}\frac{\sigma^2t^2}{\sqrt{2\pi}}\exp\{-\frac{t^2}{2}\}\mathrm{d}t\qquad(\text{其中令 } t=\frac{x-\mu}{\sigma})\\
&=\int_{-\infty}^{+\infty}\frac{-\sigma^2t}{\sqrt{2\pi}}\exp\{-\frac{t^2}{2}\}\mathrm{d}(-\frac{t^2}{2})\\
&=\frac{-\sigma^2t}{\sqrt{2\pi}}\exp\{-\frac{t^2}{2}\}\Big|_{-\infty}^{+\infty}+\int_{-\infty}^{+\infty}\frac{\sigma^2}{\sqrt{2\pi}}\exp\{-\frac{t^2}{2}\}\mathrm{d}t\\
&=0+\sigma^2=\sigma^2\qquad\square
\end{aligned}
$$

§ 3.2　多维随机向量

3.2.1　随机向量及其分布函数

定义 3.8　设 $X_1,X_2,\cdots,X_n$ 是 n 个随机变量，由它们组成的向量 $\boldsymbol{x}=(X_1,X_2,\cdots,X_n)^{\mathrm{T}}$ 称为 n 维随机向量. 一维随机向量就是随机变量.

定义 3.9　对任意实数 $x_1,x_2,\cdots,x_n$，n 元函数

$$F(\boldsymbol{x})=F(x_1,x_2,\cdots,x_n)=P\{X_1\leqslant x_1,X_2\leqslant x_2,\cdots,X_n\leqslant x_n\}$$

称为 n 维随机向量 $\boldsymbol{x}$ 的联合分布函数，或称为分布函数，记作 $\boldsymbol{x}\sim F(\boldsymbol{x})$.

多元分布函数具有如下性质：

1°　$0\leqslant F(x_1,x_2,\cdots,x_n)\leqslant 1$.

2°　$F(x_1,x_2,\cdots,x_n)$ 是每个变量 $x_i(i=1,2,\cdots,n)$ 的单调非降右连续函数.

3°　$F(-\infty,x_2,\cdots,x_n)=F(x_1,-\infty,\cdots,x_n)=F(x_1,x_2,\cdots,-\infty)=0$.

4°　$F(+\infty,+\infty,\cdots,+\infty)=1$.

以二维随机变量 (X,Y) 为例. 如果二维随机变量 (X,Y) 的所有可能取值是有限对或可列无穷多对，则称 (X,Y) 为离散型随机变量. 设 (X,Y) 所有可能取的值为 (x_i,y_i)，i、$j=1,2,\cdots,n,\cdots$. 并记 $P\{X=x_i,Y=y_j\}=p_{ij}$，i、$j=1,2,\cdots,n,\cdots$，由概率的定义有

$$p_{ij}\geqslant 0,\quad \sum_{i=1}^{+\infty}\sum_{j=1}^{+\infty}p_{ij}=1$$

且分布函数　　$F(x,y)=P\{X\leqslant x,Y\leqslant y\}=\sum\limits_{x_i\leqslant x}\sum\limits_{y_j\leqslant y}P\{X=x_i,Y=y_j\}$

我们称 $P\{X=x_i,Y=y_j\}=p_{ij},i、j=1,2,\cdots,n,\cdots$ 为二维随机变量 (X,Y) 的联合概率分布或联合分布律.

定义 3.10　设 n 维随机向量 $\boldsymbol{x}\sim F(\boldsymbol{x})=F(x_1,x_2,\cdots,x_n)$. 若存在一个非负的函数 $f(x_1,x_2,\cdots,x_n)$，使得 $F(\boldsymbol{x})=\int_{-\infty}^{x_1}\int_{-\infty}^{x_2}\cdots\int_{-\infty}^{x_n}f(t_1,t_2,\cdots,t_n)\mathrm{d}t_1\mathrm{d}t_2\cdots\mathrm{d}t_n$ 对一切 $(x_1,x_2,\cdots,x_n)\in\mathrm{R}^n$ 成立，则称 $f(x_1,x_2,\cdots,x_n)$ 为 $\boldsymbol{x}$ 的联合概率密度函数，并称 $\boldsymbol{x}$ 为 n 维连续型随机向量.

联合概率密度函数的性质如下：

1°　$f(x_1,x_2,\cdots,x_n)\geqslant 0,\forall\ (x_1,x_2,\cdots,x_n)\in\mathrm{R}^n$.

2°　$\int_{-\infty}^{+\infty}\int_{-\infty}^{+\infty}\cdots\int_{-\infty}^{+\infty}f(t_1,t_2,\cdots,t_n)\mathrm{d}t_1\mathrm{d}t_2\cdots\mathrm{d}t_n=1$.

3°　$f(x_1,x_2,\cdots,x_n)=\dfrac{\partial^n F(x_1,x_2,\cdots,x_n)}{\partial x_1\partial x_2\cdots\partial x_n}$.

4°　设 D 是 R^n 中的一个区域，点 $(x_1,x_2,\cdots,x_n)$ 落在 D 内的概率为

$$\iint\limits_D\cdots\int f(x_1,x_2,\cdots,x_n)\mathrm{d}x_1\mathrm{d}x_2\cdots\mathrm{d}x_n.$$

例 3.3　验证函数

$$f(x_1,x_2,x_3)=x_1^2+6x_3^2+\frac{1}{3}x_1x_2,0<x_1<1,0<x_2<2,0<x_3<1/2$$

能否成为三维随机向量 (X_1,X_2,X_3) 的分布密度函数？

解　因为 $f(x_1,x_2,\cdots,x_n)\geqslant 0,\forall\ (x_1,x_2,\cdots,x_n)\in\mathrm{R}^n$；且

$$\int_{-\infty}^{+\infty}\int_{-\infty}^{+\infty}\int_{-\infty}^{+\infty}f(x_1,x_2,x_3)\mathrm{d}x_1\mathrm{d}x_2\mathrm{d}x_3=\int_0^{1/2}\int_0^2\int_0^1(x_1^2+6x_3^2+\frac{x_1x_2}{3})\mathrm{d}x_1\mathrm{d}x_2\mathrm{d}x_3$$

$$=\frac{x_1^3}{3}\Big|_0^1\times 2\times\frac{1}{2}+2x_3^3\Big|_0^{1/2}\times 1\times 2+\frac{x_1^2}{6}\Big|_0^1\times\frac{x_2^2}{2}\Big|_0^2\times\frac{1}{2}=\frac{1}{3}+\frac{1}{2}+\frac{1}{6}=1$$

所以该函数可以成为三维随机向量的分布密度函数. □

例 3.4　设二维随机向量 (X,Y) 的密度函数为 $f(x,y)=\begin{cases}k\mathrm{e}^{-(x+y)}, & x>0,y>0;\\ 0, & x\leqslant 0 \text{ 或 } y\leqslant 0.\end{cases}$

(1) 确定常数；(2) 求相应的分布函数.

解　(1) 由密度函数的性质，令

$$1=\int_{-\infty}^{+\infty}\int_{-\infty}^{+\infty}f(x,y)\mathrm{d}x\mathrm{d}y=\int_0^{+\infty}\int_0^{+\infty}k\mathrm{e}^{-(x+y)}\mathrm{d}x\mathrm{d}y$$
$$=k[-\mathrm{e}^{-x}]_0^{+\infty}\times[-\mathrm{e}^{-y}]_0^{+\infty}=k,\text{所以 } k=1.$$

(2) 因为分布函数 $F(x,y)=\int_{-\infty}^{x}\int_{-\infty}^{y}f(u,v)\mathrm{d}u\mathrm{d}v$，当 $x>0,y>0$ 时，有

$$F(x,y)=\int_0^x\int_0^y\mathrm{e}^{-(u+v)}\mathrm{d}u\mathrm{d}v=[-\mathrm{e}^{-u}]_0^x\times[-\mathrm{e}^{-v}]_0^v$$

其他情景，$F(x,y)=0$. 故得

$$F(x,y)=\begin{cases}1-\mathrm{e}^{-x}-\mathrm{e}^{-y}+\mathrm{e}^{-(x+y)}, & x>0,y>0\\ 0, & x\leqslant 0 \text{ 或 } y\leqslant 0\end{cases}\quad\square$$

常见的二维连续型随机变量是下面的均匀分布和正态分布.

1°　设 D 为平面上的有界区域，其面积为 S，若二维随机变量 (X,Y) 的密度函数是 $f(x,y)=\begin{cases}1/S,(x,y)\in D;\\ 0,\quad (x,y)\notin D.\end{cases}$ 则称 (X,Y) 在 D 上服从均匀分布.

2° 若二维随机变量(X,Y)的概率密度函数是

$$f(x,y)=\frac{1}{2\pi\sigma_1\sigma_2\sqrt{1-\rho^2}}\exp\left\{-\frac{1}{2(1-\rho^2)}\left[\left(\frac{x-\mu_1}{\sigma_1}\right)^2-2\rho\left(\frac{x-\mu_1}{\sigma_1}\right)\left(\frac{y-\mu_2}{\sigma_2}\right)+\left(\frac{y-\mu_2}{\sigma_2}\right)^2\right]\right\},\quad -\infty<x<+\infty,\ -\infty<y<+\infty$$

其中μ_1、μ_2、σ_1、σ_2、ρ都是常数，且$\sigma_1>0,\sigma_2>0,|\rho|<1$，则称$(X,Y)$为服从参数$\mu_1$、$\mu_2$、$\sigma_1$、$\sigma_2$、$\rho$的二维正态分布.

定义 3.11　设$\boldsymbol{x}=(X_1,X_2,\cdots,X_n)^{\mathrm{T}}$是$n$维随机向量，由它的$m(m<n)$个分量组成的向量$\boldsymbol{x}^{(1)}$的分布称为$\boldsymbol{x}$的边缘分布. $\boldsymbol{x}=\begin{bmatrix}\boldsymbol{x}^{(1)}\\ \boldsymbol{x}^{(2)}\end{bmatrix}$. 所以如果$\boldsymbol{x}$的分布函数为$F(x_1,x_2,\cdots,x_n)$，则$\boldsymbol{x}^{(1)}$的分布函数为

$$F^{(1)}(x_1,x_2,\cdots,x_m,+\infty,+\infty,\cdots,+\infty)=\int_{-\infty}^{x_1}\int_{-\infty}^{x_2}\cdots\int_{-\infty}^{x_m}\int_{-\infty}^{+\infty}\int_{-\infty}^{+\infty}\cdots\int_{-\infty}^{+\infty}f(t_1,t_2,\cdots,t_m,t_{m+1},t_{m+2},\cdots,t_n)\mathrm{d}t_1\mathrm{d}t_2\cdots\mathrm{d}t_n$$，叫做$\boldsymbol{x}$的边缘分布函数.

如果$\boldsymbol{x}$的概率密度函数为$f(x_1,x_2,\cdots,x_n)$，则$\boldsymbol{x}^{(1)}$的概率密度函数为

$$f^{(1)}(x_1,x_2,\cdots,x_m)=\int_{-\infty}^{+\infty}\int_{-\infty}^{+\infty}\cdots\int_{-\infty}^{+\infty}f(x_1,x_2,\cdots,x_m,x_{m+1},x_{m+2},\cdots,x_n)\mathrm{d}x_{m+1}\mathrm{d}x_{m+2}\cdots\mathrm{d}x_n,$$

叫做$\boldsymbol{x}$的边缘概率密度函数或边缘概率密度.

例 3.5　设随机变量(X,Y)服从二维正态分布，求边缘概率密度.

解　因为联合概率密度函数是

$$f(x,y)=\frac{1}{2\pi\sigma_1\sigma_2\sqrt{1-\rho^2}}\exp\left\{-\frac{1}{2(1-\rho^2)}\left[\left(\frac{x-\mu_1}{\sigma_1}\right)^2-2\rho\left(\frac{x-\mu_1}{\sigma_1}\right)\left(\frac{y-\mu_2}{\sigma_2}\right)+\left(\frac{y-\mu_2}{\sigma_2}\right)^2\right]\right\},\quad -\infty<x<+\infty,\ -\infty<y<+\infty$$

X的边缘概率密度函数$f_X(x)=\int_{-\infty}^{+\infty}f(x,y)\mathrm{d}y$.

由于

$$\begin{aligned}&\left(\frac{x-\mu_1}{\sigma_1}\right)^2-2\rho\left(\frac{x-\mu_1}{\sigma_1}\right)\left(\frac{y-\mu_2}{\sigma_2}\right)+\left(\frac{y-\mu_2}{\sigma_2}\right)^2\\ &=\left(\frac{x-\mu_1}{\sigma_1}\right)^2+\left(\frac{y-\mu_2}{\sigma_2}-\rho\frac{x-\mu_1}{\sigma_1}\right)^2-\rho^2\left(\frac{x-\mu_1}{\sigma_1}\right)^2\\ &=(1-\rho^2)\left(\frac{x-\mu_1}{\sigma_1}\right)^2+\left(\frac{y-\mu_2}{\sigma_2}-\rho\frac{x-\mu_1}{\sigma_1}\right)^2\end{aligned}$$

所以

$$f_X(x)=\int_{-\infty}^{+\infty}f(x,y)\mathrm{d}y=\frac{1}{2\pi\sigma_1\sigma_2\sqrt{1-\rho^2}}\exp\left\{-\left(\frac{x-\mu_1}{\sqrt{2}\,\sigma_1}\right)^2\right\}\cdot\int_{-\infty}^{+\infty}\exp\left\{-\frac{1}{2(1-\rho^2)}\left(\frac{y-\mu_2}{\sigma_2}-\rho\frac{x-\mu_1}{\sigma_1}\right)^2\right\}\mathrm{d}y$$

令　$t=\dfrac{1}{\sqrt{1-\rho^2}}\left(\dfrac{y-\mu_2}{\sigma_2}-\rho\dfrac{x-\mu_1}{\sigma_1}\right)$，则

$$f_X(x)=\frac{1}{2\pi\sigma_1}\exp\left\{-\left(\frac{x-\mu_1}{\sqrt{2}\,\sigma_1}\right)^2\right\}\int_{-\infty}^{+\infty}\exp\{-\frac{t^2}{2}\}\mathrm{d}t=\frac{1}{\sqrt{2\pi}\sigma_1}\exp\left\{-\left(\frac{x-\mu_1}{\sqrt{2}\,\sigma_1}\right)^2\right\},\ -\infty<x<+\infty.$$ 类似地，可得Y的边缘概率密度

$$f_Y(y)=\frac{1}{\sqrt{2\pi}\sigma_2}\exp\left\{-\left(\frac{y-\mu_2}{\sqrt{2}\,\sigma_2}\right)^2\right\},\ -\infty<y<+\infty\quad\square$$

由此可见，由二维正态分布所确定的两个边缘分布都是一维正态分布，且$X\sim N(\mu_1,\sigma_1^2)$，

$Y \sim N(\mu_2, \sigma_2^2)$. 虽然二维正态分布的概率密度函数与 ρ 值有关，但是，其边缘概率密度函数却都与 ρ 值无关.

一般情况下，通过随机向量的联合概率密度函数可以惟一确定边缘概率密度，但通过边缘概率密度函数却不一定能确定联合概率密度函数. 那么，在什么条件下，两者是充分必要的？下面的定义和结论回答了这个问题.

定义 3.12　设 $X_1, X_2, \cdots, X_n$ 是 n 个随机变量. 如果对于任意的 $x_1, x_2, \cdots, x_n$，满足

$$P\{X_1 \leqslant x_1, X_2 \leqslant x_2, \cdots, X_n \leqslant x_n\} = P\{X_1 \leqslant x_1\}P\{X_2 \leqslant x_2\}\cdots P\{X_n \leqslant x_n\}$$

则称 $X_1, X_2, \cdots, X_n$ 是相互独立的.

用以判定随机变量 $X_1, X_2, \cdots, X_n$ 是否相互独立的方法主要是：

1°　如果 X_i 的分布函数为 $F_i(x_i)(i = 1, 2, \cdots, n)$，它们的联合分布函数为 $F(x_1, x_2, \cdots, x_n)$，则 $X_1, X_2, \cdots, X_n$ 相互独立的充要条件是对一切 $x_1, x_2, \cdots, x_n$，有

$$F(x_1, x_2, \cdots, x_n) = F_1(x_1)F_2(x_2)\cdots F_n(x_n)$$

2°　如果 X_i 的概率密度函数为 $f_i(x_i)(i = 1, 2, \cdots, n)$，它们的联合概率密度函数为 $f(x_1, x_2, \cdots, x_n)$，则 $X_1, X_2, \cdots, X_n$ 相互独立的充要条件是

$$f(x_1, x_2, \cdots, x_n) = f_1(x_1)f_2(x_2)\cdots f_n(x_n)$$

例 3.6　由例 3.5 的结论可见，服从二维正态分布的随机变量 X 与 Y 相互独立的充分必要条件是联合概率密度函数中 $\rho = 0$.　□

3.2.2　随机向量的数字特征

定义 3.13　随机向量 $\boldsymbol{x} = (X_1, X_2, \cdots, X_n)^{\mathrm{T}}$ 的数学期望为向量 $(EX_1, EX_2, \cdots, EX_n)^{\mathrm{T}}$，记作 $E(\boldsymbol{x})$.

数 $\sigma_{ij} = E(X_i - EX_i)(X_j - EX_j)$，称为 X_i 与 X_j 的协方差，i、$j = 1, 2, \cdots, n$. 记作 $\mathrm{Cov}(X_i, X_j) = \sigma_{ij}$.

如果随机向量 $\boldsymbol{x} = (X_1, X_2, \cdots, X_n)^{\mathrm{T}}$ 是连续型的，$f(x_1, x_2, \cdots, x_n)$ 是 $\boldsymbol{x}$ 的概率密度函数，则有计算公式：

1°　$EX_i = \int_{-\infty}^{+\infty}\int_{-\infty}^{+\infty}\cdots\int_{-\infty}^{+\infty} x_i f(x_1, x_2, \cdots, x_n)\mathrm{d}x_1\mathrm{d}x_2\cdots\mathrm{d}x_n, i = 1, 2, \cdots, n.$

2°　$\sigma_{ij} = \int_{-\infty}^{+\infty}\int_{-\infty}^{+\infty}\cdots\int_{-\infty}^{+\infty}(x_i - Ex_i)(x_j - Ex_j)f(x_1, x_2, \cdots, x_n)\mathrm{d}x_1\mathrm{d}x_2\cdots\mathrm{d}x_n$，$i$、$j = 1, 2, \cdots, n$.

由数学期望的性质可以证明协方差有以下性质：

1°　$\mathrm{Cov}(X_i, X_j) = \mathrm{Cov}(X_j, X_i)$，即 $\sigma_{ij} = \sigma_{ji}$.

2°　$\mathrm{Cov}(X_i, X_i) = \sigma_{ii} = D(X_i)$.

3°　$\mathrm{Cov}(aX_i, bX_j) = ab \cdot \mathrm{Cov}(X_i, X_j)$.

4°　$\mathrm{Cov}(X_i + X_k, X_j) = \mathrm{Cov}(X_i, X_j) + \mathrm{Cov}(X_k, X_j)$.

矩阵

$$(\sigma_{ij})_{n\times n} = \begin{pmatrix} \sigma_{11} & \sigma_{12} & \cdots & \sigma_{1n} \\ \sigma_{21} & \sigma_{22} & \cdots & \sigma_{2n} \\ \vdots & \vdots & & \vdots \\ \sigma_{n1} & \sigma_{n2} & \cdots & \sigma_{nn} \end{pmatrix} = E(\boldsymbol{x} - E\boldsymbol{x})^{\mathrm{T}}(\boldsymbol{x} - E\boldsymbol{x})$$

称为 $\boldsymbol{x}$ 的协方差阵，记作 $D(\boldsymbol{x})$ 或者 $\boldsymbol{\Sigma}$. 由上面协方差的性质可知这是一个对称矩阵.

定理 3.1 对任意的随机向量 $\boldsymbol{x}$、$\boldsymbol{y}$ 及常向量 $\boldsymbol{c}$，有下列性质：

(1) $E(\boldsymbol{c})=\boldsymbol{c}, D(\boldsymbol{c})=\boldsymbol{O}$；　(2) $E(\boldsymbol{x}+\boldsymbol{y})=E(\boldsymbol{x})+E(\boldsymbol{y})$；

(3) $E(\boldsymbol{c}^{\mathrm{T}}\boldsymbol{x})=\boldsymbol{c}^{\mathrm{T}}E(\boldsymbol{x})$；　(4) $D(\boldsymbol{x}+\boldsymbol{c})=D(\boldsymbol{x})$；

(5) $D(\boldsymbol{c}^{\mathrm{T}}\boldsymbol{x})=\boldsymbol{c}^{\mathrm{T}}D(\boldsymbol{x})\boldsymbol{c}$.

证 (1) 因为 $E(\boldsymbol{c})=E(c_1,\cdots,c_n)^{\mathrm{T}}=(Ec_1,\cdots,Ec_n)^{\mathrm{T}}=(c_1,\cdots,c_n)^{\mathrm{T}}=\boldsymbol{c}$

$$D(\boldsymbol{c})=E(\boldsymbol{c}-E\boldsymbol{c})^{\mathrm{T}}(\boldsymbol{c}-E\boldsymbol{c})=E(\boldsymbol{c}-\boldsymbol{c})^{\mathrm{T}}(\boldsymbol{c}-\boldsymbol{c})=\boldsymbol{O}$$

(2) 略.

(3) 因为 $E(\boldsymbol{c}^{\mathrm{T}}\boldsymbol{x})=E(c_1x_1+\cdots+c_nx_n)=c_1Ex_1+\cdots+c_nEx_n=\boldsymbol{c}^{\mathrm{T}}E(\boldsymbol{x})$

(4) 因为
$$\begin{aligned}D(\boldsymbol{x}+\boldsymbol{c})&=E[(\boldsymbol{x}+\boldsymbol{c})-(E\boldsymbol{x}+E\boldsymbol{c})]^{\mathrm{T}}[(\boldsymbol{x}+\boldsymbol{c})-[(E\boldsymbol{x}+E\boldsymbol{c})]\\&=E(\boldsymbol{x}-E\boldsymbol{x})^{\mathrm{T}}(\boldsymbol{x}-E\boldsymbol{x})=D(\boldsymbol{x})\end{aligned}$$

(5) 因为
$$\begin{aligned}D(\boldsymbol{c}^{\mathrm{T}}\boldsymbol{x})&=D(c_1x_1+\cdots+c_nx_n)\\&=c_1^2Dx_1+\cdots+c_n^2Dx_n+2\mathrm{Cov}(c_1x_1,c_2x_2)+\cdots+2\mathrm{Cov}(c_{n-1}x_{n-1},c_nx_n)\\&=c_1^2Dx_1+\cdots+c_n^2Dx_n+2c_1c_2\mathrm{Cov}(x_1,x_2)+\cdots+2c_{n-1}c_n\mathrm{Cov}(x_{n-1},x_n)\\&=(c_1,c_2,\cdots,c_n)\begin{pmatrix}\sigma_{11}&\sigma_{12}&\cdots&\sigma_{1n}\\\sigma_{21}&\sigma_{22}&\cdots&\sigma_{2n}\\\vdots&\vdots&&\vdots\\\sigma_{n1}&\sigma_{n2}&\cdots&\sigma_{nn}\end{pmatrix}\begin{pmatrix}c_1\\c_2\\\vdots\\c_n\end{pmatrix}=\boldsymbol{c}^{\mathrm{T}}D(\boldsymbol{x})\boldsymbol{c}\end{aligned}$$ □

定义 3.14 如果 $i\neq j$ 时，协方差 $\mathrm{Cov}(X_i,X_j)=\sigma_{ij}=0$，则称变量 X_i 与 X_j 不相关."标准化了"的协方差 $r_{ij}=\dfrac{\sigma_{ij}}{\sqrt{\sigma_{ii}}\sqrt{\sigma_{jj}}}=\dfrac{\mathrm{Cov}(X_i,X_j)}{\sqrt{DX_i}\sqrt{DX_j}}$，称为变量 X_i 与 X_j 的相关系数. 显然 $r_{ij}=r_{ji}, r_{ii}=1, i、j=1,2,\cdots,n$.

矩阵 $(r_{ij})_{n\times n}=\begin{pmatrix}r_{11}&r_{12}&\cdots&r_{1n}\\r_{21}&r_{22}&\cdots&r_{2n}\\\vdots&\vdots&&\vdots\\r_{n1}&r_{n2}&\cdots&r_{nn}\end{pmatrix}$ 称为 $\boldsymbol{x}$ 的相关系数矩阵，记作 $\boldsymbol{R}$，这也是一个对称矩阵.

相关系数有两个重要性质：

1° $|r_{ij}|\leqslant 1$；

2° $|r_{ij}|=1$ 的充要条件是存在常数 a、b，使得 $P\{X_j=aX_i+b\}=1$.

例 3.7 设随机向量 (X,Y) 服从二维正态分布，求相关系数 r_{XY}.

解 因为联合概率密度函数是

$$f(x,y)=\frac{1}{2\pi\sigma_1\sigma_2\sqrt{1-\rho^2}}\exp\left\{-\frac{1}{2(1-\rho^2)}\left[\left(\frac{x-\mu_1}{\sigma_1}\right)^2-2\rho\left(\frac{x-\mu_1}{\sigma_1}\right)\left(\frac{y-\mu_2}{\sigma_2}\right)+\left(\frac{y-\mu_2}{\sigma_2}\right)^2\right]\right\},\quad -\infty<x<+\infty,\ -\infty<y<+\infty$$

X、Y 的边缘概率密度函数分别是

$$f_X(x)=\frac{1}{\sqrt{2\pi}\sigma_1}\exp\left\{-\left(\frac{x-\mu_1}{\sqrt{2}\,\sigma_1}\right)^2\right\},\ -\infty<x<+\infty$$

$$f_Y(y)=\frac{1}{\sqrt{2\pi}\sigma_2}\exp\left\{-\left(\frac{y-\mu_2}{\sqrt{2}\,\sigma_2}\right)^2\right\},\ -\infty<y<+\infty$$

故 $E(X)=\mu_1, E(Y)=\mu_2, D(X)=\sigma_1^2, D(Y)=\sigma_2^2$，而

$$\mathrm{Cov}(X,Y)=E(X-EX)(Y-EY)=\int_{-\infty}^{+\infty}\int_{-\infty}^{+\infty}(x-\mu_1)(y-\mu_2)f(x,y)\mathrm{d}x\mathrm{d}y$$

$$=\int_{-\infty}^{+\infty}\int_{-\infty}^{+\infty}\frac{(x-\mu_1)(y-\mu_2)}{2\pi\sigma_1\sigma_2\sqrt{1-\rho^2}}\exp\left\{-\frac{1}{2(1-\rho^2)}\left[\left(\frac{x-\mu_1}{\sigma_1}\right)^2\right.\right.$$

$$\left.\left.-2\rho\left(\frac{x-\mu_1}{\sigma_1}\right)\left(\frac{y-\mu_2}{\sigma_2}\right)+\left(\frac{y-\mu_2}{\sigma_2}\right)^2\right]\right\}\mathrm{d}x\mathrm{d}y$$

$$=\int_{-\infty}^{+\infty}\int_{-\infty}^{+\infty}\frac{\sigma_1\sigma_2 uv}{2\pi\sqrt{1-\rho^2}}\exp\left\{-\frac{1}{2(1-\rho^2)}(u^2-2\rho uv+v^2)\right\}\mathrm{d}u\mathrm{d}v$$

（令 $u=\dfrac{x-\mu_1}{\sigma_1}, v=\dfrac{y-\mu_2}{\sigma_2}$）

$$=\frac{\sigma_1\sigma_2}{2\pi\sqrt{1-\rho^2}}\int_{-\infty}^{+\infty}\int_{-\infty}^{+\infty}uv\exp\left\{-\frac{1}{2(1-\rho^2)}[(u-\rho v)^2+(1-\rho^2)v^2]\right\}\mathrm{d}u\mathrm{d}v$$

$$=\frac{\sigma_1\sigma_2}{\sqrt{2\pi}}\int_{-\infty}^{+\infty}\left\{v\exp(-\frac{v^2}{2})\int_{-\infty}^{+\infty}\frac{u}{\sqrt{2\pi}\sqrt{1-\rho^2}}\exp\left[-\frac{1}{2(1-\rho^2)}(u-\rho v)^2\right]\mathrm{d}u\right\}\mathrm{d}v$$

其中积分 $\displaystyle\int_{-\infty}^{+\infty}\frac{u}{\sqrt{2\pi}\sqrt{1-\rho^2}}\exp\left\{-\frac{1}{2(1-\rho^2)}(u-\rho v)^2\right\}\mathrm{d}u$ 恰好是服从正态分布 $N(\rho v, (\sqrt{1-\rho^2})^2)$ 的随机变量的数学期望 ρv，于是

$$\mathrm{Cov}(X,Y)=\frac{\sigma_1\sigma_2\rho}{\sqrt{2\pi}}\int_{-\infty}^{+\infty}v^2\exp\left\{-\frac{v^2}{2}\right\}\mathrm{d}v$$

$$=\frac{\sigma_1\sigma_2\rho}{\sqrt{2\pi}}\left[-v\exp\left\{-\frac{v^2}{2}\right\}\Big|_{-\infty}^{+\infty}+\int_{-\infty}^{+\infty}\exp\left\{-\frac{v^2}{2}\right\}\mathrm{d}v\right]=\sigma_1\sigma_2\rho$$

所以相关系数　$r_{XY}=\dfrac{\mathrm{Cov}(X,Y)}{\sqrt{D(X)}\sqrt{D(Y)}}=\dfrac{\sigma_1\sigma_2\rho}{\sqrt{\sigma_1^2}\sqrt{\sigma_2^2}}=\rho$ □

从例 3.5 和例 3.7 我们看到了二维正态随机向量 (X,Y) 的联合密度函数中五个参数 μ_1、μ_2、σ_1、σ_2、ρ 各自的意义.

定理 3.2　对随机变量 X 与 Y，下列命题是等价的.

(1) $\mathrm{Cov}(X,Y)=0$；

(2) X 与 Y 的相关系数 $r=0$；

(3) X 与 Y 不相关；

(4) $E(XY)=E(X)E(Y)$；

(5) $D(X+Y)=D(X)+D(Y)$.

证　由不相关的定义显见(1)、(2)、(3) 是等价的. 因为

$$\mathrm{Cov}(X,Y)=E(X-EX)(Y-EY)=E(XY)-E(X)E(Y)$$

所以(1) 与(4) 等价. 又因为

$$D(X+Y)=E[(X+Y)-E(X+Y)]^2$$
$$=D(X)+D(Y)+2\mathrm{Cov}(X,Y)$$

当 $\mathrm{Cov}(X,Y)=0$ 时，有 $D(X+Y)=D(X)+D(Y)$，所以(1) 与(5) 等价. □

独立性和相关性分别是随机变量之间相互联系的反映. 这两个概念之间的关系见下面的结论.

定理 3.3　如果随机变量 X 与 Y 相互独立，则 X 与 Y 不相关.

证 (仅对连续型随机变量给出证明)

因为 X 与 Y 相互独立,故其联合密度函数 $f(x,y)=f_X(x)\cdot f_Y(y)$,于是

$$\mathrm{Cov}(X,Y)=E(X-EX)(Y-EY)=\int_{-\infty}^{+\infty}\int_{-\infty}^{+\infty}(x-EY)(y-EY)f(x,y)\mathrm{d}x\mathrm{d}y$$

$$=\int_{-\infty}^{+\infty}(x-EX)f_X(x)\mathrm{d}x\int_{-\infty}^{+\infty}(y-EY)f_Y(y)\mathrm{d}y=E(X-EX)\cdot E(Y-EY)$$

$$=(EX-EX)\cdot(EY-EY)=0$$

所以,X 与 Y 不相关.□

定理 3.3 的逆命题是否成立呢?对于二维正态分布来说,由例 3.7 可见,是成立的.也就是说,二维正态分布 X 与 Y 相互独立的充分必要条件是 X 与 Y 不相关.但是对其他随机向量,如果 X 与 Y 不相关,X 与 Y 却不一定相互独立.

例 3.8 设随机变量 X 与 Y 的联合概率密度函数 $f(x,y)=\begin{cases}1/\pi, & x^2+y^2\leqslant 1;\\ 0, & x^2+y^2>1.\end{cases}$ 试验证:X 与 Y 不相关,且 X 与 Y 不是相互独立的.

证 因为 $$E(X)=\int_{-\infty}^{+\infty}xf_X(x)\mathrm{d}x=\int_{-1}^{+1}x\mathrm{d}x\int_{-\sqrt{1-x^2}}^{\sqrt{1-x^2}}\frac{1}{\pi}\mathrm{d}y=0$$

同理 $$E(Y)=\int_{-\infty}^{+\infty}yf_Y(y)\mathrm{d}y=\int_{-\infty}^{+\infty}\int_{-\infty}^{+\infty}yf(x,y)\mathrm{d}x\mathrm{d}y=0$$

又 $$E(XY)=\int_{-\infty}^{+\infty}\int_{-\infty}^{+\infty}xyf(x,y)\mathrm{d}x\mathrm{d}y=\int_{-1}^{+1}\mathrm{d}x\int_{-\sqrt{1-x^2}}^{\sqrt{1-x^2}}\frac{xy}{\pi}\mathrm{d}y=0$$

所以 $$\mathrm{Cov}(X,Y)=E(XY)-E(X)\cdot E(Y)=0$$

从而 X 与 Y 不相关.

但是,边缘概率密度函数

$$f_X(x)=\int_{-\infty}^{+\infty}f(x,y)\mathrm{d}y=\begin{cases}\displaystyle\int_{-\sqrt{1-x^2}}^{\sqrt{1-x^2}}\frac{1}{\pi}\mathrm{d}y=\frac{2}{\pi}\sqrt{1-x^2}, & |x|\leqslant 1\\ 0, & |x|>1\end{cases}$$

$$f_Y(y)=\int_{-\infty}^{+\infty}f(x,y)\mathrm{d}x=\begin{cases}\displaystyle\int_{-\sqrt{1-y^2}}^{\sqrt{1-y^2}}\frac{1}{\pi}\mathrm{d}x=\frac{2}{\pi}\sqrt{1-y^2}, & |y|\leqslant 1\\ 0, & |y|>1\end{cases}$$

所以 $f(x,y)\neq f_X(x)\cdot f_Y(y)$,从而 X 与 Y 不是相互独立的.□

§ 3.3 数理统计基础知识

3.3.1 总体与样本

定义 3.15 在数理统计问题中,研究对象的全体称为总体,组成总体的各个元素称为个体.从总体中随机抽取 n 个个体称为容量为 n 的样本.

设 $X_1,X_2,\cdots,X_n$ 是总体 X 的容量为 n 的样本.若 $X_1,X_2,\cdots,X_n$ 相互独立,且每一个都与总体 X 有相同的分布,则称$(X_1,X_2,\cdots,X_n)$为总体 X 容量为 n 的简单随机样本,简称样本.

定理 3.4 如果总体 X 的分布函数是 $F(x)$,概率密度函数是 $f(x)$,则样本$(X_1,X_2,\cdots,$

X_n)的联合分布函数是 $G(x_1,x_2,\cdots,x_n)=\prod\limits_{i=1}^{n}F(x_i)$;联合概率密度函数是 $g(x_1,x_2,\cdots,x_n)=\prod\limits_{i=1}^{n}f(x_i)$.

证　提示:根据样本的独立性和与总体的同分布性,很易证得.□

3.3.2　统计量与最大似然估计

定义 3.16　设$(X_1,X_2,\cdots,X_n)$是总体 X 的一个样本,$g(X_1,X_2,\cdots,X_n)$是一个连续函数.如果 g 中不包含任何未知参数,则称 $g(X_1,X_2,\cdots,X_n)$为一个统计量.

比如 $g(X_1,X_2,\cdots,X_n)=\dfrac{1}{n}\sum\limits_{i=1}^{n}X_i,\qquad h(X_1,X_2,\cdots,X_n)=\dfrac{1}{n-1}\sum\limits_{i=1}^{n}(X_i-\overline{X})^2$
等都是统计量.显见统计量也是一个随机变量.当$(x_1,x_2,\cdots,x_n)$是样本$(X_1,X_2,\cdots,X_n)$的观测值时,$g(x_1,x_2,\cdots,x_n)$是统计量 $g(X_1,X_2,\cdots,X_n)$的一个观测值.

定义 3.17　设$(X_1,X_2,\cdots,X_n)$是总体 X 的一个样本,对第 j 个样本 X_j 测取了 m 项指标(或 m 个变量值)记为 $\boldsymbol{X}_j=(x_{1j},x_{2j},\cdots,x_{mj})^{\mathrm{T}},j=1,2,\cdots,n$.称矩阵

$$\boldsymbol{X}_{m\times n}=(\boldsymbol{X}_1,\boldsymbol{X}_2,\cdots,\boldsymbol{X}_n)=\begin{pmatrix}x_{11}&x_{12}&\cdots&x_{1n}\\x_{21}&x_{22}&\cdots&x_{2n}\\\vdots&\vdots&&\vdots\\x_{m1}&x_{m2}&\cdots&x_{mn}\end{pmatrix}$$

为观测数据矩阵;

称数　$\overline{x}_i=\dfrac{1}{n}\sum\limits_{j=1}^{n}x_{ij}\quad(i=1,2,\cdots,m)$为第 i 项指标(或变量)的平均值;

称向量　$\overline{\boldsymbol{X}}=(\overline{x}_1,\overline{x}_2,\cdots,\overline{x}_m)^{\mathrm{T}}=\dfrac{1}{n}\sum\limits_{i=1}^{n}\boldsymbol{X}_i$ 为样本的均值向量;

称数　$s_i^2=\dfrac{1}{n}\sum\limits_{j=1}^{n}(x_{ij}-\overline{x}_i)^2\quad(i=1,2,\cdots,m)$为样本第 i 项指标(或变量)的方差;

称数　$s_{ij}=\dfrac{1}{n}\sum\limits_{k=1}^{n}(x_{ik}-\overline{x}_i)(x_{jk}-\overline{x}_j)\quad(i、j=1,2,\cdots,m)$为样本指标 i 和指标 j(或变量 i 和变量 j)的协方差;

称矩阵　$\boldsymbol{S}_n=\begin{pmatrix}s_{11}&s_{12}&\cdots&s_{1m}\\s_{21}&s_{22}&\cdots&s_{2m}\\\vdots&\vdots&&\vdots\\s_{m1}&s_{m2}&\cdots&s_{mm}\end{pmatrix}=\dfrac{1}{n}\sum\limits_{k=1}^{n}(\boldsymbol{X}_k-\overline{\boldsymbol{X}})(\boldsymbol{X}_k-\overline{\boldsymbol{X}})^{\mathrm{T}}$ 为样本的协方差阵;
(注意:这里的 $\boldsymbol{S}_n$ 有下标,但它不表示是 n 阶矩阵,显见 $s_{ij}=s_{ji},s_{ii}=s_i^2$,所以 $\boldsymbol{S}_n$ 是对称矩阵)

称数　$r_{ij}=\dfrac{s_{ij}}{\sqrt{s_{ii}}\sqrt{s_{jj}}}(i、j=1,2,\cdots,m)$为样本指标 i 和指标 j(或变量 i 和变量 j)的相关系数;

称矩阵 $\boldsymbol{R} = \begin{pmatrix} r_{11} & r_{12} & \cdots & r_{1m} \\ r_{21} & r_{22} & \cdots & r_{2m} \\ \vdots & \vdots & & \vdots \\ r_{m1} & r_{m2} & \cdots & r_{mm} \end{pmatrix}$ 为样本相关系数矩阵. 显见 $\boldsymbol{R}$ 也是一个对称矩阵.

多元统计分析中最常用的统计量是上述样本均值、样本方差、协方差以及相关系数等.

定义 3.18 设总体 X 的分布密度函数是 $f(x;\theta_1,\theta_2,\cdots,\theta_k)$，其中 $\theta_1,\theta_2,\cdots,\theta_k$ 是未知参数，样本 $X_1,X_2,\cdots,X_n$ 的联合概率密度函数是 $\prod_{i=1}^{n} f(x_i;\theta_1,\theta_2,\cdots,\theta_k)$. 对于样本值 $(x_1,x_2,\cdots,x_n)$，函数 $L(x_1,x_2,\cdots,x_n;\theta_1,\theta_2,\cdots,\theta_k) = \prod_{i=1}^{n} f(x_i;\theta_1,\theta_2,\cdots,\theta_k)$ 称为似然函数. 如果它在 $\hat{\theta}_1,\hat{\theta}_2,\cdots,\hat{\theta}_k$ 时得到最大，则称 $\hat{\theta}_1,\hat{\theta}_2,\cdots,\hat{\theta}_k$ 分别是参数 $\theta_1,\theta_2,\cdots,\theta_k$ 的极大似然估计.

例 3.9 设总体 X 服从正态分布 $N(\mu,\sigma^2)$，其中参数 μ、σ^2 都是未知的. $(x_1,x_2,\cdots,x_n)$ 是样本 $X_1,X_2,\cdots,X_n$ 的观测值，求 μ、σ^2 的极大似然估计.

解 因为总体的概率密度函数

$$f(x;\mu,\sigma^2) = \frac{1}{\sqrt{2\pi}\sigma}\exp\left\{-\frac{1}{2}\left(\frac{x-\mu}{\sigma}\right)^2\right\}，参数 -\infty < \mu < +\infty, \sigma > 0.$$

似然函数为

$$\begin{aligned} L(x_1,x_2,\cdots,x_n;\mu,\sigma^2) &= \prod_{i=1}^{n} f(x_i;\mu,\sigma^2) \\ &= \prod_{i=1}^{n} \frac{1}{\sqrt{2\pi}\sigma}\exp\left\{-\frac{1}{2}\left(\frac{x_i-\mu}{\sigma}\right)^2\right\} \\ &= \left(\frac{1}{2\pi\sigma^2}\right)^{n/2}\exp\left\{-\frac{1}{2\sigma^2}\sum_{i=1}^{n}(x_i-\mu)^2\right\} \end{aligned}$$

取对数，得 $\ln L = -\frac{n}{2}\ln(2\pi\sigma^2) - \frac{1}{2\sigma^2}\sum_{i=1}^{n}(x_i-\mu)^2$. 令偏导数等于零，得方程组

$$\begin{cases} \dfrac{\partial \ln L}{\partial \mu} = \dfrac{1}{\sigma^2}\sum_{i=1}^{n}(x_i-\mu) = 0 \\ \dfrac{\partial \ln L}{\partial \sigma^2} = -\dfrac{n}{2\sigma^2} + \dfrac{1}{2\sigma^4}\sum_{i=1}^{n}(x_i-\mu)^2 = 0 \end{cases}$$

其解 $\hat{\mu} = \frac{1}{n}\sum_{i=1}^{n}x_i = \bar{x}, \hat{\sigma}^2 = \frac{1}{n}\sum_{i=1}^{n}(x_i-\bar{x})^2$ 为参数 μ、σ^2 的极大似然估计. □

定义 3.19 设 $\hat{\theta}(X_1,X_2,\cdots,X_n)$ 是未知参数 θ 的估计量. 若 $E(\hat{\theta}) = \theta$，则称 $\hat{\theta}$ 为 θ 的无偏估计；设 $\hat{\theta}_1$、$\hat{\theta}_2$ 均为 θ 的无偏估计，若 $D(\hat{\theta}_1) < D(\hat{\theta}_2)$，则称 $\hat{\theta}_1$ 比 $\hat{\theta}_2$ 有效；若 $\hat{\theta}$ 为 θ 的估计量，当 $n \to +\infty$ 时，若 $\hat{\theta}$ 依概率收敛于 θ，则称 $\hat{\theta}$ 为 θ 的一致估计量.

例 3.10 设 $(X_1,X_2,\cdots,X_n)$ 是总体 X 的一个样本，则样本均值是总体均值的无偏估计，但样本方差不是总体方差的无偏估计.

解 因为样本均值是 $\overline{X} = \frac{1}{n}\sum_{i=1}^{n}X_i$，

$$E(\overline{X}) = E\left(\frac{1}{n}\sum_{i=1}^{n}X_i\right) = \frac{1}{n}\sum_{i=1}^{n}E(X_i) = E(\boldsymbol{X})$$

所以样本均值 $\overline{X}$ 是总体均值的无偏估计. 因为样本方差

$$S=\frac{1}{n}\sum_{i=1}^{n}(X_i-\overline{X})^2=\frac{1}{n}\sum_{i=1}^{n}(X_i^2-2X_i\overline{X}+\overline{X}^2)=\frac{1}{n}\sum_{i=1}^{n}X_i^2-\overline{X}^2$$

故

$$\begin{aligned}E(S)&=E\left(\frac{1}{n}\sum_{i=1}^{n}X_i^2-\overline{X}^2\right)=\frac{1}{n}\sum_{i=1}^{n}E(X_i^2)-E(\overline{X}^2)\\&=\frac{1}{n}\sum_{i=1}^{n}[D(X_i)+(E(X_i))^2]-[D(\overline{X})+(E(\overline{X}))^2]\\&=\frac{1}{n}\sum_{i=1}^{n}[D(X)+(E(X))^2]-\left[\frac{D(X)}{n}+(E(X))^2\right]\\&=D(X)+(E(X))^2-\left[\frac{D(X)}{n}+(E(X))^2\right]=\frac{n-1}{n}D(X)\neq D(X)\end{aligned}$$

所以样本方差不是总体方差的无偏估计. 而统计量 $S_n=\frac{1}{n-1}\sum_{i=1}^{n}(X_i-\overline{X})^2$ 才是总体方差的无偏估计. □

3.3.3　假设检验

定义 3.20　任何一个在总体的未知分布上所作的假设称为统计假设，记作 H_0. 如果假设是对总体分布中的未知参数提出的，称为参数假设；否则称为非参数假设.

如果一个统计问题中仅提出一个统计假设，而且我们的目的也仅仅是判断这一个统计假设是否成立，并不同时研究其他统计假设，这类检验问题称为显著性检验.

显著性检验大都按下列步骤进行：

1°　提出统计假设 H_0.

2°　选取适当的统计量 U，并在假设 H_0 成立的条件下确定该统计量的分布.

3°　按问题的要求选取一个显著水平 α(一般取 0.05、0.10 或 0.01)，并根据统计量的分布查表，求出能使 $P\{|U|\geqslant u_0\}\leqslant\alpha$ 满足的临界值 u_0.

4°　由样本观测值计算出统计量 U 的观测值 u，并与临界值 u_0 比较. 如果 $|u|\geqslant u_0$，则拒绝假设 H_0；如果 $|u|<u_0$，则接受假设 H_0.

3.3.4　多元正态分布的定义及其性质

多元正态分布是一元正态分布和二元正态分布的自然推广. 我们知道，若 $Y\sim N(0,1)$，记 $X=\mu+\sigma Y$，其中 μ、$\sigma(>0)$ 是实数，则 $X\sim N(\mu,\sigma^2)$. 也就是说，可用标准正态分布来定义一般正态分布.

定义 3.21　设 n 个随机变量 $X_1,X_2,\cdots,X_n$ 相互独立，且都服从标准正态分布 $N(0,1)$，则称随机向量 $\boldsymbol{X}=(X_1,X_2,\cdots,X_n)^{\mathrm{T}}$ 为标准正态向量，记作 $\boldsymbol{X}\sim N(\boldsymbol{0},\boldsymbol{I})$，其中 $\boldsymbol{0}$ 是零向量，$\boldsymbol{I}$ 是单位矩阵.

定义 3.22　设随机向量 $\boldsymbol{Y}=(Y_1,Y_2,\cdots,Y_n)^{\mathrm{T}}$ 是标准正态向量，$\boldsymbol{\mu}=(\mu_1,\mu_2,\cdots,\mu_m)^{\mathrm{T}}$ 为 m 维常数向量，$\boldsymbol{A}$ 为 $m\times n$ 常数矩阵，则称随机向量 $\boldsymbol{X}=(X_1,X_2,\cdots,X_m)^{\mathrm{T}}=\boldsymbol{AY}+\boldsymbol{\mu}$ 的分布为 m 元正态分布，记作 $\boldsymbol{X}\sim N_m(\boldsymbol{\mu},\boldsymbol{\Sigma})$，其中 $\boldsymbol{\Sigma}=\boldsymbol{AA}^{\mathrm{T}}$.

多元正态分布有下列重要结论：

1°　如果 n 元随机向量 $\boldsymbol{X}\sim N(\boldsymbol{0},\boldsymbol{I})$，则 $E(\boldsymbol{X})=\boldsymbol{0}$，$D(\boldsymbol{X})=\boldsymbol{I}$.

2°　如果 n 元随机向量 $\boldsymbol{X}\sim N_n(\boldsymbol{\mu},\boldsymbol{\Sigma})$，则 $E(\boldsymbol{X})=\boldsymbol{\mu}$，$D(\boldsymbol{X})=\boldsymbol{\Sigma}$.

因此，一般称向量 μ 为均值向量，矩阵 $\boldsymbol{\Sigma}$ 为协方差阵.

3° 设 $\boldsymbol{\Sigma}$ 是正定阵，则 n 元随机向量 $\boldsymbol{X} \sim N_n(\mu,\boldsymbol{\Sigma})$ 的充分必要条件是 $\boldsymbol{X}$ 的联合概率密度函数为

$$f(x_1,x_2,\cdots,x_n) = f(\boldsymbol{x};\mu,\boldsymbol{\Sigma}) = (2\pi)^{-n/2}|\boldsymbol{\Sigma}|^{-1/2}\exp\left\{-\frac{1}{2}(\boldsymbol{x}-\mu)^{\mathrm{T}}\boldsymbol{\Sigma}^{-1}(\boldsymbol{x}-\mu)\right\}$$，其中 $\boldsymbol{x} = (x_1,x_2,\cdots,x_n)^{\mathrm{T}}$.

当 $n=2$ 时，我们已知二元正态随机向量 (X,Y) 的联合概率密度函数

$$\begin{aligned} f(x,y) &= \frac{1}{2\pi\sigma_1\sigma_2\sqrt{1-\rho^2}}\exp\left\{-\frac{1}{2(1-\rho^2)}\left[\left(\frac{x-\mu_1}{\sigma_1}\right)^2 - 2\rho\left(\frac{x-\mu_1}{\sigma_1}\right)\left(\frac{y-\mu_2}{\sigma_2}\right)\right.\right. \\ &\quad \left.\left. + \left(\frac{y-\mu_2}{\sigma_2}\right)^2\right]\right\} \\ &= (2\pi)^{-1}|\boldsymbol{\Sigma}|^{-1/2}\exp\left\{-\frac{1}{2}(\boldsymbol{x}-\mu)^{\mathrm{T}}\boldsymbol{\Sigma}^{-1}(\boldsymbol{x}-\mu)\right\}, \quad -\infty < x、y < +\infty \end{aligned}$$

其中 μ_1、μ_2、σ_1、σ_2、ρ 都是常数，且 $\sigma_1>0,\sigma_2>0,|\rho|<1$. $\mu=(\mu_1,\mu_2)^{\mathrm{T}}$，$\boldsymbol{\Sigma}=\begin{pmatrix}\sigma_1^2 & \sigma_1\sigma_2\rho \\ \sigma_1\sigma_2\rho & \sigma_2^2\end{pmatrix}$，$|\boldsymbol{\Sigma}| = \sigma_{21}\sigma_2^2(1-\rho^2)$，$\boldsymbol{\Sigma}^{-1} = \frac{1}{\sigma_1^2\sigma_2^2(1-\rho^2)}\begin{pmatrix}\sigma_2^2 & -\sigma_1\sigma_2\rho \\ -\sigma_1\sigma_2\rho & \sigma_1^2\end{pmatrix}$.

4° 如果 n 元随机向量 $\boldsymbol{X} \sim N_n(\mu,\boldsymbol{\Sigma})$，随机向量 $\boldsymbol{Y} = \boldsymbol{BX}+\boldsymbol{C}$，其中 $\boldsymbol{B}$ 是一个 $m\times n$ 常数矩阵，$\boldsymbol{C}$ 是 m 维常向量，则 $\boldsymbol{Y}$ 服从 $N_n(\boldsymbol{B}\mu+\boldsymbol{C},\boldsymbol{B\Sigma B}^{\mathrm{T}})$.

特别的，当 $m=1$ 时，如果 $\boldsymbol{B}=(b_1,b_2,\cdots,b_n)$，$\boldsymbol{C}=(0,0,\cdots,0)^{\mathrm{T}}$，则

$$\boldsymbol{Y} = \boldsymbol{BX}+\boldsymbol{C} = b_1X_1+b_2X_2+\cdots+b_nX_n \quad \text{服从 } N_n(\boldsymbol{B}\mu,\boldsymbol{B\Sigma B}^{\mathrm{T}}).$$

由此可见，正态随机变量的线性组合仍是正态变量.

5° 如果 n 元随机向量 $\boldsymbol{X} \sim N_n(\mu,\boldsymbol{\Sigma})$，则 $\boldsymbol{X}=(X_1,X_2,\cdots,X_n)^{\mathrm{T}}$ 的任意部分分量 $X_{i_1},X_{i_2},\cdots,X_{i_k}(k\leqslant n,1\leqslant i_k\leqslant n)$ 的线性组合仍是正态变量.

6° 如果 n 元随机向量 $\boldsymbol{X}=(X_1,X_2,\cdots,X_n)^{\mathrm{T}}$ 与 $\boldsymbol{Y}=(Y_1,Y_2,\cdots,Y_n)^{\mathrm{T}}$ 的联合分布是正态的 $N\left(\begin{pmatrix}\mu^{(1)} \\ \mu^{(2)}\end{pmatrix},\begin{pmatrix}\boldsymbol{\Sigma}_{11} & \boldsymbol{\Sigma}_{12} \\ \boldsymbol{\Sigma}_{21} & \boldsymbol{\Sigma}_{22}\end{pmatrix}\right)$，则 $\boldsymbol{X}$ 与 $\boldsymbol{Y}$ 相互独立的充分必要条件是 $\boldsymbol{\Sigma}_{12}=\boldsymbol{\Sigma}_{21}=\boldsymbol{O}$.

7° 设 m 个 n 元随机向量 $\boldsymbol{X}^{(1)},\boldsymbol{X}^{(2)},\cdots,\boldsymbol{X}^{(m)}$ 是相互独立的，且每一个都服从正态分布，即 $\boldsymbol{X}^{(j)} \sim N_n(\mu^{(j)},\boldsymbol{\Sigma})(j=1,2,\cdots,m)$. 如果 m 阶方阵 $\boldsymbol{P}=(p_{ij})_{m\times m}$ 是正交矩阵，则 n 元随机向量 $\boldsymbol{Y}^{(i)}=\sum_{j=1}^{m}p_{ij}\boldsymbol{X}^{(j)}$ 仍服从正态分布 $N_n(\sum_{j=1}^{m}p_{ij}\mu^{(j)},\boldsymbol{\Sigma})(i=1,2,\cdots,m)$，且 $\boldsymbol{Y}^{(1)},\boldsymbol{Y}^{(2)},\cdots,\boldsymbol{Y}^{(m)}$ 也是相互独立的.

3.3.5 多元正态分布的参数估计

设 m 元正态总体 $\boldsymbol{X} \sim N_m(\mu,\boldsymbol{\Sigma})$，在进行统计分析时，向量 μ 和矩阵 $\boldsymbol{\Sigma}$ 往往是未知的，需要用样本的观测值做估计，并且做必要的统计假设检验. 下面是一种常用的估计方法.

设在 m 元正态总体 $\boldsymbol{X} \sim N_m(\mu,\boldsymbol{\Sigma})$ 中抽取了 n 个样本 $X_1,X_2,\cdots,X_n$，每个样本对 m 个变量进行了测定，得到观测数据矩阵

$$\boldsymbol{X}_{m\times n} = (\boldsymbol{X}_1,\boldsymbol{X}_2,\cdots,\boldsymbol{X}_n) = \begin{pmatrix} x_{11} & x_{12} & \cdots & x_{1n} \\ x_{21} & x_{22} & \cdots & x_{2n} \\ \vdots & \vdots & & \vdots \\ x_{m1} & x_{m2} & \cdots & x_{mm} \end{pmatrix}$$

则对向量 μ 和矩阵 $\boldsymbol{\Sigma}$ 的估计有下列结论：

1° 均值向量 μ 的最大似然估计为 $\hat{\mu}=\overline{\boldsymbol{X}}=(\bar{x}_1,\bar{x}_2,\cdots,\bar{x}_m)^{\mathrm{T}}$，其中 $\bar{x}_i=\dfrac{1}{n}\sum_{j=1}^{n}x_{ij}(i=1,2,\cdots,m)$. 此估计是无偏估计.

2° 协方差阵 $\boldsymbol{\Sigma}$ 的极大似然估计为 $\hat{\boldsymbol{\Sigma}}=\boldsymbol{S}_n=\dfrac{1}{n}\sum_{k=1}^{n}(\boldsymbol{X}_k-\overline{\boldsymbol{X}})(\boldsymbol{X}_k-\overline{\boldsymbol{X}})^{\mathrm{T}}=(s_{ij})_{m\times m}$，其中 $s_{ij}=\dfrac{1}{n}\sum_{k=1}^{n}(x_{ik}-\bar{x}_i)(x_{jk}-\bar{x}_j)$，$i$、$j=1,2,\cdots,m$.（注意，这里的 $\boldsymbol{S}_n$ 有下标 n 并不是表示其是 n 阶矩阵.）这个估计不是 $\boldsymbol{\Sigma}$ 的无偏估计，因为 $E(\boldsymbol{S}_n)=\dfrac{n-1}{n}\boldsymbol{\Sigma}$.

3° 协方差阵 $\boldsymbol{\Sigma}$ 的无偏估计是 $\boldsymbol{S}=\dfrac{n}{n-1}\boldsymbol{S}_n=\dfrac{1}{n-1}\sum_{k=1}^{n}(\boldsymbol{X}_k-\overline{\boldsymbol{X}})(\boldsymbol{X}_k-\overline{\boldsymbol{X}})^{\mathrm{T}}$.

这里没有下标的 $\boldsymbol{S}$ 在统计检验中将取代 $\boldsymbol{S}_n$ 作为样本的协方差矩阵.

3.3.6　一个正态总体均值的假设检验

设总体 $\boldsymbol{X}\sim N_m(\mu_0,\boldsymbol{\Sigma})$，其中 m 维向量 μ_0 已知，矩阵 $\boldsymbol{\Sigma}$ 未知. 现从总体中随机抽取了 n 个样本 $(X_1,X_2,\cdots,X_n)$. 检验该样本的均值与总体的均值有无显著差异.

按照 3.3.3 中介绍的假设检验的步骤：

1° 作统计假设 $H_0:\mu=\mu_0$.

2° 引入统计量 $T^2=n(\overline{\boldsymbol{X}}-\mu_0)^{\mathrm{T}}\boldsymbol{S}^{-1}(\overline{\boldsymbol{X}}-\mu_0)$ 和 $F=\dfrac{n-m}{m(n-1)}T^2$，当 H_0 为真时，统计量 F 服从第一自由度为 m，第二自由度为 $n-m$ 的 F 分布.

3° 对选取的显著水平 α，查 F 分布表，求出能使 $P\{F>F_0(m,n-m)\}\leqslant\alpha$ 满足的临界值 $F_0(m,n-m)$.

4° 由样本观测值计算出上述统计量 T^2 和 F，并将 F 与临界值 $F_0(m,n-m)$ 作比较. 如果 $F>F_0(m,n-m)$，则拒绝假设 H_0；反之，则接受假设 H_0.

下面看看 $m=1$ 的情况. 设一元正态总体 $\boldsymbol{X}\sim N(\mu_0,\sigma^2)$，其中 μ_0 已知，σ^2 未知. 若 n 个样本的观测值为 $(x_1,x_2,\cdots,x_n)$，计算 $\bar{x}=\dfrac{1}{n}\sum_{i=1}^{n}x_i$，$s^2=\dfrac{1}{n-1}\sum_{i=1}^{n}(x_i-\bar{x})^2$，$s=\sqrt{s^2}$.

作统计假设 $H_0:\mu=\mu_0$.

计算统计量　$F=\dfrac{n-m}{m(n-1)}T^2=T^2=\dfrac{n}{s^2}(\bar{x}-\mu_0)^2$ 或 $T=\dfrac{\sqrt{n}}{s}(\bar{x}-\mu_0)$.

当 H_0 为真时，统计量 F 服从第一自由度为 1，第二自由度为 $n-1$ 的 F 分布；或者当 H_0 为真时，统计量 T 服从自由度为 $n-1$ 的 t 分布.

对选取的显著水平 α，查 F 分布表，求出能使 $P\{F>F_0(1,n-1)\}\leqslant\alpha$ 满足的临界值 $F_0(1,n-1)$；或者查 t 分布表，求出能使 $P\{|T|>t_0(n-1)\}\leqslant\alpha$ 满足的临界值 $t_0(n-1)$.

如果 $F>F_0(1,n-1)$，或者 $|T|>t_0(n-1)$，则拒绝假设 H_0；反之，则接受假设 H_0.

例 3.11　为了检验某化验员的化学分析测试是否有系统误差，今取了四个等级的铁矿石样本让他做化学分析. 已知标准数据是 $\mu_0=(22.75,32.75,51.50,61.50)^{\mathrm{T}}$，他重复测试了 21 次，数据见表 3.1.

表 3.1　铁矿石样本重复测试数据表

样本＼序号	1	2	3	4	5	6	7	8	9	10
A	22.88	22.74	22.60	22.93	22.74	22.53	22.67	22.74	22.62	22.67
B	32.81	32.56	32.74	32.95	32.74	32.53	32.58	32.67	32.57	32.67
C	51.51	51.49	51.50	51.17	51.45	51.36	51.44	51.44	51.23	51.64
D	61.51	61.39	61.22	60.91	61.56	61.22	61.30	61.30	61.39	61.50

样本＼序号	11	12	13	14	15	16	17	18	19	20	21
A	22.82	22.67	22.81	22.67	22.81	23.02	23.02	23.15	22.88	23.16	23.13
B	32.80	32.67	32.67	32.60	33.02	33.05	32.95	33.15	33.06	32.78	32.95
C	51.32	51.21	51.43	51.30	51.70	51.48	51.55	51.58	51.54	51.48	51.58
D	60.97	61.49	61.15	61.27	61.49	61.44	61.62	61.65	61.54	61.41	61.58

解　这是一个检验 $H_0:\mu=\mu_0$ 的问题. 由观测数据均值计算出

$\overline{\boldsymbol{X}}=(22.82,32.79,51.45,61.38)^{\mathrm{T}},\overline{\boldsymbol{X}}-\mu_0=(0.07,0.04,-0.05,-0.12)^{\mathrm{T}}$

$$\boldsymbol{S}=\frac{1}{n-1}\sum_{k=1}^{n}(\boldsymbol{X}_k-\overline{\boldsymbol{X}})(\boldsymbol{X}_k-\overline{\boldsymbol{X}})^{\mathrm{T}}=\begin{pmatrix}0.0351 & 0.0271 & 0.0092 & 0.0127\\ 0.0271 & 0.0356 & 0.0114 & 0.0129\\ 0.0092 & 0.0114 & 0.0197 & 0.0173\\ 0.0127 & 0.0129 & 0.0173 & 0.0403\end{pmatrix}$$

为了计算　$T^2=n(\overline{\boldsymbol{X}}-\mu_0)^{\mathrm{T}}\boldsymbol{S}^{-1}(\overline{\boldsymbol{X}}-\mu_0)$，先令 $\boldsymbol{S}^{-1}(\overline{\boldsymbol{X}}-\mu_0)=\boldsymbol{Y}$，

则　$\boldsymbol{SY}=(\overline{\boldsymbol{X}}-\mu_0)$，解出 $\boldsymbol{Y}=(3.5005,0.1157,-0.9888,-3.6928)^{\mathrm{T}}$

于是　$(\overline{\boldsymbol{X}}-\mu_0)^{\mathrm{T}}\boldsymbol{S}^{-1}(\overline{\boldsymbol{X}}-\mu_0)=(\overline{\boldsymbol{X}}-\mu_0)^{\mathrm{T}}\boldsymbol{Y}=0.7422$

统计量　$T^2=n(\overline{\boldsymbol{X}}-\mu_0)^{\mathrm{T}}\boldsymbol{S}^{-1}(\overline{\boldsymbol{X}}-\mu_0)=21\times 0.7422=15.5862$

和　$F=\dfrac{n-m}{m(n-1)}T^2=\dfrac{17}{4\times 20}\times 15.5862=3.3121$

取显著水平　$\alpha=0.05$，查 F 分布表得　$F_0(4,17;0.05)=2.96$

因为　$F=3.3121>F_0(4,17;0.05)=2.96$

故拒绝假设 H_0，认为这位化验员的测试有系统误差.

如果取显著水平 $\alpha=0.01$，查 F 分布表得 $F_0(4,17;0.01)=4.67$，因为 $F=3.3121<F_0(4,17;0.01)=4.67$，故可接受假设 H_0，认为这位化验员的测试无显著差异.

由此可见，做出拒绝和接受假设的决定往往与显著水平 α 的选取有关，取大还是取小由实际问题的要求而定，不能给出统一的标准.

如果我们进一步对每一个样本的测试数据做一元 T 检验，可计算出统计量 $T_1=1.712$，$T_2=0.972$，$T_3=-1.632$，$T_4=-2.739$. 取显著水平 $\alpha=0.05$，查自由度为 20 的 t 分布表，得临界值 $t_0(20)=2.068$. 因为 $|T_1|$、$|T_2|$、$|T_3|$ 皆小于 $t_0(20)=2.068$，但 $|T_4|>t_0(20)=2.068$，故可认为这位化验员的测试系统误差主要来自第四个样本. □

这样将多元检验与一元检验联合使用的结果，使得事实显现得非常清楚，可起到相辅相成的作用.

3.3.7　两个正态总体均值的检验

设有两个协方差阵相等的 m 元正态总体 $\boldsymbol{X}^{(1)}\sim N_m(\mu^{(1)},\boldsymbol{\Sigma})$ 和 $\boldsymbol{X}^{(2)}\sim N_m(\mu^{(2)},\boldsymbol{\Sigma})$. 今从中分别抽取容量为 n_1 和 n_2 的两个样本 $(X_1^{(1)},X_2^{(1)},\cdots,X_{n_1}^{(1)})$ 与 $(X_1^{(2)},X_2^{(2)},\cdots,X_{n_2}^{(2)})$，相应地有观测

数据矩阵

$$\begin{pmatrix} x_{11}^{(1)} & x_{12}^{(1)} & \cdots & x_{1n_1}^{(1)} \\ x_{21}^{(1)} & x_{22}^{(1)} & \cdots & x_{2n_1}^{(1)} \\ \vdots & \vdots & & \vdots \\ x_{m1}^{(1)} & x_{m2}^{(1)} & \cdots & x_{mn_1}^{(1)} \end{pmatrix} \text{ 和 } \begin{pmatrix} x_{11}^{(2)} & x_{12}^{(2)} & \cdots & x_{1n_2}^{(2)} \\ x_{21}^{(2)} & x_{22}^{(2)} & \cdots & x_{2n_2}^{(2)} \\ \vdots & \vdots & & \vdots \\ x_{m1}^{(2)} & x_{m2}^{(2)} & \cdots & x_{mn_2}^{(2)} \end{pmatrix}$$

现在要判断这两个样本是否同属于一个总体.

为此我们作统计假设 $H_0:\mu^{(1)}=\mu^{(2)}$.

引入统计量 $T^2=\dfrac{n_1n_2}{n_1+n_2}(\overline{X}^{(1)}-\overline{X}^{(2)})^{\mathrm{T}}S^{-1}(\overline{X}^{(1)}-\overline{X}^{(2)})$ 和 $F=\dfrac{n_1+n_2-m-1}{m(n_1+n_2-2)}T^2$，其中

$$\begin{aligned} S &= \frac{1}{n_1+n_2-2}\Big[\sum_{k=1}^{n_1}(X_k^{(1)}-\overline{X}^{(1)})(X_k^{(1)}-\overline{X}^{(1)})^{\mathrm{T}}+\sum_{k=1}^{n_1}(X_k^{(2)}-\overline{X}^{(2)})(X_k^{(2)}-\overline{X}^{(2)})^{\mathrm{T}}\Big] \\ &= \frac{1}{n_1+n_2-2}[(n_1-1)S_1+(n_2-1)S_2] \end{aligned}$$

$$S_1=\frac{1}{n_1-1}\sum_{k=1}^{n_1}(X_k^{(1)}-\overline{X}^{(1)})(X_k^{(1)}-\overline{X}^{(1)})^{\mathrm{T}}$$

$$S_2=\frac{1}{n_2-1}\sum_{k=1}^{n_2}(X_k^{(2)}-\overline{X}^{(2)})(X_k^{(2)}-\overline{X}^{(2)})^{\mathrm{T}}$$

当 H_0 为真时，统计量 F 服从第一自由度为 m，第二自由度为 n_1+n_2-m-1 的 F 分布. 取显著水平 α，查 F 分布表，求出能使 $P\{F>F_0(m,n_1+n_2-m-1)\}\leqslant\alpha$ 满足的临界值 $F_0(m,n_1+n_2-m-1)$. 如果 $F>F_0(m,n_1+n_2-m-1)$，则拒绝假设 H_0，否则可接受假设，认为两个总体无显著差异.

例 3.12 某一种产品用两种不同的工艺进行生产. 各抽取了 50 件产品对两项指标进行测试，得到数据矩阵后计算出结果. 试比较两种不同工艺生产的产品有无显著差异.

解 假设这两种产品是分布于协方差阵相等的二元正态总体 $X^{(1)}\sim N_2(\mu^{(1)},\Sigma)$ 和 $X^{(2)}\sim N_2(\mu^{(2)},\Sigma)$.

检验假设 $H_0:\mu^{(1)}=\mu^{(2)}$.

因为

$$n_1=n_2=50,S=\frac{1}{n_1+n_2-2}[(n_1-1)S_1+(n_2-1)S_2]=\begin{pmatrix}2 & 1\\ 1 & 5\end{pmatrix}$$

$$S^{-1}=\begin{pmatrix}0.5556 & -0.1111\\ -0.1111 & 0.2222\end{pmatrix}$$

故统计量

$$\begin{aligned} T^2 &= \frac{n_1n_2}{n_1+n_2}(\overline{X}^{(1)}-\overline{X}^{(2)})^{\mathrm{T}}S^{-1}(\overline{X}^{(1)}-\overline{X}^{(2)}) \\ &= 25(-1.9\quad 0.2)\begin{pmatrix}0.5556 & -0.1111\\ -0.1111 & 0.2222\end{pmatrix}\begin{pmatrix}-1.9\\ 0.2\end{pmatrix}=52.4778 \end{aligned}$$

$$F=\frac{n_1+n_2-m-1}{m(n_1+n_2-2)}T^2=25.9712$$

对于显著水平 $\alpha=0.05$，查第一自由度为 2，第二自由度为 $n_1+n_2-m-1=97$ 的 F 分布表，得临界值 $F_0(2,97;0.05)=3.09$. 因为 $F=25.9712>F_0(2,97;0.05)=3.09$，故拒绝假设 H_0，认为这两种工艺生产的产品有显著差异. □

3.3.8 k 个正态总体均值的检验

设有 k 个协方差阵相等的 m 元正态总体 $\boldsymbol{X}^{(1)} \sim N_m(\boldsymbol{\mu}^{(1)},\boldsymbol{\Sigma}),\boldsymbol{X}^{(2)} \sim N_m(\boldsymbol{\mu}^{(2)},\boldsymbol{\Sigma}),\cdots,\boldsymbol{X}^{(k)} \sim N_m(\boldsymbol{\mu}^{(k)},\boldsymbol{\Sigma})$，今从中抽取了容量分别为 $n_1,n_2,\cdots,n_k$ 的样本：

$$\boldsymbol{X}_1^{(1)},\boldsymbol{X}_2^{(1)},\cdots,\boldsymbol{X}_{n_1}^{(1)} \sim N_m(\boldsymbol{\mu}^{(1)},\boldsymbol{\Sigma})$$

$$\boldsymbol{X}_1^{(2)},\boldsymbol{X}_2^{(2)},\cdots,\boldsymbol{X}_{n_2}^{(2)} \sim N_m(\boldsymbol{\mu}^{(2)},\boldsymbol{\Sigma})$$

…………

$$\boldsymbol{X}_1^{(k)},\boldsymbol{X}_2^{(k)},\cdots,\boldsymbol{X}_{n_k}^{(k)} \sim N_m(\boldsymbol{\mu}^{(k)},\boldsymbol{\Sigma})$$

检验假设 $H_0:\boldsymbol{\mu}^{(1)} = \boldsymbol{\mu}^{(2)} = \cdots = \boldsymbol{\mu}^{(k)}$.

计算
$$n_1 + n_2 + \cdots + n_k = n,\overline{\boldsymbol{X}}^{(j)} = \frac{1}{n}\sum_{i=1}^{n_j}\boldsymbol{X}_i^{(j)} \quad (j = 1,2,\cdots,k)$$

$$\overline{\boldsymbol{X}} = \frac{1}{n}\overline{\boldsymbol{X}}^{(j)} = \frac{1}{n}\sum_{i=1}^{n_j}n_j\overline{\boldsymbol{X}}^{(j)} = \frac{1}{n}\sum_{j=1}^{k}\sum_{i=1}^{n_j}\boldsymbol{X}_i^{(j)}$$

$$\boldsymbol{E} = \sum_{j=1}^{k}\sum_{i=1}^{n_j}(\boldsymbol{X}_i^{(j)} - \overline{\boldsymbol{X}}^{(j)})(\boldsymbol{X}_i^{(j)} - \overline{\boldsymbol{X}}^{(j)})^{\mathrm{T}}$$

$$\boldsymbol{B} = \sum_{j=1}^{k}n_j(\overline{\boldsymbol{X}}^{(j)} - \overline{\boldsymbol{X}})(\overline{\boldsymbol{X}}^{(j)} - \overline{\boldsymbol{X}})^{\mathrm{T}}$$

$$\boldsymbol{W} = \boldsymbol{E} + \boldsymbol{B}$$

其中 $\boldsymbol{E}$、$\boldsymbol{B}$、$\boldsymbol{W}$ 分别是 $m \times m$ 矩阵；并计算统计量

$$\Lambda = \frac{|\boldsymbol{E}|}{|\boldsymbol{E} + \boldsymbol{B}|} = \frac{|\boldsymbol{E}|}{|\boldsymbol{W}|}$$

当 H_0 为真时，Λ 服从第一自由度为 $n - k$，第二自由度为 $k - 1$ 的 $\Lambda(m,n-k,k-1)$ 分布. 不过一般的统计书上查不到 Λ 分布表，表 3.2 是 Λ 分布与 F 分布之间的关系($n_1 > m$)表.

表 3.2 Λ 分布与 F 分布的关系($n_1 > m$)

m	n_2	统计量 F	F 的自由度
任意	1	$\dfrac{(n_1 - m + 1)(1 - \Lambda)}{m\Lambda}$	$m,n_1 - m + 1$
任意	2	$\dfrac{(n_1 - m)(1 - \sqrt{\Lambda})}{m\sqrt{\Lambda}}$	$2m,2(n_1 - m)$
1	任意	$\dfrac{n_1(1 - \Lambda)}{n_2\Lambda}$	n_2,n_1
2	任意	$\dfrac{(n_1 - 1)(1 - \sqrt{\Lambda})}{n_2\sqrt{\Lambda}}$	$2n_2,2(n_1 - 1)$

由此知，计算出统计量 Λ 后，从表 3.2 中找到相应的 F 分布，对于显著水平 α，根据自由度查相应的 F 分布表，得临界值 F_0. 若 $F > F_0$，则拒绝假设 H_0，认为 k 个总体之间有显著差异；否则，接受假设 H_0，认为 k 个总体之间无显著差异.

当 m、n_2 不属于表 3.2 情形时，可计算统计量 $\chi^2 = -(n_1 + n_2 - \dfrac{m + n_2 + 1}{2})\ln\Lambda$，其近似服从自由度为 $m \times n_2$ 的 χ^2 分布. 对显著水平 α，查自由度为 $m \times n_2$ 的 χ^2 分布表，得临界值 $\chi_0^2(m \times n_2)$. 若 $\chi^2 > \chi_0^2$，则拒绝假设 H_0，认为 k 个总体之间有显著差异；否则，接受假设 H_0，认为 k 个总体之间无显著差异.

第四章　回归分析

回归分析是统计学的一个重要分支，它基于观测数据建立变量之间的某种依赖关系，分析数据的内在规律，并可用于预报、控制等方面.

回归分析的基本思想以及"回归"名称来源于英国统计学家高尔顿(F. Galton，1822—1911). 高尔顿在研究父母身高与其子女身高的遗传问题时，发现遗传性状有向中心回归的现象，即高个子父母，其后代平均也比较高，但不如其父辈那么高；而矮个子的后代相对较矮，却比其父辈要高，说明后代的平均高度向中心"回归"了. 这就是"回归"一词最初在遗传学上的含义. 而回归的现代含义比其原始含义要广得多. 经过约 200 年的发展，回归分析从经典方法到现代方法，研究的内容非常丰富，大致包括以下几个部分：线性回归、非线性回归、含有定性变量的回归；回归诊断、回归变量的选择和参数估计方法的改进等方面也是回归分析研究的重要内容.

为了便于读者理解多元回归分析的内容，我们首先简要介绍一下一元线性回归分析.

§4.1　一元线性回归简介

4.1.1　一元线性回归模型

一元线性回归模型是描述两个变量之间统计关系的最简单的模型. 下面我们通过一个例子来介绍一元线性回归方程的建立，以及回归分析方法的基本思想、方法和应用.

例 4.1　为了估计山上积雪融化后对下游灌溉的影响，在山上建立了一个观察站，测量了最大积雪深度 x(m) 与当年灌溉面积 y(ha)，得到连续 10 年的数据，见表 4.1.

表 4.1　最大积雪深度与灌溉面积的观测数据

i	1	2	3	4	5	6	7	8	9	10
x	15.2	10.4	21.2	18.6	26.4	23.4	13.5	16.7	24.0	19.1
y	28.6	19.3	40.5	35.6	48.9	45.0	29.2	34.1	46.7	37.4

为了研究这些数据中所蕴涵的规律性，我们以最大积雪深度作为横坐标，灌溉面积为纵坐标，画出散点图如图 4.1 所示.

从图 4.1 中我们可以看到：数据点大致落在一条直线附近，说明最大积雪深度与灌溉面积之间存在密切关系，是一种近似的线性关系，但又不是惟一确定的函数关系. 因为还存在影响 y 的随机因素. 根据以上分析，我们可以假定 y 和 x 之间存在如下形式的关系：

$$y = \beta_0 + \beta_1 x + \varepsilon \tag{4.1}$$

式中 β_0 与 β_1 称为回归系数，ε 为随机误差项. 式(4.1)称为一元线性回归模型. 通常假定随机误差项 ε 满足 $\begin{cases} E(\varepsilon)=0, \\ \mathrm{Var}(\varepsilon)=\sigma^2. \end{cases}$

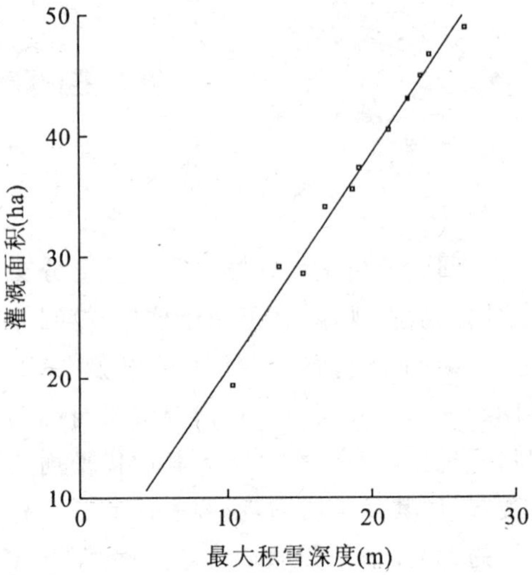

图 4.1　灌溉面积与最大积雪深度的散点图

这里，$E(\varepsilon)$ 表示 ε 的数学期望，$\mathrm{Var}(\varepsilon)$ 表示 ε 的方差. 为了便于对参数做区间估计和进行假设检验，我们还假定 ε 遵从正态分布，即 $\varepsilon \sim N(0,\sigma^2)$. 这时，容易推知：

$$E(y)=\beta_0+\beta_1 x, \mathrm{Var}(y)=\sigma^2$$

即
$$y \sim N(\beta_0+\beta_1 x,\sigma^2)$$

由于 ε 是随机因素，通常我们就用 $E(y)$ 作为 y 的估计.

对于某个实际问题，我们获得了 n 组样本观测值 (x_i,y_i)，其中 $i=1,2,\cdots,n$，如果它们符合模型(4.1)，则

$$y_i=\beta_0+\beta_1 x_i+\varepsilon_i,\quad i=1,2,\cdots,n$$

由基本假定可知：

$$E(\varepsilon_i)=0, \mathrm{Var}(\varepsilon_i)=\sigma^2,\quad i=1,2,\cdots,n$$

而且 $\varepsilon_i (i=1,2,\cdots,n)$ 是相互独立的随机变量.

在做一元回归分析过程中，我们需要通过观测值估计回归系数、对回归方程的显著性做检验，并可将通过显著性检验的回归方程用于预测和控制.

4.1.2　参数的最小二乘估计

下面我们采用普通最小二乘法(Ordinary Least Square，简记为 OLS) 估计回归模型(4.1)中的参数 β_0 和 β_1，对于样本观测值 $(x_i,y_i)(i=1,2,\cdots,n)$，最小二乘法选择参数 $\hat{\beta}_0$、$\hat{\beta}_1$，使得残差平方和 $\sum_{i=1}^{n} e_i^2=\sum_{i=1}^{n}(y_i-\hat{y}_i)^2=\sum_{i=1}^{n}(y_i-\hat{\beta}_0-\hat{\beta}_1 x_i)^2$ 达到最小，记最小残差平方和为 $Q(\hat{\beta}_0,\hat{\beta}_1)$，这个关于 β_0 和 β_1 的二次函数的最小值总存在. 根据微积分中的有关原理知，$\hat{\beta}_0$、$\hat{\beta}_1$ 应满足下列方程组：

$$\begin{cases} \dfrac{\partial Q}{\partial \hat{\beta}_0}=-2\sum_{i=1}^{n}[y_i-(\hat{\beta}_0+\hat{\beta}_1 x_i)]=0 \\ \dfrac{\partial Q}{\partial \hat{\beta}_1}=-2\sum_{i=1}^{n}[y_i-(\hat{\beta}_0+\hat{\beta}_1 x_i)]x_i=0 \end{cases} \tag{4.2}$$

整理后，可得关于 $\hat{\beta}$ 的线性方程组，称为**正规方程组**：

$$\begin{cases} n\hat{\beta}_0+(\sum_{i=1}^{n} x_i)\hat{\beta}_1=\sum_{i=1}^{n} y_i \\ (\sum_{i=1}^{n} x_i)\hat{\beta}_0+(\sum_{i=1}^{n} x_i^2)\hat{\beta}_1=\sum_{i=1}^{n} x_i y_i \end{cases} \tag{4.2$'$}$$

解得：
$$\hat{\beta}_0=\bar{y}-\hat{\beta}_1\bar{x}, \hat{\beta}_1=\frac{L_{xy}}{L_{xx}} \tag{4.3}$$

其中　$\overline{x}=\frac{1}{n}\sum_{i=1}^{n}x_i,\overline{y}=\frac{1}{n}\sum_{i=1}^{n}y_i,\quad L_{xx}=\sum_{i=1}^{n}(x_i-\overline{x})^2,L_{xy}=\sum_{i=1}^{n}(x_i-\overline{x})(y_i-\overline{y}).$

回归方程为：$\hat{y}=\hat{\beta}_0+\hat{\beta}_1x=\overline{y}+\hat{\beta}_1(x-\overline{x})$. 可见回归直线通过点$(\overline{x},\overline{y})$.

根据表 4.1，由 SPSS 软件包可以计算出：$\hat{y}=2.356+1.813x$. □

利用SPSS 计算例 4.1 的步骤如下：先将表 4.1 中数据输入电脑，再点选视窗中的 Analyze → Regression → Linear，然后点选需要的选项，最后点“OK” 按钮即可.

4.1.3　最小二乘估计 $\hat{\beta}_0$、$\hat{\beta}_1$ 的性质及其统计意义

(1)$\hat{\beta}_0$ 与 $\hat{\beta}_1$ 分别是 β_0 和 β_1 的无偏估计，即 $E(\hat{\beta}_0)=\beta_0,E(\hat{\beta}_1)=\beta_1$.

这一性质的意义是：若用同样方法对 β_0、β_1 做多次估计，估计的平均值将趋于 β_0、β_1，由此又可得：$E(\hat{y})=E(\hat{\beta}_0+\hat{\beta}_1x)=\beta_0+\beta_1x=E(y)$.

(2)$\hat{\beta}_0$ 与 $\hat{\beta}_1$ 都是随机变量 y 的线性函数，且有：

$$\operatorname{Var}(\hat{\beta}_0)=\sum_{i=1}^{n}\left[\frac{1}{n}-\frac{\overline{x}(x_i-\overline{x})}{\sum_{i=1}^{n}(x_i-\overline{x})^2}\right]^2\operatorname{Var}(y_i)=\left[\frac{1}{n}+\frac{\overline{x}^2}{\sum_{i=1}^{n}(x_i-\overline{x})^2}\right]\sigma^2$$

$$\operatorname{Var}(\hat{\beta}_1)=\sum_{i=1}^{n}\left[\frac{x_i-\overline{x}}{\sum_{i=1}^{n}(x_i-\overline{x})^2}\right]^2\operatorname{Var}(y_i)=\frac{\sigma^2}{\sum_{i=1}^{n}(x_i-\overline{x})^2}$$

由于方差的大小表示随机变量取值的波动性的大小，从上式可以看出，自变量 x 的取值的波动性能影响回归系数的波动性，要想得到稳定性较好的回归系数的估计值，需要尽量分散地选取自变量，另外，样本数据个数 n 越大，$\operatorname{Var}(\hat{\beta}_0)$ 越小.

由样本数据建立的回归方程能否立即应用？回答是不能. 因为我们尚不知道这个回归方程是否能够比较好地反映所描述的变量之间的影响关系，为此，应该进行统计学上的显著性检验. 做回归分析时还包括其他的一些步骤，在此不予详述，在接下来的多元线性回归模型部分我们再一一介绍.

§4.2　多元线性回归模型

4.2.1　多元线性回归模型及其矩阵表示

设 y 是一个可观测的随机变量，它受到 p 个非随机因素 $x_1,x_2,\cdots,x_p$ 和随机因素 ε 的影响，若 y 与 $x_1,x_2,\cdots,x_p$ 有如下线性关系：

$$y=\beta_0+\beta_1x_1+\cdots+\beta_px_p+\varepsilon \tag{4.4}$$

其中 $\beta_0,\beta_1,\cdots,\beta_p$ 是 $p+1$ 个未知参数，ε 是不可观测的随机误差，且通常假定 $\varepsilon\sim N(0,\sigma^2)$. 我们称式(4.4) 为多元线性回归模型. 称 y 为被解释变量(因变量)，$x_i(i=1,2,\cdots,p)$ 为解释变量(自变量).

称
$$E(y)=\beta_0+\beta_1x_1+\cdots+\beta_px_p \tag{4.5}$$
为理论回归方程.

对于一个实际问题，要建立多元回归方程，首先要估计出未知参数 $\beta_0,\beta_1,\cdots,\beta_p$，为此我们要进行 n 次独立观测，得到 n 组样本数据 $(x_{i1},x_{i2},\cdots,x_{ip};y_i)$，$i=1,2,\cdots,n$，它们满足式(4.4)，

即有

$$\begin{cases} y_1 = \beta_0 + \beta_1 x_{11} + \beta_2 x_{12} + \cdots + \beta_p x_{1p} + \varepsilon_1 \\ y_2 = \beta_0 + \beta_1 x_{21} + \beta_2 x_{22} + \cdots + \beta_p x_{2p} + \varepsilon_2 \\ \cdots\cdots\cdots\cdots\cdots\cdots \\ y_n = \beta_0 + \beta_1 x_{n1} + \beta_2 x_{n2} + \cdots + \beta_p x_{np} + \varepsilon_n \end{cases} \tag{4.6}$$

其中 $\varepsilon_1, \varepsilon_2, \cdots, \varepsilon_n$ 相互独立且都服从 $N(0, \sigma^2)$.

式(4.6)又可表示成矩阵形式： $\boldsymbol{Y} = \boldsymbol{X}\boldsymbol{\beta} + \boldsymbol{\varepsilon}$ (4.7)

这里，$\boldsymbol{Y} = (y_1, y_2, \cdots, y_n)^{\mathrm{T}}$，$\boldsymbol{\beta} = (\beta_0, \beta_1, \cdots, \beta_p)^{\mathrm{T}}$，$\boldsymbol{\varepsilon} = (\varepsilon_1, \varepsilon_2, \cdots, \varepsilon_n)^{\mathrm{T}}$，$\boldsymbol{\varepsilon} \sim N_n(0, \sigma^2 \boldsymbol{I}_n)$，$\boldsymbol{I}_n$ 为 n 阶单位阵.

$$\boldsymbol{X} = \begin{bmatrix} 1 & x_{11} & x_{12} & \cdots & x_{1p} \\ 1 & x_{21} & x_{22} & \cdots & x_{2p} \\ \vdots & \vdots & \vdots & & \vdots \\ 1 & x_{n1} & x_{n2} & \cdots & x_{np} \end{bmatrix}$$

$n \times (p+1)$ 阶矩阵 $\boldsymbol{X}$ 称为资料矩阵或设计矩阵，并假定它是列满秩的，即 $\mathrm{rank}(\boldsymbol{X}) = p + 1$.

由模型(4.6)以及多元正态分布的性质可知，$\boldsymbol{Y}$ 仍服从 n 维正态分布，它的期望向量为 $\boldsymbol{X}\boldsymbol{\beta}$，方差和协方差阵为 $\sigma^2 \boldsymbol{I}_n$，即 $\boldsymbol{Y} \sim N_n(\boldsymbol{X}\boldsymbol{\beta}, \sigma^2 \boldsymbol{I}_n)$.

4.2.2 参数的最小二乘估计及其性质

1. 参数的最小二乘估计

与一元线性回归时的一样，多元线性回归方程中的未知参数 $\beta_0, \beta_1, \cdots, \beta_p$ 仍然可用最小二乘法来估计，即我们选择 $\boldsymbol{\beta} = (\beta_1, \beta_2, \cdots, \beta_p)^{\mathrm{T}}$ 使误差平方和

$$\begin{aligned} Q(\boldsymbol{\beta}) &\triangleq \sum_{i=1}^{n} \varepsilon_i^2 = \boldsymbol{\varepsilon}^{\mathrm{T}} \boldsymbol{\varepsilon} = (\boldsymbol{Y} - \boldsymbol{X}\boldsymbol{\beta})^{\mathrm{T}} (\boldsymbol{Y} - \boldsymbol{X}\boldsymbol{\beta}) \\ &= \sum_{i=1}^{n} (y_i - \beta_0 - \beta_1 x_{i1} - \beta_2 x_{i2} - \cdots - \beta_p x_{ip})^2 \end{aligned}$$

达到最小.

由于 $Q(\boldsymbol{\beta})$ 是关于 $\beta_0, \beta_1, \cdots, \beta_p$ 的非负二次函数，因而必定存在最小值，利用微积分的极值求法，得

$$\begin{cases} \dfrac{\partial Q(\hat{\boldsymbol{\beta}})}{\partial \beta_0} = -2 \displaystyle\sum_{i=1}^{n} (y_i - \hat{\beta}_0 - \hat{\beta}_1 x_{i1} - \cdots - \hat{\beta}_p x_{ip}) = 0 \\ \dfrac{\partial Q(\hat{\boldsymbol{\beta}})}{\partial \beta_1} = -2 \displaystyle\sum_{i=1}^{n} (y_i - \hat{\beta}_0 - \hat{\beta}_1 x_{i1} - \cdots - \hat{\beta}_p x_{ip}) x_{i1} = 0 \\ \cdots\cdots\cdots\cdots\cdots\cdots \\ \dfrac{\partial Q(\hat{\boldsymbol{\beta}})}{\partial \beta_k} = -2 \displaystyle\sum_{i=1}^{n} (y_i - \hat{\beta}_0 - \hat{\beta}_1 x_{i1} - \cdots - \hat{\beta}_p x_{ip}) x_{ik} = 0 \\ \cdots\cdots\cdots\cdots\cdots\cdots \\ \dfrac{\partial Q(\hat{\boldsymbol{\beta}})}{\partial \beta_p} = -2 \displaystyle\sum_{i=1}^{n} (y_i - \hat{\beta}_0 - \hat{\beta}_1 x_{i1} - \cdots - \hat{\beta}_p x_{ip}) x_{ip} = 0 \end{cases}$$

这里 $\hat{\beta}_i (i = 0, 1, \cdots, p)$ 是 $\beta_i (i = 0, 1, \cdots, p)$ 的最小二乘估计. 上述对 $Q(\boldsymbol{\beta})$ 求偏导，求得正规

方程组的过程可用矩阵代数运算进行，得到正规方程组的矩阵表示：

$$\boldsymbol{X}^{\mathrm{T}}(\boldsymbol{Y}-\boldsymbol{X}\hat{\boldsymbol{\beta}})=\boldsymbol{0}$$

移项得

$$X^{\mathrm{T}}\boldsymbol{X}\hat{\boldsymbol{\beta}}=\boldsymbol{X}^{\mathrm{T}}\boldsymbol{Y} \tag{4.8}$$

称此方程组为正规方程组．

依据假定 $R(X)=p+1$，所以 $R(\boldsymbol{X}^{\mathrm{T}}\boldsymbol{X})=R(\boldsymbol{X})=p+1$. 故 $(\boldsymbol{X}^{\mathrm{T}}\boldsymbol{X})^{-1}$ 存在. 解正规方程组(4.8)得

$$\hat{\boldsymbol{\beta}}=(\boldsymbol{X}^{\mathrm{T}}\boldsymbol{X})^{-1}\boldsymbol{X}^{\mathrm{T}}\boldsymbol{Y} \tag{4.9}$$

称 $\hat{y}=\hat{\beta}_0+\hat{\beta}_1x_1+\hat{\beta}_2x_2+\cdots+\hat{\beta}_px_p$ 为经验回归方程.

2. 误差方差 σ^2 的估计

将自变量的各组观测值代入回归方程，可得因变量的估计值(拟合值)为

$$\hat{\boldsymbol{Y}}=(\hat{y}_1,\hat{y}_2,\cdots,\hat{y}_p)^{\mathrm{T}}=\boldsymbol{X}\hat{\boldsymbol{\beta}}$$

向量 $\boldsymbol{e}=\boldsymbol{Y}-\hat{\boldsymbol{Y}}=\boldsymbol{Y}-\boldsymbol{X}\hat{\boldsymbol{\beta}}=[\boldsymbol{I}_n-\boldsymbol{X}(\boldsymbol{X}^{\mathrm{T}}\boldsymbol{X})^{-1}\boldsymbol{X}^{\mathrm{T}}]\boldsymbol{Y}=(\boldsymbol{I}_n-\boldsymbol{H})\boldsymbol{Y}$ 称为残差向量，其中 $H=\boldsymbol{X}(\boldsymbol{X}^{\mathrm{T}}\boldsymbol{X})^{-1}\boldsymbol{X}^{\mathrm{T}}$ 为 n 阶对称幂等矩阵，$\boldsymbol{I}_n$ 为 n 阶单位阵.

称数　$\boldsymbol{e}^{\mathrm{T}}\boldsymbol{e}=\boldsymbol{Y}^{\mathrm{T}}(\boldsymbol{I}_n-\boldsymbol{H})\boldsymbol{Y}=\boldsymbol{Y}^{\mathrm{T}}\boldsymbol{Y}-\hat{\boldsymbol{\beta}}^{\mathrm{T}}\boldsymbol{X}^{\mathrm{T}}\boldsymbol{Y}$ 为残差平方和(Error Sum of Squares，简写为SSE).

由于 $E(\boldsymbol{Y})=\boldsymbol{X}\boldsymbol{\beta}$ 且 $(\boldsymbol{I}_n-\boldsymbol{H})\boldsymbol{X}=\boldsymbol{O}$，则

$$\boldsymbol{e}^{\mathrm{T}}\boldsymbol{e}=[\boldsymbol{Y}-E(\boldsymbol{Y})]^{\mathrm{T}}(\boldsymbol{I}_n-\boldsymbol{H})[\boldsymbol{Y}-E(\boldsymbol{Y})]=\boldsymbol{\varepsilon}^{\mathrm{T}}(\boldsymbol{I}_n-\boldsymbol{H})\boldsymbol{\varepsilon}$$

由此可得

$$\begin{aligned}E(\boldsymbol{e}^{\mathrm{T}}\boldsymbol{e})&=E\{\mathrm{tr}[\boldsymbol{\varepsilon}^{\mathrm{T}}(\boldsymbol{I}_n-\boldsymbol{H})\boldsymbol{\varepsilon}]\}=\mathrm{tr}[(\boldsymbol{I}_n-\boldsymbol{H})E(\boldsymbol{\varepsilon}\boldsymbol{\varepsilon}^{\mathrm{T}})]\\&=\sigma^2\mathrm{tr}[\boldsymbol{I}_n-\boldsymbol{X}(\boldsymbol{X}^{\mathrm{T}}\boldsymbol{X})^{-1}\boldsymbol{X}^{\mathrm{T}}]\\&=\sigma^2\{n-\mathrm{tr}[(\boldsymbol{X}^{\mathrm{T}}\boldsymbol{X})^{-1}\boldsymbol{X}^{\mathrm{T}}\boldsymbol{X}]\}\\&=\sigma^2(n-p-1)\end{aligned}$$

从而 $\hat{\sigma^2}=\dfrac{1}{n-p-1}\boldsymbol{e}^{\mathrm{T}}\boldsymbol{e}$ 为 σ^2 的一个无偏估计．

3. 估计量的性质

性质 1　$\hat{\boldsymbol{\beta}}$ 为 $\boldsymbol{\beta}$ 的线性无偏估计，且 $D(\hat{\boldsymbol{\beta}})=\mathrm{Var}(\hat{\boldsymbol{\beta}})=\sigma^2(\boldsymbol{X}^{\mathrm{T}}\boldsymbol{X})^{-1}$.

证　由于 $\hat{\boldsymbol{\beta}}=(\boldsymbol{X}^{\mathrm{T}}\boldsymbol{X})^{-1}\boldsymbol{X}^{\mathrm{T}}\boldsymbol{Y}$ 是 $\boldsymbol{Y}$ 的线性函数，故其为线性估计，且有

$$E(\hat{\boldsymbol{\beta}})=(\boldsymbol{X}^{\mathrm{T}}\boldsymbol{X})^{-1}\boldsymbol{X}^{\mathrm{T}}E(\boldsymbol{Y})=(\boldsymbol{X}^{\mathrm{T}}\boldsymbol{X})^{-1}\boldsymbol{X}^{\mathrm{T}}\boldsymbol{X}\boldsymbol{\beta}=\boldsymbol{\beta}$$

$$D(\hat{\boldsymbol{\beta}})=(\boldsymbol{X}^{\mathrm{T}}\boldsymbol{X})^{-1}\boldsymbol{X}^{\mathrm{T}}D(\boldsymbol{Y})\boldsymbol{X}^{\mathrm{T}}(\boldsymbol{X}^{\mathrm{T}}\boldsymbol{X})^{-1}=\sigma^2(\boldsymbol{X}^{\mathrm{T}}\boldsymbol{X})^{-1}$$

这一性质说明 $\hat{\boldsymbol{\beta}}$ 是 $\boldsymbol{\beta}$ 的无偏估计，又由于 $(\boldsymbol{X}^{\mathrm{T}}\boldsymbol{X})^{-1}$ 一般为非对角阵，故 $\hat{\boldsymbol{\beta}}$ 的各个分量间一般是相关的.

性质 2　$E(\boldsymbol{e})=\boldsymbol{0}, D(\boldsymbol{e})=\sigma^2(\boldsymbol{I}-\boldsymbol{H})$.

证　由于　$\boldsymbol{e}=(\boldsymbol{I}-\boldsymbol{H})\boldsymbol{Y}$，　故　$E(\boldsymbol{e})=(\boldsymbol{I}-\boldsymbol{H})\boldsymbol{X}\boldsymbol{\beta}=\boldsymbol{0}$

$$D(\boldsymbol{e})=(\boldsymbol{I}-\boldsymbol{H})D(\boldsymbol{Y})(\boldsymbol{I}-\boldsymbol{H})^{\mathrm{T}}=\sigma^2(\boldsymbol{I}-\boldsymbol{H})$$

这一性质表明残差向量的各个分量间一般也是相关的.

性质 3　$\mathrm{Cov}(\boldsymbol{e},\hat{\boldsymbol{\beta}})=\boldsymbol{O}$.

证　$\mathrm{Cov}(\boldsymbol{e},\hat{\boldsymbol{\beta}})=\mathrm{Cov}((\boldsymbol{I}-\boldsymbol{H})\boldsymbol{Y},(\boldsymbol{X}^{\mathrm{T}}\boldsymbol{X})^{-1}\boldsymbol{X}^{\mathrm{T}}\boldsymbol{Y})=(\boldsymbol{I}-\boldsymbol{H})D(\boldsymbol{Y})\boldsymbol{X}(\boldsymbol{X}^{\mathrm{T}}\boldsymbol{X})^{-1}=\boldsymbol{O}$.

这一性质表明残差 $\boldsymbol{e}$ 与 $\boldsymbol{\beta}$ 的最小二乘估计 $\hat{\boldsymbol{\beta}}$ 是不相关的，又由于残差平方和 SSE 是 $\boldsymbol{e}$ 的函数，故它与 $\hat{\boldsymbol{\beta}}$ 也不相关. 在正态假定下不相关与独立等价，因而 SSE 与 $\hat{\boldsymbol{\beta}}$ 独立.

性质 4　$E(\text{SSE})=(n-p-1)\sigma^2$.

证明略.

性质 5　(Gauss-Markov 定理)在假定 $E(\boldsymbol{Y})=\boldsymbol{X\beta},D(\boldsymbol{Y})=\sigma^2\boldsymbol{I}_n$ 时,$\boldsymbol{\beta}$的任一线性函数$\boldsymbol{\alpha}^{\mathrm{T}}\boldsymbol{\beta}$的最小方差线性无偏估计(BLUE)为$\boldsymbol{\alpha}^{\mathrm{T}}\hat{\boldsymbol{\beta}}$,其中$\boldsymbol{\alpha}$是任一$p+1$维向量,$\hat{\boldsymbol{\beta}}$是$\boldsymbol{\beta}$的最小二乘估计.

性质 6　当$\boldsymbol{Y}\sim N_n(\boldsymbol{X\beta},\sigma^2\boldsymbol{I})$,有以下几点结论:

(1)$\hat{\boldsymbol{\beta}}\sim N(\boldsymbol{\beta},\sigma^2(\boldsymbol{X}^{\mathrm{T}}\boldsymbol{X})^{-1})$;

(2)SSE 与$\hat{\boldsymbol{\beta}}$独立;

(3)$\dfrac{\text{SSE}}{\sigma^2}\sim\chi^2(n-p-1)$.

性质 5、性质 6 的证明参见周纪芗《回归分析》或方开泰《实用回归分析》.

§4.3　回归方程和回归系数的显著性检验

给定因变量y与自变量$x_1,x_2,\cdots,x_p$的n组观测值,利用前述方法确定的线性回归方程是否有意义,还有待于进行显著性检验.下面分别介绍回归方程显著性的$\boldsymbol{F}$检验和回归系数的t检验,同时介绍衡量回归拟合程度的拟合优度检验.

4.3.1　回归方程显著性的检验

对多元线性回归方程作显著性检验就是要看自变量$x_1,x_2,\cdots,x_p$从整体上对随机变量y是否有明显的影响,即检验假设:

$$\begin{cases}H_0:\beta_1=\beta_2=\cdots=\beta_p=0\\H_1:\text{至少有某个}\ \beta_i\neq 0,1\leqslant i\leqslant p\end{cases}\tag{4.10}$$

如果H_0被接受,则表明y与$x_1,x_2,\cdots,x_p$之间不存在线性关系.为了说明如何进行检验,我们首先建立方差分析表.

1. *离差平方和的分解*

我们知道:观测值$y_1,y_2,\cdots,y_n$之所以有差异,是由下述两个原因引起的,一是当y与$x_1,x_2,\cdots,x_p$之间确有线性关系时,由于$x_1,x_2,\cdots,x_p$取值的不同而引起$y_i(i=1,2,\cdots,n)$值的变化;另一方面是除去y与$x_1,x_2,\cdots,x_p$的线性关系以外的因素,如$x_1,x_2,\cdots,x_p$对y的非线性影响以及随机因素的影响等.记$\overline{y}=\dfrac{1}{n}\sum\limits_{i=1}^{n}y_i$,则数据的总离差平方和(Total Sum of Squares)

$$\text{SST}=\sum_{i=1}^{n}(y_i-\overline{y})^2\tag{4.11}$$

反映了数据波动性的大小.

残差平方和

$$\text{SSE}=\sum_{i=1}^{n}(y_i-\hat{y}_i)^2\tag{4.12}$$

反映了除去y与$x_1,x_2,\cdots,x_p$之间的线性关系以外的因素引起的数据$y_1,y_2,\cdots,y_n$的波动.若SSE$=0$,则每个观测值可由线性关系精确拟合,SSE越大,观测值和线性拟合值间的偏差也越大.

回归平方和(Regression Sum of Squares)

$$SSR = \sum_{i=1}^{n}(\hat{y}_i - \overline{y})^2 \tag{4.13}$$

由于可证明$\frac{1}{n}\sum_{i=1}^{n}\hat{y}_i = \overline{y}$，故 SSR 反映了线性拟合值与它们的平均值的总偏差，即由变量 x_1，x_2，…，x_p 的变化引起 y_1，y_2，…，y_n 的波动. 若 $SSR = 0$，则每个拟合值均相等，即 $\hat{y}_i$ 不随 x_1，x_2，…，x_p 而变化，这意味着 $\beta_1 = \beta_2 = \cdots = \beta_p = 0$. 利用代数运算和正规方程组(4.8)可以证明：

$$\sum_{i=1}^{n}(y_i - \overline{y})^2 = \sum_{i=1}^{n}(\hat{y}_i - \overline{y})^2 + \sum_{i=1}^{n}(y_i - \hat{y}_i)^2$$

即

$$SST = SSR + SSE \tag{4.14}$$

因此，SSR 越大，说明由线性回归关系所描述的 y_1，y_2，…，y_n 的波动性的比例就越大，即 y 与 x_1，x_2，…，x_p 的线性关系就越显著. 线性模型的拟合效果越好.

另外，通过矩阵运算可以证明 SST、SSE、SSR，有如下形式的矩阵表示：

$$\begin{cases} SST = \boldsymbol{Y}^{\mathrm{T}}\boldsymbol{Y} - \frac{1}{n}\boldsymbol{Y}^{\mathrm{T}}\boldsymbol{J}\boldsymbol{Y} = \boldsymbol{Y}^{\mathrm{T}}(\boldsymbol{I}_n - \frac{1}{n}\boldsymbol{J})\boldsymbol{Y} \\ SSE = \boldsymbol{e}^{\mathrm{T}}\boldsymbol{e} = \boldsymbol{Y}^{\mathrm{T}}\boldsymbol{Y} - \boldsymbol{\beta}\boldsymbol{X}^{\mathrm{T}}\boldsymbol{Y} = \boldsymbol{Y}^{\mathrm{T}}(\boldsymbol{I}_n - \boldsymbol{H})\boldsymbol{Y} \\ SSR = \boldsymbol{\beta}\boldsymbol{X}^{\mathrm{T}}\boldsymbol{Y} - \frac{1}{n}\boldsymbol{Y}^{\mathrm{T}}\boldsymbol{J}\boldsymbol{Y} = \boldsymbol{Y}^{\mathrm{T}}(\boldsymbol{H} - \frac{1}{n}\boldsymbol{J})\boldsymbol{Y} \end{cases} \tag{4.15}$$

其中 $\boldsymbol{J}$ 表示一个元素全为 1 的 n 阶方阵.

2. *自由度的分解*

对应于 SST 的分解，其自由度也有相应的分解，这里的自由度是指平方和中独立变化项的数目. 在 SST 中，由于有一个关系式$\sum_{i=1}^{n}(y_i - \overline{y}) = 0$，即 $y_i - \overline{y}(i = 1,2,\cdots,n)$ 彼此并不是独立变化的，故其自由度为 $n - 1$.

可以证明，SSE 的自由度为 $n - p - 1$，SSR 的自由度为 p，因此对应于 SST 的分解，也有自由度的分解关系

$$n - 1 = (n - p - 1) + p \tag{4.16}$$

3. *方差分析表*

基于以上的 SST 和自由度的分解，可建立方差分析表 4.2.

表 4.2　方差分析表(ANOVA)

方差来源	平方和	自由度	均方差	F 值
SSR	$\boldsymbol{Y}^{\mathrm{T}}(\boldsymbol{H} - \frac{1}{n}\boldsymbol{J})\boldsymbol{Y}$	p	$MSR = \frac{SSR}{p}$	$F = \frac{MSR}{MSE}$
SSE	$\boldsymbol{Y}^{\mathrm{T}}(\boldsymbol{I} - \boldsymbol{H})\boldsymbol{Y}$	$n - p - 1$	$MSE = \frac{SSE}{n - p - 1}$	
SST	$\boldsymbol{Y}^{\mathrm{T}}(\boldsymbol{I} - \frac{1}{n}\boldsymbol{J})\boldsymbol{Y}$	$n - 1$		

4.3.2　线性回归方程的显著性检验

与一元线性回归时一样，可以用 F 统计量检验回归方程的显著性，也可以用 P 值法

(P-Value) 作检验. F 统计量是

$$F=\frac{\mathrm{MSR}}{\mathrm{MSE}}=\frac{\mathrm{SSR}/p}{\mathrm{SSE}/(n-p-1)} \tag{4.17}$$

当 H_0 为真时,$F\sim F(p,n-p-1)$,给定显著性水平 α,查 F 分布表得临界值 $F_\alpha(p,n-p-1)$,计算 F 的观测值 F_0,若 $F_0\leqslant F_\alpha(p,n-p-1)$,则接受 H_0,即在显著性水平 α 之下,认为 y 与 $x_1,x_2,\cdots,x_p$ 之间的线性关系不显著. 当 $F_0\geqslant F_\alpha(p,n-p-1)$ 时,这种线性关系是显著的. 利用 P 值法作显著性检验十分方便:这里的 P 值是 $P(F>F_0)$,它表示第一、第二自由度分别为 $p,n-p-1$ 的 F 变量取值大于 F_0 的概率,利用计算机很容易计算出这个概率,很多统计软件(如 SPSS) 都给出了检验的 P 值,这省去了查分布表的麻烦. 对于给定的显著性水平 α,若 $p<\alpha$,则拒绝 H_0,反之,接受 H_0.

如果检验的结果是接受原假设 H_0,那意味着什么呢?这时候表明:与模型的误差相比,自变量对因变量的影响是不重要的. 这又可能有两种情况. 其一是模型的各种误差太大,即使回归自变量对因变量 y 有一定影响,但相比于误差也不算大. 对于这种情况,我们要想办法缩小误差,比如检查是否漏掉了重要的自变量,或检查某些自变量与 y 是否有非线性关系等;其二是自变量对 y 的影响确实很小,这时建立 y 与诸自变量的回归方程没有实际意义.

4.3.3 回归系数的显著性检验

回归方程通过了显著性检验并不意味着每个自变量 $x_i(i=1,2,\cdots,p)$ 都对 y 有显著的影响,可能其中的某个或某些自变量对 y 的影响并不显著. 我们自然希望从回归方程中剔除那些对 y 的影响不显著的自变量,从而建立一个较为简单有效的回归方程. 这就需要对每一个自变量作考察. 显然,若某个自变量 x_i 对 y 无影响,那么在线性模型中,它的系数 β_i 应为零. 因此检验 x_i 的影响是否显著等价于检验假设

$$H_0:\beta_i=0,\quad H_1:\beta_i\neq 0$$

由性质 6 可知: $\hat{\boldsymbol{\beta}}\sim N(\boldsymbol{\beta},\sigma^2(\boldsymbol{X}^{\mathrm{T}}\boldsymbol{X})^{-1})$

若记 $p+1$ 阶方阵 $\boldsymbol{C}=(c_{ij})=(\boldsymbol{X}^{\mathrm{T}}\boldsymbol{X})^{-1}$,则有

$$\hat{\beta}_i\sim N(\beta_i,\sigma^2c_{ii})$$

于是当 H_0 成立时,有

$$\frac{\hat{\beta}_i}{\sigma\sqrt{c_{ii}}}\sim N(0,1)$$

因为 $\frac{\mathrm{SSE}}{\sigma^2}\sim\chi^2(n-p-1)$,且与 $\hat{\beta}_i$ 相互独立,根据 t 分布的定义,有

$$t_i=\frac{\hat{\beta}_i}{\hat{\sigma}\sqrt{c_{ii}}}\sim t(n-p-1)$$

这里 $\hat{\sigma}=\sqrt{\frac{\mathrm{SSE}}{n-p-1}}$,对给定的显著性水平 α,当 $|t_i|>t_{\alpha/2}(n-p-1)$ 时,我们拒绝 H_0;反之,则接受 H_0. 在 SPSS 软件的输出结果中,可以直接从 p 值看出检验结果.

对于估计量 $\hat{\beta}_i$,我们还想了解它与 β_i 的接近程度如何. 这就需要确定 β_i 的置信区间. 由于 $\frac{\hat{\beta}_i-\beta_i}{\sqrt{c_{ii}}\hat{\sigma}}\sim t(n-p-1)$,因而有 $p\left\{\frac{|\hat{\beta}_i-\beta_i|}{\sqrt{c_{ii}}\hat{\sigma}}<t_{\alpha/2}(n-p-1)\right\}=1-\alpha$,即得 β_i 的置信度

为 $1-\alpha$ 的置信区间为

$$(\hat{\beta}_i - t_{\alpha/2}\sqrt{c_{ii}}\hat{\sigma}, \hat{\beta}_i + t_{\alpha/2}\sqrt{c_{ii}}\hat{\sigma}) \tag{4.18}$$

4.3.4　因变量的预测

建立回归方程，除了解自变量与因变量之间的相依关系之外，还有一项重要的应用就是预测，即对给定的自变量的值，预测对应的因变量的值.

对于线性回归模型

$$y = \beta_0 + \beta_1 x_1 + \cdots + \beta_p x_p + \varepsilon$$

当我们要预测 $\boldsymbol{x}_0 = (1, x_{01}, x_{02}, \cdots, x_{0p})^{\mathrm{T}}$ 所对应的因变量值 y_0 时，我们可以用它的点预测值 $\hat{y}_0 = \hat{\beta}_0 + \hat{\beta}_1 x_{01} + \cdots + \hat{\beta}_p x_{0p}$，但我们一般更感兴趣的是 y_0 的区间估计. 可以证明：

$$\frac{\hat{y}_0 - y_0}{\hat{\sigma}\sqrt{1 + \boldsymbol{x}_0^{\mathrm{T}}(\boldsymbol{X}^{\mathrm{T}}\boldsymbol{X})^{-1}\boldsymbol{x}_0}} \sim t(n-p-1)$$

因而对给定的 α，有

$$p\left\{\frac{|\hat{y}_0 - y_0|}{\hat{\sigma}\sqrt{1 + \boldsymbol{x}_0^{\mathrm{T}}(\boldsymbol{X}^{\mathrm{T}}\boldsymbol{X})^{-1}\boldsymbol{x}_0}} < t_{\alpha/2}(n-p-1)\right\} = 1-\alpha$$

由此可得 y_0 的置信度为 $1-\alpha$ 的预测区间为

$$(\hat{y}_0 - t_{\alpha/2}(n-p-1)\hat{\sigma}\sqrt{1 + \boldsymbol{x}_0^{\mathrm{T}}(\boldsymbol{X}^{\mathrm{T}}\boldsymbol{X})^{-1}\boldsymbol{x}_0}, \hat{y}_0 + t_{\alpha/2}(n-p-1)\hat{\sigma}\sqrt{1 + \boldsymbol{x}_0^{\mathrm{T}}(\boldsymbol{X}^{\mathrm{T}}\boldsymbol{X})^{-1}\boldsymbol{x}_0})$$

4.3.5　拟合优度

拟合优度用于检验模型对样本观测值的拟合程度. 在前面的方差分析中，我们已经指出，在总离差平方和中，若回归平方和占的比例越大，则说明拟合效果越好. 于是，就用回归平方和与总离差平方和的比例作为评判一个模型拟合优度的标准，称为样本决定系数(coefficient of determination)(或称为复相关系数)，记为 R^2.

$$R^2 = \frac{\mathrm{SSR}}{\mathrm{SST}} = 1 - \frac{\mathrm{SSE}}{\mathrm{SST}}$$

由 R^2 的意义看来，其值越接近于1，意味着模型的拟合优度越高. 可是，如果在模型中增加一个自变量，R^2 的值也会随之增加，这会给人一种错觉：要想模型拟合效果好，就得尽可能多引进自变量. 为了防止这种倾向，人们考虑到，增加自变量必定使得自由度减少，于是又定义了引入自由度的修正的复相关系数，记为 R_a^2.

$$R_a^2 = 1 - \frac{\mathrm{MSE}}{\mathrm{MST}} = 1 - \frac{\mathrm{SSE}/(n-p-1)}{\mathrm{SST}/(n-1)}$$

在实际应用中，R^2 达到多大才算模型通过了拟合优度检验，没有绝对的标准，要看具体情况而定. 模型拟合优度并不是判断模型质量的惟一标准，有时为了追求模型的实际意义，可以在一定程度上放宽对拟合优度的要求.

4.3.6　数据的中心化和标准化

在多元线性回归分析中，所涉及到的诸多自变量往往量纲不同，甚至差别很大，这给利用回归方程分析实际问题带来一定困难. 为此，我们可以将数据进行中心化和标准化处理，然后再建立回归方程.

数据的中心化处理方法是：记 $\overline{x}_j$、$\overline{y}$ 为各个自变量与因变量的样本中心值，令

$$x'_{ij} = x_{ij} - \overline{x}_j,\quad i = 1,2,\cdots,n;\quad j = 1,2,\cdots,p$$

$$y'_i = y_i - \overline{y},\quad i = 1,2,\cdots,n$$

如果利用没有中心化处理之前的数据建立的多元回归方程为

$$\hat{y} = \hat{\beta}_0 + \hat{\beta}_1 x_1 + \hat{\beta}_2 x_2 + \cdots + \hat{\beta}_p x_p \tag{4.19}$$

那么经过中心化处理的数据建立的回归方程即为

$$\hat{y}' = \hat{\beta}_0 + \hat{\beta}_1 x'_1 + \hat{\beta}_2 x'_2 + \cdots + \hat{\beta}_p x'_p \tag{4.20}$$

这一点不难理解：数据的中心化处理相当于将坐标原点移至样本中心，而坐标系的平移不改变直线的斜率，只改变了截距.

数据的标准化处理公式是：

$$x_{ij}^* = \frac{x_{ij} - \overline{x}_j}{\sqrt{\sum_{i=1}^{n}(x_{ij} - \overline{x}_j)^2}},\quad i = 1,2,\cdots,n;\quad j = 1,2,\cdots,p$$

$$y_i^* = \frac{y_i - \overline{y}}{\sqrt{\sum_{i=1}^{n}(y_i - \overline{y})^2}},\quad i = 1,2,\cdots,n$$

标准化的数据建立的回归方程记为

$$\hat{y}^* = \hat{\beta}_1^* x_1^* + \hat{\beta}_2^* x_2^* + \cdots + \hat{\beta}_p^* x_p^* \tag{4.21}$$

容易验证方程(4.21)与方程(4.19)的系数之间存在关系式

$$\hat{\beta}_j^* = \frac{\sqrt{\sum_{i=1}^{n}(x_{ij} - \overline{x}_j)^2}}{\sqrt{\sum_{i=1}^{n}(y_i - \overline{y})^2}}\hat{\beta}_j,\quad j = 1,2,\cdots,p$$

例 4.2　为了调查营养不良的儿童的体重与身高和年龄之间的关系，有关专家随机抽取了 12 个样本，调查数据见表 4.3. 其中 y 为体重；x_1 为身高；x_2 为年龄；$x_3 = x_2^2$，$x_4 = x_1 x_2$.

表 4.3　营养不良儿童的体重、身高和年龄数据

儿童	1	2	3	4	5	6	7	8	9	10	11	12
y	64	71	53	67	55	58	77	57	56	51	76	68
x_1	57	59	49	62	51	50	55	48	42	42	61	57
x_2	8	10	6	11	8	7	10	9	10	6	12	9
x_3	64	100	36	121	64	49	100	81	100	36	144	81
x_4	456	590	294	682	408	350	550	432	42	4 252	732	513

利用以上数据表 4.3 拟合线性回归模型

$$y = \beta_0 + \beta_1 x_1 + \beta_2 x_2 + \beta_3 x_3 + \varepsilon.$$

点选 SPSS 视窗中的 Analyze → Regression → Linear，再将 y 选入因变量的方框中，同时将 x_1 和 x_2 选入自变量的方框中，再在“statistics”、“plots”、“save”和“options”中选择一些选项，最后点“OK”按钮即可作线性回归分析，本题的 SPSS 输出结果如下：

Regression

Descriptive Statistics

	Mean	Std. Deviation	N
Y	62.750 0	8.986 10	12
X1	52.750 0	6.824 09	12
X2	8.833 3	1.898 96	12

这里给出了变量的样本均值和标准差.

Correlations

		Y	X1	X2
Pearson Correlation	Y	1.000	0.814	0.770
	X1	0.814	1.000	0.614
	X2	0.770	0.614	1.000
Sig. (1-tailed)	Y	.	0.001	0.002
	X1	0.001	.	0.017
	X2	0.002	0.017	.
N	Y	12	12	12
	X1	12	12	12
	X2	12	12	12

这里给出了变量之间的简单相关系数.

Variables Entered/Removed(b)

Model	Variables Entered	Variables Removed	Method
1	X2, X1(a)	.	Enter

(a) All requested variables entered.

(b) Dependent Variable: Y

Model Summary(b)

Model	R	R Square	Adjusted R Square	df1	df2	Sig.	Durbin-Watson
1	0.883(a)	0.780	0.731	2	9	0.001	1.760

(a) Predictors: (Constant), X2, X1

(b) Dependent Variable: Y

这里给出了回归方程的样本决定系数和 P 值(Sig. 为 Significance,即“显著性”的缩写)以及 Durbin-Watson 检验值(简称 DW 值).

下面的框图是方差分析表,从中可以看出,y 关于 x_1 和 x_2 的线性回归方程通过了显著性检验,均方残差为 21.714,F 统计量值为 15.953,P 值为 0.001,说明回归方程在 0.001 的统计意义上是显著的.

ANOVA(b)

Model		Sum of Squares	df	Mean Square	F	Sig.
1	Regression	692.823	2	346.411	15.953	0.001(a)
	Residual	195.427	9	21.714		
	Total	888.250	11			

(a) Predictors:(Constant),X2,X1

(b) Dependent Variable:Y

Coefficients(a)

Model		Unstandardized Coefficients		Standardized Coefficients	t	Sig.
		B	Std. Error	Beta		
1	(Constant)	6.55	10.945		0.599	0.564
	X1	0.722	0.261	0.548	2.768	0.022
	X2	2.05	0.937	0.433	2.187	0.056

(a) Dependent Variable:Y

这个框图给出了非标准化和标准化的回归方程，以及回归系数的 t 统计量检验结果. 从中我们可以看出，非标准化的回归方程为：

$$\hat{y} = 6.55 + 0.722x_1 + 2.05x_2$$

如果要求置信水平 $\alpha = 0.05$，则 β_2 没有通过显著性检验，因为它的 P 值为 $0.056 > 0.05$.

如果我们试图在回归方程中考虑引入变量的平方项 x_2^2 或交叉项 x_1x_2，那样还可以采用线性回归分析方法吗？回答是肯定的. 只需要令 $x_3 = x_2^2, x_4 = x_1x_2$，再利用数据表中的 x_1 和 x_2 的样本值计算出 x_3 和 x_4(见表 4.3)，可以拟合出多个不同的回归方程，如：

$$\hat{y} = 2.343 + 0.763x_1 + 2.778x_2 - 0.029x_3 - 0.004x_4$$

$$\hat{y} = 37.6 + 0.053x_4$$

在 §4.5 节中，我们将会介绍一些判断回归模型优良性的准则，帮助我们选取效果最好的回归模型. □

§4.4 残差分析

在前面讨论一元和多元线性回归问题时，我们做了回归模型的线性假定、误差的正态性和同方差性假定等，而实际问题中所得的数据是否符合这些假定，还有待于检验. 在本节和下一节中，将要解决两个问题：首先是如何验证这些假定是否得到满足？如果符合假定的话，那么参数的估计和有关的假设检验都是可靠的；如果假定不满足，我们要解决另一个重要的问题，即我们需采取怎样的措施呢？在对模型的假定进行诊断时，残差分析(又称回归诊断)起着十分重要的作用.

残差向量 $\boldsymbol{e} = \boldsymbol{y} - \hat{\boldsymbol{y}} = (\boldsymbol{I}_n - \boldsymbol{H})\boldsymbol{y}$，这里 $\boldsymbol{H} = \boldsymbol{X}(\boldsymbol{X}^{\mathrm{T}}\boldsymbol{X})^{-1}\boldsymbol{X}^{\mathrm{T}}$，前面已经介绍过残差的基本性质，如 $E(\boldsymbol{e}) = \boldsymbol{0}$，$\mathrm{Var}(\boldsymbol{e}) = (\boldsymbol{I}_n - \boldsymbol{H})\sigma^2$，$\mathrm{Cov}(\hat{\boldsymbol{y}}, \boldsymbol{e}) = \boldsymbol{O}$ 等，由于在实际问题中，真正的观测误差 $\varepsilon_i = y_i - E(y_i)(i = 1, 2, \cdots, n)$ 我们并不知道，但如果模型正确，则可将 e_i 近似看作为 ε_i，此时残差 e_i 应该能够大致反映误差 ε_i 的特性. 因而我们可以利用残差的特点来考察模型的可靠性.

通过对残差进行分析，可以在一定程度上回答下列问题：

(1) 回归函数线性假定的可行性；

(2) 误差项的等方差假设的合理性；

(3) 误差项独立性假设的合理性；

(4) 误差项是否符合正态分布；

(5) 观测值中是否存在异常值；

(6) 是否在模型中遗漏了某些重要的自变量.

做残差分析时我们经常借助于残差图，它是以残差 e_i 为纵坐标，以其他指定的量为横坐标做出的散点图. 常用的横坐标有：$\hat{y}$、x_i 以及观测时间或序号.

由残差的分布可知，一般来讲 $e_1, e_2, \cdots, e_n$ 之间是相关的，且它们的方差不等，从而直接用 e_i 作比较就带来一定的麻烦，为此，人们引入标准化残差和学生化残差概念，以改进普通残差的性质. 分别定义如下：

标准化残差：　$\mathrm{ZRE}_i = \dfrac{e_i}{\hat{\sigma}}$，

学生化残差：　$\mathrm{SRE}_i = \dfrac{e_i}{\hat{\sigma}\sqrt{1-h_{ii}}}$　（其中 h_{ii} 是矩阵 $\boldsymbol{H}$ 的第 i 个对角元素）

陈希儒等人曾指出，$\mathrm{SRE}_1, \mathrm{SRE}_2, \cdots, \mathrm{SRE}_n$ 近似独立，且近似服从 $N(0,1)$，即可以近似认为 $\mathrm{SRE}_1, \mathrm{SRE}_2, \cdots, \mathrm{SRE}_n$ 是来自 $N(0,1)$ 的随机子样.

4.4.1　回归函数线性的诊断

诊断回归函数是否为自变量 $x_1, x_2, \cdots, x_p$ 的线性函数时，主要采用残差图 $\hat{y}, e$. 如果在这个散点图中，点 $(\hat{y}_i, e_i)$ 大致在 $e=0$ 附近随机变化（即无明显的趋势性），并在变化幅度不大的水平带状区域内，如图 4.2(a) 所示，则可以认为回归函数的线性假定基本上是合理的. 如果这个散点图类似于图 4.2(b)，则表明回归函数并非线性形式，应该包含某些变量的高次项或交叉乘积项，或者考虑是否可先将 y 和某些自变量做变换，再建立相应的线性回归模型.

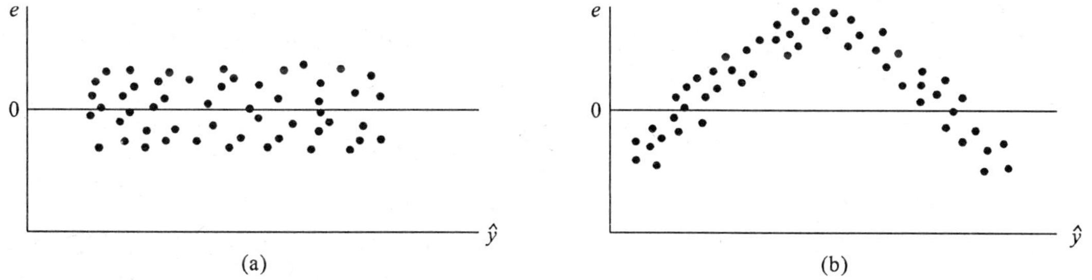

图 4.2　回归散点图

4.4.2　误差方差齐性(homogeneity) 的检验

我们也可以采用残差图 $\hat{y}-e$ 来判断误差方差是否齐性，若残差图类似于图 4.2(a)，则可以认为方差齐性的假设大致是成立的. 如果残差图类似于图 4.3，则方差齐性的假定不成立. 图 4.3(a)、(b) 分别表示误差方差随自变量的变化而增加或减少. 如果方差齐性的假定不能满足，通常有三种可以采用的处理方法. 一是采用加权最小二乘法估计模型参数；二是 Box-Cox 变换法；三是做方差稳定性变换，这种情况的处理没有一般的方法，详细过程请参阅《近代回归分析》(陈希儒等，1987). 下面我们分一元和多元的情况简要介绍加权最小二乘法.

对于一元线性回归方程来说，普通最小二乘法的离差平方和为

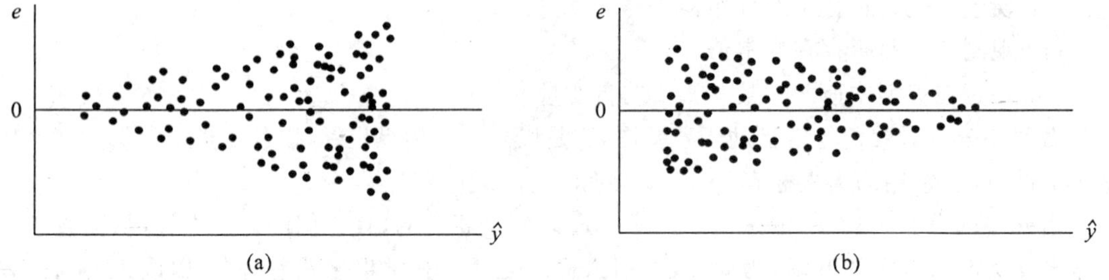

图 4.3 误差方差随自变量变化图

$$Q(\beta_0,\beta_1) = \sum_{i=1}^{n}(y_i - \beta_0 - \beta_1 x_i)^2$$

加权最小二乘法是在平方和中加入一个适当的权数 ω_i，以消除方差非齐性的影响，即

$$Q_\omega(\beta_0,\beta_1) = \sum_{i=1}^{n}\omega_i(y_i - \beta_0 - \beta_1 x_i)^2 \tag{4.22}$$

这里观测值的权数应该是误差项方差的倒数，即 $\omega_i = \frac{1}{\sigma_i^2}$. 在实际问题的研究中，$\sigma_i^2$ 通常是未知的，但是，当误差项方差随自变量水平以系统的形式变化时，我们可以利用这种关系. 例如，若 $\sigma_i^2 = kx_i^2$，其中 k 为比例系数，由于这个系数在参数估计中可以消除，所以我们可以取权数为 $\omega_i = \frac{1}{x_i^2}$. 如果某个实际问题的误差方差与 x 的幂函数 x^m 成比例，其中，m 为待定参数，此时可取权函数为 $\omega_i = \frac{1}{x_i^m}$，利用SPSS软件包可以确定幂指数的最优取值. 在打开一个数据文件之后，依次点选 Statistics → Regression → Weight Estimation 进入估计权函数对话框，默认的幂指数 m 的取值为 $m = -2, -1.5, -1, -0.5, 0, 0.5, 1, 1.5, 2$，这个默认值可以更改. 先将自变量 x 与因变量 y 选入各自的变量框，再把 x 选入 Weight 变量框，可得最优幂指数值.

多元线性回归模型的加权离差平方和为

$$Q_\omega = \sum_{i=1}^{n}\omega_i(y_i - \beta_0 - \beta_1 x_{i1} - \cdots - \beta_p x_{ip})^2 \tag{4.23}$$

多元线性回归模型中有多个自变量，通常取权函数 ω 为某个自变量 $x_i (i = 1,2,\cdots,p)$ 的幂函数，即取 $\omega = x_i^m$，在 $x_1, x_2, \cdots, x_p$ 这 p 个自变量中，应该取哪一个自变量呢？这只需要计算每个自变量与普通残差的等级相关系数(Spearman 相关系数)，选取等级相关系数最大的那个自变量构造权函数. 然后利用与一元回归情形相同的方法确定最优的幂指数 m.

4.4.3 误差独立性的检验

在回归模型中，我们总是坚定误差项是不相关的，即 $\mathrm{Cov}(\varepsilon_i,\varepsilon_j) = 0, i \neq j$. 如果某个回归模型的误差项不满足这一点，则我们称其存在自相关(或称序列相关) 现象. 当一个回归模型的随机误差项存在自相关时，会产生以下不良后果：

（1）参数的估计量不再具有最小方差线性无偏性；

（2）变量的显著性检验失去意义；

（3）模型的预测失效.

自相关性的检验方法有多种，目前比较常用的有 Durbin-Watson 检验，但它仅适用于一阶自相关的情况，即随机扰动项具有如下形式

$$\varepsilon_i = \rho\varepsilon_{i-1} + u_i \tag{4.24}$$

由于实际问题中的 ε_i 未知，所以我们首先采用普通最小二乘法估计模型，然后用残差 e_i 近似代替 ε_i 来判断是否存在自相关性. 为了检验自相关性，构造的假设是

$$H_0:\rho = 0$$

而构造的统计量为：

$$\mathrm{DW} = \frac{\sum_{i=2}^{n}(e_i - e_{i-1})^2}{\sum_{i=2}^{n}e_i^2} \tag{4.25}$$

计算出该统计量的数值之后，根据样本容量 n 和自变量数目 p 查 DW 分布表，得到临界值 d_l 和 d_u，然后按照下列准则考察计算得到的 DW 值，可以判断模型的自相关状态.

准则：若 $0 < \mathrm{DW} < d_l$，　　则存在正自相关

若 $d_l < \mathrm{DW} < d_u$，　　不能确定

若 $4 - d_u < \mathrm{DW} < 4 - d_l$，　　不能确定

若 $4 - d_l < \mathrm{DW} < 4$，　　存在负自相关

从上面的准则可以看出，当值为 2 左右时，模型一般不存在一阶自相关. 而且，经验表明，如果模型不存在一阶自相关，一般也不存在高阶序列相关.

如果模型存在自相关，首先要查明原因. 如果是回归模型选用不当，则应改用合适的回归模型；如果是缺少重要的自变量，则应加入相应的自变量. 如果以上方法都不能消除自相关性，则需要采用新的方法估计模型，如广义最小二乘法、差分法、迭代法、移动平均法等等，在此只介绍一阶差分法和迭代法. 对其他方法有兴趣的读者可以参阅时间序列方面的教材或著作.

差分法用增量数据代替原来的样本数据，将原来的回归模型变为差分形式的模型. 一阶差分法适用于原模型存在较高程度的一阶自相关的情况.

令　$\Delta y_i = y_{i+1} - y_i$，　$\Delta x_{k,i} = x_{k,i+1} - x_{k,i}$，　$k = 1,2,\cdots,p$；　$i = 1,2,\cdots,n-1$

建立 Δy 关于 Δx_k 的线性回归方程

$$\Delta y = \beta_1\Delta x_1 + \beta_2\Delta x_2 + \cdots + \beta_p\Delta x_p + \mu \tag{4.26}$$

如果这个差分模型通过了各种检验和诊断，就可以利用它代替原模型做预测.

这里以一元线性回归模型为例介绍迭代法. 先求出 y 关于 x 的一元线性回归方程 $\hat{y} = \beta_0 + \beta_1 x$，计算出残差 $e_1,e_2,\cdots,e_n$ 之间的一阶自相关系数 ρ，再令

$$y_i^* = y_{i+1} - \rho y_i,\quad x_i^* = x_{i+1} - \rho x_i,\quad i = 1,2,\cdots,n-1$$

建立 y^* 关于 x^* 的一元线性回归方程 $y^* = \beta_0^* + \beta_1^* x^*$，通过残差 $e_1^*,e_2^*,\cdots,e_{n-1}^*$ 检验这个回归方程是否存在自相关性，如果 y_i^* 之间不相关，则迭代结束；如果存在自相关，则需计算残差 $e_1^*,e_2^*,\cdots,e_{n-1}^*$ 之间的自相关系数，重复上述步骤，直到因变量序列不存在自相关性为止.

例 4.3　表 4.4 给出了某地 16 年来居民对农产品的消费量 y 与居民收入 x 的数据，试研

表 4.4　某地居民对农产品的消费和收入数据

i	x_i	y_i	$\hat{y}_i$	e_i
1	255.7	116.5	118.01	−1.513 9
2	263.3	120.8	120.69	0.108 1
3	275.4	124.4	124.96	−0.555 6
4	278.3	125.5	125.98	−0.477 5
5	296.7	131.7	132.46	−0.761 2
6	309.3	136.2	136.90	−0.701 1
7	315.8	138.7	139.19	−0.491 5
8	318.8	140.2	140.25	−0.048 6
9	330.0	146.8	144.20	2.604 8
10	340.2	149.6	147.79	1.810 6
11	350.7	153.0	151.49	1.510 7
12	367.3	158.2	157.34	0.861 3
13	381.3	163.2	162.27	0.928 1
14	406.5	170.5	171.15	−0.651 7
15	430.8	178.2	179.71	−1.514 3
16	451.5	185.9	187.01	−1.108 4

究 y 与 x 之间的关系.

利用 SPSS 软件包求得 y 关于 x 的一元线性回归方程为(DW = 0.68)

$$\hat{y} = 27.912 + 0.352\,4x \tag{4.27}$$

DW 检验表明因变量存在正的自相关性.如果采用差分法,可得下列差分数据表 4.5.

利用差分数据建立的回归方程为(经检验 Δy_i 之间不相关,DW 值为 2.320 9)

表 4.5　差分数据表

i	Δx_i	Δy_i	$\Delta\hat{y}_i$	e_i'
1	7.6	4.3	3.08	1.218 5
2	12.1	3.6	4.36	−0.756 5
3	2.9	1.1	1.75	−0.649 7
4	18.4	6.2	6.14	0.058 4
5	12.6	4.5	4.50	0.001 8
6	6.5	2.5	2.77	−0.269 8
7	3.0	1.5	1.78	−0.278 1
8	11.2	6.6	4.10	2.498 5
9	10.2	2.8	3.82	−1.108 2
10	10.5	3.4	3.90	−0.502 36
11	16.6	5.2	5.63	−0.431 6
12	14.0	5.0	4.89	0.105 1
13	25.2	7.3	8.07	−0.768 4
14	24.3	7.7	7.81	−0.113 4
15	20.7	7.7	6.79	0.906 7

$$\Delta\hat{y} = 0.928\,0 + 0.283\,3\Delta x \tag{4.28}$$

此时可用下式预测

$$\hat{y}_{i+1} = y_i + 0.928 + 0.288\,3(x_{i+1} - x_i) \tag{4.29}$$

如果采用迭代法，则可求出回归方程(4.27)之残差的一阶自相关系数为 0.628 9，可计算出 x^* 和 y^*，得到数据表 4.6.

表 4.6　迭代数据表

i	x_i^*	y_i^*	$\hat{y}_i^*$	e_i^*
1	102.49	47.53	46.95	0.588
2	109.81	48.43	49.43	− 1.001
3	105.10	47.26	47.83	− 0.566 5
4	121.68	52.77	53.46	− 0.684 8
5	122.71	53.37	53.81	− 0.433 0
6	121.28	53.04	53.32	− 0.279 7
7	120.19	52.97	52.95	0.017 4
8	129.51	58.63	56.12	2.512 8
9	132.66	57.28	57.19	0.090 7
10	136.75	58.92	58.57	0.343 1
11	146.75	61.98	61.97	0.011 6
12	150.31	63.71	63.18	0.532 9
13	166.70	67.86	68.74	− 0.876 8
14	175.15	70.97	71.61	− 0.636 5
15	180.57	73.83	73.45	0.382 0

y^* 关于 x^* 的回归方程为

$$\hat{y}^* = 12.157 + 0.339\,4x^* \tag{4.30}$$

此时，DW = 1.919 7，表明 y_i^* 之间不相关，从而迭代结束. 可用下列方程做预测

$$\hat{y}_{i+1} = 0.628\,9y_i + 12.157 + 0.339\,4(x_{i+1} - 0.628\,9x_i) \tag{4.31}$$

以上两种不同方法求得的方程不同，对于本例而言，如果从拟合的残差平方和来看，差分法的残差为 11.79，迭代法的残差为 10.45，后一种方法较好. 但迭代法中，对 ρ 的估计误差会影响模型的应用效果，而差分法计算简单. 在实际问题中可视具体情况选用不同方法. □

4.4.4　误差项正态性的检验

检验总体分布是否为正态分布的方法比较多，下面介绍其中的两种.

在前面我们指出过，当 $y \sim N(\boldsymbol{X\beta}, \sigma^2\boldsymbol{I}_n)$ 时，标准化残差 $\mathrm{SRE}_1, \mathrm{SRE}_2, \cdots, \mathrm{SRE}_n$ 可近似看成来自 $N(0,1)$ 的随机子样，从而可通过检验 $\mathrm{SRE}_1, \mathrm{SRE}_2, \cdots, \mathrm{SRE}_n$ 所属总体是否为 $N(0,1)$ 来检验模型误差的正态性.

方法一：频率检验法.

可以粗略统计一下 $\mathrm{SRE}_1, \mathrm{SRE}_2, \cdots, \mathrm{SRE}_n$ 中正负个数是否大致各占一半，介于(−1,1)间的比例是否约为 68%，介于(−2,2)间的比例是否为 95%，介于(−3,3)间的比例是否约为 99%，不过这种方法比较粗糙.

方法二：正态概率图检验法.

首先，将残差 $e_1,e_2,\cdots,e_n$ 从小到大排列为 $e_{(1)},e_{(2)},\cdots,e_{(n)}$；其次，对于每个 $i=1,2,\cdots,n$，计算 $q_{(i)}=\hat{\sigma}Z(\frac{i-0.5}{n})$，其中 $Z(\frac{i-0.5}{n})$ 为标准正态分布的下侧 $\frac{i-0.5}{n}$ 分位数，即满足

$$\frac{1}{\sqrt{2\pi}}\int_{-\infty}^{Z(\frac{i-0.5}{n})}\mathrm{e}^{-\frac{x^2}{2}}\mathrm{d}x=\frac{i-0.5}{n}$$

然后，以 q 为纵坐标，e 为横坐标做散点图，即为残差的正态概率图. 从直观上看，如果点 $(q_{(i)},e_{(i)})(n=1,2,\cdots,n)$ 基本落在一条直线上，则可认为误差正态性的假定是合理的. 当然还可以进一步计算 $e_{(i)}$ 和 $q_{(i)}(n=1,2,\cdots,n)$ 之间的相关系数来判断它们之间线性关系的强弱，若相关系数接近于 1，则说明点 $(q_{(i)},e_{(i)})$ 近似落在一条直线上.

例 4.4　某化妆品销售公司观测了 15 个城市在某月内对一种特殊化妆品的销量(箱)y 及各地区适合使用该化妆品的人数 x_1(千人) 和人均收入 x_2(元)，得到数据表 4.7 和表 4.8.

表 4.7　化妆品销售数据及回归残差表

i	y_i	x_{i1}	x_{i2}	残差 e_i	标准化残差
1	162	274	2 450	0.104	0.048
2	120	180	3 254	− 2.667	− 1.225
3	223	375	3 802	− 1.429	− 0.656
4	131	205	2 838	− 0.241	− 0.111
5	67	86	2 347	− 0.699	− 0.321
6	169	265	3 782	− 0.685	− 0.315
7	81	98	3 008	1.268	0.582
8	192	330	2 450	2.382	1.069
9	116	195	2 137	− 3.832	− 1.760
10	55	53	2 560	1.709	0.785
11	252	430	4 020	− 1.715	− 0.788
12	232	372	4 427	3.309	1.520
13	144	236	2 660	− 0.979	− 0.450
14	103	157	2 088	2.467	1.133
15	212	370	2 605	1.062	0.488

表 4.8　化妆品销售数据方差分析表

方差来源	平方和	自由度	均方差	F 统计量值
SSR	53 844.716	2	26 922.358	5 680
SSE	56.884	12	4.74	
SST	53 901.6	14		

假设误差服从正态分布 $N(0,\sigma^2)$，试建立 y 与 x_1、x_2 之间的线性回归方程.

利用 SPSS 计算出回归方程为

$$\hat{y}=3.452\,6+0.496x_1+0.009\,2x_2 \tag{4.32}$$

由表 4.8 方差分析表可以看出，上述回归方程是高度显著的. 对回归系数的统计检验表明，两个自变量对销量的影响也都是显著的.

下面检验误差的正态性假设. 从表 4.7 中可以看出：标准化残差以频率 67% 的点落在 $(-1,1)$ 内；100% 的数据落在 $(-2,2)$ 内，残差的实际频率与正态分布的理论频率相差不大.

利用 SPSS 得到残差的正态概率图如下：

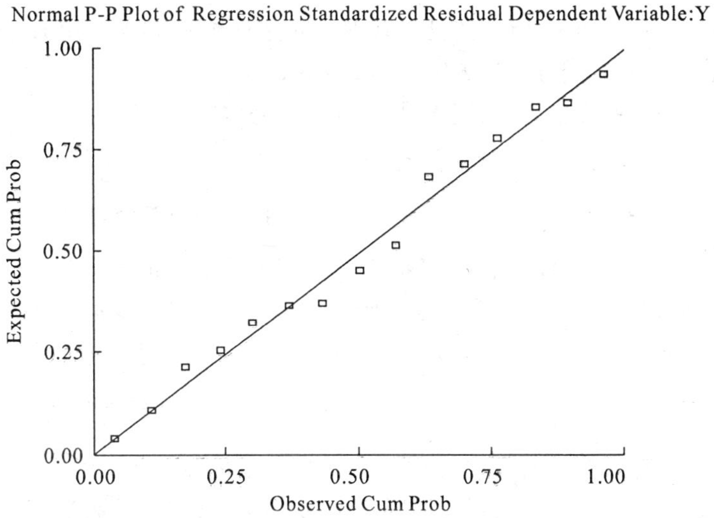

从图中看到，点$(q_{(i)},e_{(i)})$近似在一条直线上. 通过计算得到$e_{(i)}$与$q_{(i)}(i=1,2,\cdots,15)$之间的相关系数$\rho=0.993$，非常接近于1，从而可认为本例中误差正态性的假设是合理的. □

利用删除残差还可以识别异常的观测值. 删除残差的构造思想是：在计算第i个观测值的残差时，用删除掉这第i个观测值的其余$n-1$个观测值建立回归方程，然后再计算出第i个观测值的删除拟合值$\tilde{y}^{(i)}$，由此定义第i个观测值的删除残差为

$$e^{(i)}=y_i-\tilde{y}^{(i)}$$

删除残差比普通残差更能反映第i个观测值的异常性. 可以证明$e^{(i)}=\dfrac{e_i}{1-h_{ii}}$. 进一步，我们可以求出第$i$个观测值的删除学生氏残差，记为$\mathrm{SRE}^{(i)}$，其计算公式为：

$$\mathrm{SRE}^{(i)}=\mathrm{SRE}_i\sqrt{\frac{n-p-2}{n-p-1-\mathrm{SRE}_i^2}}$$

利用SPSS软件，只要点选相应的选项就可以计算出$\mathrm{SRE}^{(i)}$，$|\mathrm{SRE}^{(i)}|>3$的观测值即判定为异常值.

4.4.5　多重共线性的处理

多元线性回归模型中，假定自变量之间线性无关，因而资料矩阵$\boldsymbol{X}$是满秩的. 如果存在不全为零的p个常数$c_1,\cdots,c_p$，使得

$$c_1x_{i1}+c_2x_{i2}+\cdots+c_px_{ip}=0,\quad i=1,2,\cdots,n$$

则自变量$x_1,x_2,\cdots,x_p$之间存在着完全的多重共线性(Multicollinearity). 在实际问题中完全共线性的情况并不多见，常见的是近似的多重共线性关系，即存在不全为零的p个常数$c_1,\cdots,c_p$，使得

$$c_1x_{i1}+c_2x_{i2}+\cdots+c_px_{ip}\approx 0,\quad i=1,2,\cdots,n$$

如果回归模型$y=\beta_0+\beta_1x_1+\cdots+\beta_px_p+\varepsilon$存在完全的多重共线性，则资料阵$\boldsymbol{X}$的秩$\mathrm{rank}(\boldsymbol{X})<p+1$，故$(\boldsymbol{X}^{\mathrm{T}}\boldsymbol{X})^{-1}$不存在，无法得到回归参数的估计量. 对于近似多重共线性的情况，此时虽有$\mathrm{rank}(\boldsymbol{X})=p+1$，但$|\boldsymbol{X}^{\mathrm{T}}\boldsymbol{X}|\approx 0$，从而矩阵$(\boldsymbol{X}^{\mathrm{T}}\boldsymbol{X})^{-1}$的主对角线上的元素很大，

使得估计的参数向量$\hat{\beta}$的协方差阵$D(\hat{\beta})=\sigma^2(\boldsymbol{X}^{\mathrm{T}}\boldsymbol{X})^{-1}$的对角线上元素也很大，导致普通最小二乘参数估计量并非有效.

如何检验是否存在多重共线性?已经有不少可行的方法，目前常用的有方差扩大因子法和特征根判定法. 在此只介绍方差扩大因子(VIF)法.

对自变量做中心标准化处理，则$\boldsymbol{X}^{*\mathrm{T}}\boldsymbol{X}^{*}=(r_{ij})$为自变量的相关矩阵，记

$$\boldsymbol{C}=(c_{ij})=(\boldsymbol{X}^{*\mathrm{T}}\boldsymbol{X}^{*})^{-1}$$

称其对角线元素$\mathrm{VIF}_j=c_{jj}=\dfrac{1}{1-R_j^2}$，$(j=1,2,\cdots,p)$为自变量$x_j$的方差扩大因子(Variance Inflation Factor)，其中R_j^2是把x_j作为因变量与其余$p-1$个自变量做线性回归所得到的复相关系数. VIF_j反映了每个变量所受到多重共线性的影响的大小. 对每一个自变量x_j，都有$\mathrm{VIF}_j\geqslant 1$. 也可以用$p$个自变量所对应的方差扩大因子的平均数来度量多重共线性. 当$\overline{\mathrm{VIF}}=\dfrac{1}{p}\sum\limits_{j=1}^{p}\mathrm{VIF}_j$远远大于1时，就表示存在严重的多重共线性问题.

当发现自变量存在严重的多重共线性时，可以通过剔除一些不重要的自变量、增大样本容量、对回归系数做有偏估计(如采用岭回归法、主成分法、偏最小二乘法等)等方法来克服多重共线性.

例 4.5　为研究医院所需的人力，某部门对所管辖的17家医院调查了一组数据，共6个变量. y为月平均使用的人(小时)数；x_1为日平均病人数；x_2为月平均光透视人数；x_3为月平均所占用的床位(天数)；x_4为当地人口数(千人)；x_5为平均每个病人住院天数. 研究目标是要得到一个y关于$x_1,\cdots,x_5$的经验回归方程. 数据如表 4.9 所示.

表 4.9　医院人力数据

i	x_1	x_2	x_3	x_4	x_5	y
1	15.57	2 463	472.92	18.0	4.45	566.52
2	44.02	2 048	1 339.75	9.5	6.92	696.82
3	20.42	3 940	620.25	12.8	4.28	1 033.15
4	18.74	6 505	568.33	36.7	3.90	1 603.62
5	49.20	5 723	1 497.6	35.7	5.50	1 611.37
6	44.92	11 520	1 365.83	24.0	4.60	1 613.27
7	55.48	5 779	1 687.00	43.3	5.62	1 854.17
8	59.28	5 969	1 639.92	46.7	5.15	2 160.55
9	94.39	8 461	2 872.33	78.7	6.18	2 305.58
10	128.02	20 106	3 655.08	180.5	6.15	3 503.93
11	96.00	13 313	2 912.00	60.9	5.88	3 571.89
12	131.42	10 771	3 921.00	103.7	4.88	3 741.40
13	127.21	15 543	3 865.67	126.8	5.50	4 026.52
14	252.90	36 194	7 684.10	157.7	7.00	10 343.81
15	409.20	34 703	12 446.33	169.4	10.78	11 732.17
16	463.7	39 204	14 098.40	331.4	7.05	15 414.94
17	510.22	86 533	15 524.00	371.6	6.35	18 854.45

基于上述数据，利用 SPSS 软件做线性回归分析，输出结果如下：

Model Summary(b)

Model	R	R Square	Adjusted R Square	F Change	Sig. F Change	Durbin-Watson
1	0. 995(a)	0. 991	0. 987	237. 790	0. 000	2. 733

(a)　Predictors: (Constant), X5, X2, X4, X3, X1

(b)　Dependent Variable: Y

ANOVA(b)

Model		Sum of Squares	df	Mean Square	F	Sig.
1	Regression	490 177 488. 122	5	98 035 497. 62	237. 79	0. 000(a)
	Residual	4 535 052. 367	11	412 277. 488		
	Total	494 712 540. 489	16			

(a)　Predictors: (Constant), X5, X2, X4, X3, X1

(b)　Dependent Variable: Y

Coefficients(a)

		Unstandardized Coefficients				
Model		B	Std. Error	t	Sig.	VIF
1	(Constant)	1 962. 948	1 071. 362	1. 832	0. 094	
	X1	− 15. 852	97. 653	− 0. 162	0. 874	9 597. 571
	X2	0. 056	0. 021	2. 631	0. 023	7. 941
	X3	1. 590	3. 092	0. 514	0. 617	8 933. 087
	X4	− 4. 219	7. 177	− 0. 588	0. 569	23. 294
	X5	− 394. 314	209. 640	− 1. 881	0. 087	4. 280

(a)　Dependent Variable: Y

Scatterplot Dependent Variable:Y

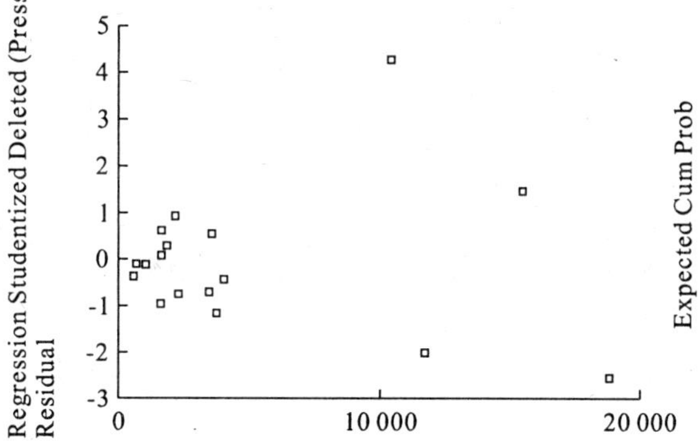

Normal P-P Plot of Regression Standardized Residual
Dependent Variable:Y

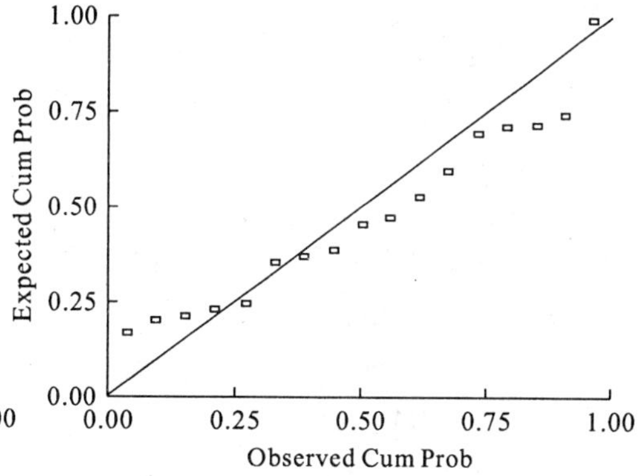

从以上输出的结果中，我们看到：x_1 与 x_3 的方差扩大因子分别为 9 597.57 和 8 933.09，说明存在很强的共线性问题，如果去掉变量 x_1，再建立线性回归方程，则各个自变量的方差扩大因子都小于 10，就属于正常情况了. 相应的线性回归方程如下：

$$\hat{y} = 2\,032.188 + 0.056\,08x_2 + 1.088\,4x_3 - 5.004\,1x_4 - 410.083x_5$$

经检验，此方程的统计显著性更加突出. 如果不想把 x_1 从模型中去掉，则需采用有偏估计方法，方可得效果较好的回归方程，比如采用岭回归方法，可得如下的方程

$$\hat{y} = -475.56 + 8.829\,3x_1 + 0.063\,2x_2 + 0.294x_3 + 9.35x_4 + 116.12x_5$$

从均方残差来看，这个回归方程比上面的方程效果更好. □

§4.5　自变量选择与逐步回归

在前面讨论了线性回归模型的估计方法和检验问题，但在应用回归分析处理实际问题时，首先要解决的问题是自变量的选择和回归函数的选择. 由于在本书中，我们只介绍线性回归模型，在此，我们主要考虑自变量的选择问题.

在多元线性回归分析中，一方面，为了获得较全面的信息，我们总希望模型中包含尽可能多的自变量；另一方面，考虑到自变量越多，收集数据存在困难以及成本可能大大增加，加之，有些自变量与其他自变量作用重叠，如果把它们都引入模型，不只是增加了计算量，还对模型参数的估计和模型的预测带来不利影响. 这样一来，我们自然希望模型中选入最合适的自变量，建立起既合理又简单实用的回归模型. 下面我们介绍一些自变量选择的准则，以及相应的求"最优" 自变量子集的计算方法.

4.5.1　自变量选择对估计和预测的影响

设我们研究某一实际问题时，根据经验或专业知识，确定一切可能对因变量 y 有影响的因素共有 p 个，记为 $x_1, x_2, \cdots, x_p$，它们与 y 一起构成线性回归模型

$$y = \beta_0 + \beta_1 x_1 + \cdots + \beta_p x_p + \varepsilon \tag{4.33}$$

我们称这个 y 与所有自变量的回归模型为全模型.

如果我们从所有可供选择的 p 个变量中挑出 q 个，记为 $x_1, x_2, \cdots, x_q$，建立如下的回归模型

$$y = \beta_0 + \beta_1 x_1 + \cdots + \beta_q x_q + \varepsilon \tag{4.34}$$

我们称其为选模型.

利用回归分析解决实际问题时，自变量的选择问题可以看成是应该采用全模型还是选模型去描述实际问题. 下面我们不加证明地给出几个结论，说明自变量的选择对参数估计和对因变量预测的影响.

(1) 模型正确而误用选模型的情况。

结论 1：当全模型正确时，选模型的回归系数的最小二乘估计是全模型相应参数的有偏估计，选模型的预测也是有偏的.

结论 2：当全模型正确时，选模型的参数估计和预测残差以及均方误差都有较小的方差.

(2) 选模型正确而误用全模型的情况。如果选模型正确，则其参数估计和预测值都是无偏的，此时全模型的参数估计和预测都是有偏估计. 而且，全模型的预测值的方差和均方差都要大于选模型的相应方差.

以上结论的证明参见《近代回归分析》(陈希儒等,1987).

上述结论告诉我们,建立回归方程时,丢掉那些对因变量影响不大,或虽有影响,但难于观测的自变量是有利的.

4.5.2　自变量选择准则

若在一个回归问题中有 m 个变量可供选择,那么我们可以建立 C_m^1 个不同的一元线性回归方程,C_m^2 个不同的二元线性回归方程,……,C_m^m 个 m 元线性回归方程,所有可能的回归方程共有

$$C_m^1 + C_m^2 + \cdots + C_m^m = 2^m - 1$$

个.前面提到的多元线性回归中选变量也即选模型,即从这 $2^m - 1$ 个回归方程中选出“最优”的一个,为此就需要有选择的准则.

下面从不同角度给出选择的准则.

从拟合角度考虑,可以采用修正的复相关系数达到最大的准则.

准则 1　修正的复相关系数 R_a^2 达到最大.

与这个准则等价的准则是:均方残差 MSE 达到最小,因为

$$R_a^2 = 1 - \frac{\text{MSE}}{\dfrac{\text{SST}}{n-1}}$$

从这个关系式容易看出,R_a^2 达到最大时 MSE 达到最小.

从预测角度考虑,可以采用预测平方和达到最小的准则以及 C_p 准则.

准则 2　预测平方和 PRESS_p 达到最小.

预测平方和(Prediction Sum of Squares)准则的基本思想是:对于给定的某 p 个自变量 $x_1,x_2,\cdots,x_p$,在样本数据中删除第 i 组观测值 $(x_{i1},x_{i2},\cdots,x_{ip};y)$ 后利用这 p 个自变量和 y 的其余 $n-1$ 组观测值建立线性回归方程,并利用所得的回归方程对 y_i 做预测,若记此预测值为 $\hat{y}_{(i)}$,则预测误差为

$$d_i = y_i - \hat{y}_{(i)}$$

依次取 $i = 1,2,\cdots,n$,则得到 n 个预测误差.如果包含这 p 个自变量的回归模型预测效果较好,则所有 $d_i(i = 1,2,\cdots,n)$ 的误差平方和达到或接近最小.即选取 PRESS_p 使得

$$\text{PRESS}_p = \sum_{i=1}^{n} d_i^2 = \sum_{i=1}^{n} (y_i - \hat{y}_{(i)})^2 \tag{4.35}$$

达到或接近最小的回归方程作为最优回归方程.

准则 3(C_p 准则)　定义 C_p 统计量为

$$C_p \triangleq \frac{\text{SSE}_p}{\text{MSE}(x_1,x_2,\cdots,x_m)} - (n - 2p - 2) \tag{4.36}$$

其中 SSE_p 是包含 p 个自变量的回归方程的残差平方和,$\text{MSE}(x_1,x_2,\cdots,x_m)$ 表示含有所有 m 个自变量的回归方程的均方残差.C_p 准则要求选择 C_p 值小,且 $|C_p - p|$ 小的回归方程.

从极大似然估计的角度考虑,可以采用赤池信息量准则(AIC 准则).

准则 4(AIC 准则)　赤池信息量达到最小.

这个准则由日本统计学家赤池(Akaike)提出,人们称它为 Akaike Information Criterion,简记为 AIC. AIC 准则通常定义为

$$\text{AIC} = -2\ln L(\hat{\theta}_L, x) + 2p \tag{4.37}$$

其中 $L(\hat{\theta}_L, x)$ 表示模型的对数似然函数的极大值，p 表示模型中独立参数的个数.

在实用中，也经常用下式计算赤池信息量

$$\text{AIC} = n\ln(\text{SSE}_p) + 2p \tag{4.38}$$

选择 AIC 值最小的回归方程为最优回归方程.

4.5.3　逐步回归

当自变量的个数不多时，利用某种准则，从所有可能的回归模型中寻找最优回归方程是可行的. 但若自变量的数目较多时，求出所有的回归方程是很不容易的. 为此，人们提出了一些较为简便实用的快速选择最优方程的方法，下面我们先简单介绍一下"前进法"和"后退法"，再详细介绍"逐步回归法".

1. 前进法和后退法

前进法的思想是这样的：设所考虑的回归问题中，对因变量 y 有影响的自变量共有 m 个，首先将这 m 个自变量分别与 y 建立 m 个一元线性回归方程，并分别计算出这 m 个一元回归方程的偏 F 检验值，记为 $\{F_1^{(1)}, F_2^{(1)}, \cdots, F_m^{(1)}\}$，若其中偏 F 值最大者(为方便叙述起见，不妨设为 $F_1^{(1)}$) 所对应的一元线性回归方程都不能通过显著性检验，则可认为这些自变量不能与 y 建立线性回归方程；若该一元方程通过了显著性检验，则首先将变量 x_1 引入回归方程；接下来由 y 与 x_1 以及其他自变量 $x_j(j \neq 1)$ 建立 $m-1$ 个二元线性回归方程，对这 $m-1$ 个二元回归方程中的 $x_2, x_3, \cdots, x_m$ 的回归系数做偏 F 检验，检验值记为 $\{F_2^{(2)}, F_3^{(2)}, \cdots, F_m^{(2)}\}$，若其中最大者(不妨设为 $F_2^{(2)}$) 通过了显著性检验，则又将变量 x_2 引入回归方程，依此方法继续下去，直到所有未被引入方程的自变量的偏 F 值都小于显著性检验的临界值，即再也没有自变量能够引入回归方程为止. 得到的回归方程就是最终确定的方程.

后退法与前进法相反，首先用 m 个自变量与 y 建立一个回归方程，然后在这个方程中剔除一个最不重要的自变量，接着又利用剩下的 $m-1$ 个自变量与 y 建立线性回归方程，再剔除一个最不重要的自变量，依次进行下去，直到没有自变量能够剔除为止.

前进法与后退法都有其不足，人们为了吸收这两种方法的优点，克服它们的不足，提出了逐步回归法.

2. 逐步回归法

逐步回归法的基本思想是有进有出，具体做法是将变量一个一个引入，引入变量的条件是通过了偏 F 统计量的检验. 同时，每引入一个新变量后，对已入选方程的老变量进行检验，将经检验认为不显著的变量剔除，此过程经过若干步，直到既不能引入新变量，又不能剔除老变量为止.

设模型中已有 $l-1$ 个自变量，记这 $l-1$ 个自变量的集合为 A，当不在 A 中的一个自变量 x_k 加入到这个模型中时，偏 F 统计量的一般形式为

$$F = \frac{\text{SSE}(A) - \text{SSE}(A, x_k)}{\dfrac{\text{SSE}(A, x_k)}{n-l-1}} = \frac{\text{SSR}(x_k \mid A)}{\text{MSE}(A, x_k)} \tag{4.39}$$

下面我们详细叙述逐步回归法的具体步骤.

首先，根据一定显著水平，给出偏 F 统计量的两个临界值，一个用作选取自变量，记为 F_E；

另一个用作剔除自变量,记为 F_D. 一般地,取 $F_E > F_D$,然后按下列步骤进行.

第一步:对每个自变量 $x_i(1 \leqslant i \leqslant m)$,拟合 m 个一元线性回归模型

$$y = \beta_0 + \beta_i x_i + \varepsilon \tag{4.40}$$

这时,相应于统计量(4.39)中集合 A 为空集,因此,$\mathrm{SSE}(A) = \mathrm{SST}$,故 $\mathrm{SSR}(x_i|A) = \mathrm{SSR}(x_i)$,$\mathrm{MSE}(A,x_i) = \mathrm{MSE}(x_i)$,对每一个 i,计算

$$F_i^{(1)} = \frac{\mathrm{SSR}(x_i)}{\mathrm{MSE}(x_i)}, \quad i = 1,2,\cdots,m \tag{4.41}$$

设

$$F_{i_1}^{(1)} = \max_{1 \leqslant i_1 \leqslant m} \{F_i^{(1)}\}$$

若 $F_{i_1}^{(1)} > F_E$,则选择含自变量 x_{i_1} 的回归模型为当前模型,否则,没有自变量能进入模型,选择过程结束,即认为所有自变量对 y 的影响均不显著.

第二步:在第一步的选出模型的基础上,再将其余的 $m-1$ 个自变量分别加入到此模型中,得到 $m-1$ 个二元回归方程,计算

$$F_i^{(2)} = \frac{\mathrm{SSR}(x_i|x_{i_1})}{\mathrm{MSE}(x_{i_1},x_i)}, \quad i \neq i_1$$

设

$$F_{i_2}^{(2)} = \max_{i \neq i_1} \{F_i^{(2)}\}$$

若 $F_{i_2}^{(2)} > F_E$,则选取过程结束. 第一步选择的模型为最优模型. 若 $F_{i_2}^{(2)} > F_E$,则将自变量 x_{i_2} 选入模型中,即得第二步的模型

$$y = \beta_0 + \beta_{i_1} x_{i_1} + \beta_{i_2} x_{i_2} + \varepsilon \tag{4.42}$$

进一步考察,当 x_{i_2} 进入模型后,x_{i_1} 对 y 的影响是否仍然显著. 为此计算

$$F_{i_1}^{(2)} = \frac{\mathrm{SSR}(x_{i_1}|x_{i_2})}{\mathrm{MSE}(x_{i_1},x_{i_2})} \tag{4.43}$$

若 $F_{i_2}^{(2)} \leqslant F_D$,则剔除 x_{i_1}. 这时仅含有 x_{i_2} 的回归模型为当前模型.

第三步:在第二步所选模型的基础上,再将余下的 $m-2$ 个自变量逐个加入,拟合各个模型并计算偏 F 统计量值,与 F_E 比较决定是否有新变量引入,如果有新变量进入模型,还需检验原模型中的老变量是否因这个新变量的进入而不再显著,那样就应该被剔除.

重复以上步骤,直到没有新自变量能进入模型,同时在模型之中的老变量都不能剔除,则结束选择过程,最后一个模型即为所求的最优回归模型.

例 4.6　在有氧训练中,人的耗氧能力记为 y[mL/(min · kg)],是衡量人的身体状况的重要指标,它可能与下列的变量有关:x_1 为年龄;x_2 为体重;x_3 为 1.5mile(1mile ≈ 1.6km) 跑所用时间;x_4 为静止时心率;x_5 为跑步时心率;x_6 为跑步时最大心率.

为了研究人的耗氧能力与这些变量之间的关系,北卡罗纳州立大学的健身中心做了一个试验,测得数据如表 4.10.

表 4.10　耗氧率数据表

个体	x_1	x_2	x_3	x_4	x_5	x_6	y
1	44	89.47	11.37	62	178	182	44.609
2	40	75.07	10.07	62	185	185	45.313

续表 4.10

个体	x_1	x_2	x_3	x_4	x_5	x_6	y
3	44	85.84	8.65	45	156	168	54.297
4	42	68.15	8.17	40	166	172	59.571
5	38	89.02	9.22	55	178	180	49.874
6	47	77.45	11.63	58	176	176	44.811
7	40	75.98	11.95	70	176	180	45.681
8	43	81.19	10.85	64	162	170	49.091
9	44	81.42	13.08	63	174	176	39.442
10	38	81.87	8.63	48	170	186	60.055
11	44	73.03	10.13	45	168	168	50.541
12	45	87.66	14.03	56	186	192	37.388
13	45	66.45	11.12	51	176	176	44.754
14	47	79.15	10.60	47	162	164	47.273
15	54	83.12	10.33	50	166	170	51.855
16	49	81.42	8.95	44	180	185	49.156
17	51	69.63	10.95	57	168	172	40.836
18	51	77.91	10.00	48	162	168	46.672
19	48	91.63	10.25	48	162	164	46.774
20	49	73.37	10.08	67	168	168	50.388
21	57	73.37	12.63	58	174	176	39.407
22	54	79.38	11.17	62	156	165	46.080
23	52	76.32	9.63	48	164	166	45.441
24	50	70.87	8.92	48	146	155	54.625
25	51	67.25	11.08	48	172	172	45.118
26	54	91.63	12.88	44	168	172	45.118
27	51	73.71	10.47	59	186	188	45.790
28	57	59.08	9.93	49	148	155	50.545
29	49	76.32	9.40	56	186	188	48.673
30	48	61.24	11.50	52	170	176	47.920
31	52	82.78	10.50	53	170	172	47.467

利用 SPSS 输出的全选法的部分计算结果如下：

Model Summary

Model	R	R square	Adjusted R square	F	Sig.	Durbin-Watson
1	0.899	0.808	0.760	16.815	0.000	1.785

Coefficients(a)

Model	Standardized Coefficients		t	Sig.	VIF
	B	Beta			
(Constant)	98.656		7.334	0.000	
X1	−0.198	−0.201	−1.827	0.080	1.513
X2	−0.035	−0.056	−0.585	0.564	1.155
X3	−2.302	−0.623	−5.519	0.000	1.591
X4	−0.078	−0.115	−1.082	0.290	1.416
X5	−0.375	−0.749	−2.882	0.008	8.437
X6	0.306	0.546	2.064	0.050	8.744

(a)　Dependent Variable: Y

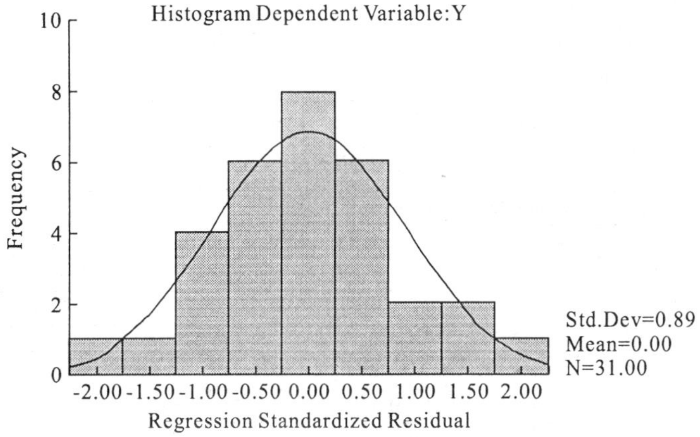

后退法的计算结果。

Model Summary(e)

Model	R	R Square	Adjusted R Square	R Square Change	F Change	Sig. F Change	Durbin-Watson
1	0.899(a)	0.808	0.760	0.808	16.815	0.000	
2	0.897(b)	0.805	0.766	−0.003	0.343	0.564	
3	0.893(c)	0.797	0.765	−0.008	1.082	0.308	
4	0.881(d)	0.777	0.752	−0.020	2.512	0.125	1.586

(a)　Predictors: (Constant), X6, X3, X2, X4, X1, X5

(b)　Predictors: (Constant), X6, X3, X4, X1, X5

(c)　Predictors: (Constant), X6, X3, X1, X5

(d)　Predictors: (Constant), X6, X3, X5

(e)　Dependent Variable: Y

ANOVA(e)

Model		Sum of Squares	df	Mean Square	F	Sig.
1	Regression	637.022	6	106.170	16.815	0.000(a)
	Residual	151.534	24	6.314		
	Total	788.556	30			
2	Regression	634.858	5	126.972	20.653	0.000(b)
	Residual	153.698	25	6.148		
	Total	788.556	30			
3	Regression	628.208	4	157.052	25.466	0.000(c)
	Residual	160.348	26	6.167		
	Total	788.556	30			
4	Regression	612.715	3	204.238	31.360	0.000(d)
	Residual	175.841	27	6.513		
	Total	788.556	30			

(a)　Predictors:(Constant),X6,X3,X2,X4,X1,X5

(b)　Predictors:(Constant),X6,X3,X4,X1,X5

(c)　Predictors:(Constant),X6,X3,X1,X5

(d)　Predictors:(Constant),X6,X3,X5

(e)　Dependent Variable:Y

Coefficients(a)

Model		Unstandardized Coefficients				
		B	Beta	t	Sig.	VIF
1	(Constant)	98.66		7.334	0.000	
	X1	−0.198	−0.201	−1.827	0.080	1.513
	X2	−0.035	−0.056	−0.585	0.564	1.155
	X3	−2.302	−0.623	−5.519	0.000	1.591
	X4	−0.078	−0.115	−1.082	0.290	1.416
	X5	−0.375	−0.749	−2.882	0.008	8.437
	X6	0.306	0.546	2.064	0.050	8.744
2	(Constant)	96.58		7.542	0.000	
	X1	−0.186	−0.189	−1.771	0.089	1.460
	X3	−2.353	−0.637	−5.849	0.000	1.520
	X4	−0.073	−0.109	−1.040	0.308	1.400
	X5	−0.363	−0.727	−2.865	0.008	8.254
	X6	0.290	0.518	2.017	0.055	8.447
3	(Constant)	94.46		7.460	0.000	
	X1	−0.163	−0.166	−1.585	0.125	1.395
	X3	−2.529	−0.684	−6.911	0.000	1.253
	X5	−0.378	−0.757	−2.998	0.006	8.147
	X6	0.298	0.533	2.078	0.048	8.418
4	(Constant)	80.26		8.732	0.000	
	X3	−2.695	−0.729	−7.486	0.000	1.149
	X5	−0.401	−0.801	−3.108	0.004	8.046
	X6	0.367	0.656	2.613	0.015	7.645

(a)　Dependent Variable:Y

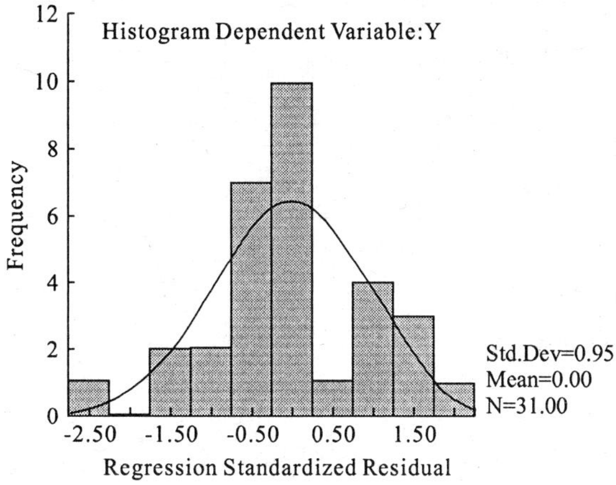

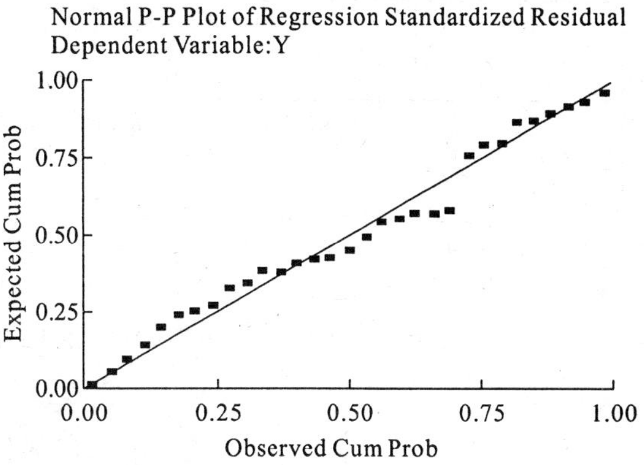

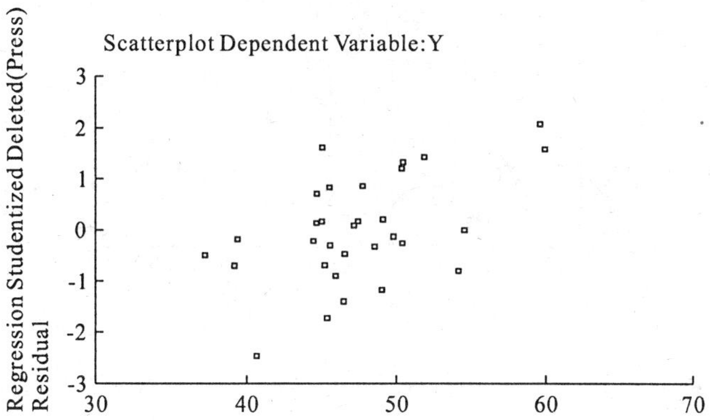

逐步回归法的结果。

Model Summary(b)

R	R Square	Adjusted R Square	F	df1	df2	Sig.	Durbin-Watson
0.832(a)	0.693	0.682	65.378	1	29	0.000	2.110

(a) Predictors:(Constant),X3

(b) Dependent Variable:Y

ANOVA(b)

Model		Sum of Squares	df	Mean Square	F	Sig.
1	Regression	546.251	1	546.251	65.38	0.000(a)
	Residual	242.305	29	8.355		
	Total	788.556	30			

(a) Predictors:(Constant),X3

(b) Dependent Variable:Y

Coefficients(a)

Model		Unstandardized Coefficients		t	Sig.
		B	Beta		
1	(Constant)	80.125		19.735	0.000
	X3	−3.076	−0.832	−8.086	0.000

(a) Dependent Variable: Y

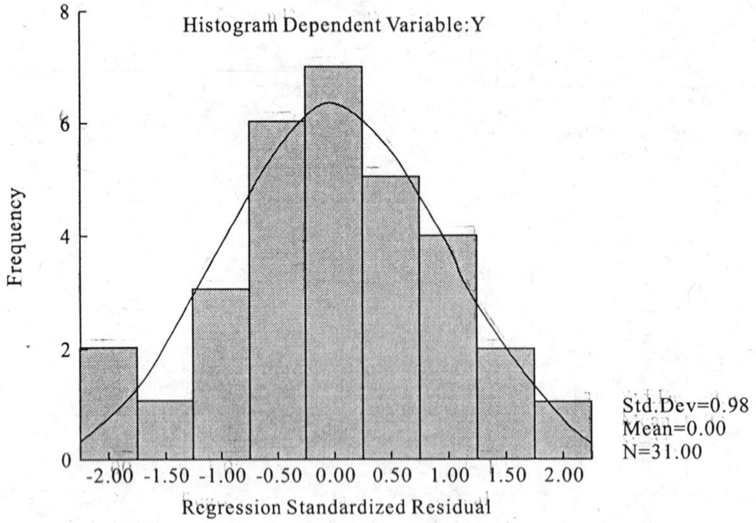

比较上述几种不同方法计算的结果，我们发现，无论是哪一个模型，都大致满足回归分析的基本假定，它们之间的主要差异体现在：全选法拟合的全模型虽然通过了显著性检验，但是变量 x_1、x_2 和 x_4 的系数都没有通过显著性检验. 进一步，我们通过分别计算这些自变量与 y 的等级相关系数，发现这些自变量与 y 的非线性关系也不明显，这说明，这几个自变量不应该引入回归模型之中. 逐步回归法与后退法所选择的变量也不相同，逐步法只选入了一个自变量 x_3，而后退法选了 3 个自变量（x_3、x_5 和 x_6），采用前面介绍的几种选择最优模型的准则对这几个模型做比较，发现逐步回归法所选模型效果较好.

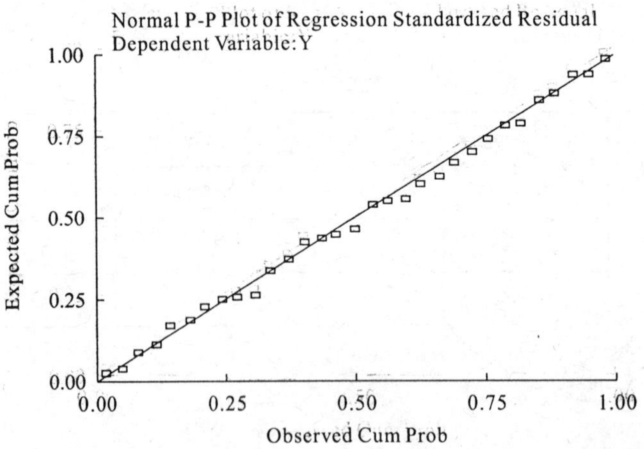

前进法的计算结果与逐步回归法的结果完全相同.□

例 4.7　美国某社会学家想调查城市重大刑事案件发案率增加的一些原因.他以每十万人口中发生重大刑事案件次数为因变量 y,以城市人口规模 x_1、年收入低于 5 000 元的贫困家庭比例 x_2 和失业率 x_3 为自变量进行回归分析.他调查了 20 个城市,获得数据如表 4.11.

表 4.11　城市重大刑事案件有关数据

城市	y	x_1(10 万)	x_2	x_3	x_4
1	11.2	5.87	16.5	6.2	102.30
2	13.4	6.43	20.5	6.4	131.20
3	40.7	6.35	26.3	9.3	244.59
4	5.3	6.92	16.5	5.3	87.45
5	24.8	12.48	19.2	7.3	140.16
6	12.7	6.43	16.5	5.9	97.35
7	20.9	19.64	20.2	6.4	129.28
8	35.7	15.31	21.3	7.6	161.88
9	8.7	7.13	17.2	4.9	84.28
10	9.6	7.49	14.3	6.4	91.52
11	14.5	78.95	18.1	6.6	119.46
12	26.9	7.62	23.1	7.4	170.94
13	15.7	27.93	19.1	5.8	110.78
14	36.2	7.41	24.7	8.6	212.42
15	18.1	6.25	18.6	6.5	120.90
16	28.9	8.54	24.9	8.3	206.67
17	14.9	7.16	17.9	6.7	119.93
18	25.8	9.21	22.4	8.6	192.64
19	21.7	5.95	20.2	8.4	169.68
20	25.7	33.53	16.9	6.7	113.23

首先采用全选法拟合线性回归方程,可得:

$$\hat{y} = -35.939 + 0.043x_1 + 1.291x_2 + 4.371x_3.$$

在对这个方程以及系数做检验时,我们发现,虽然回归方程通过了显著性检验,自变量 x_1 的系数却没有通过显著性检验.这样就意味着,要么 x_1 与 y 之间可能存在非线性关系,要么 x_1 对 y 几乎没有影响,利用散点图 4.4 以及计算两者之间的简单相关系数和 Spearman 相关系数,反映出 x_1 与 y 之间不存在线性关系,非线性关系也不明显(Spearman 相关系数为0.259).因此可将 x_1 从回归方程中剔除.事实上,如果采用逐步回归法,自变量 x_1 也被剔除了.图 4.4 以后的几个表是逐步回归法的输出结果.

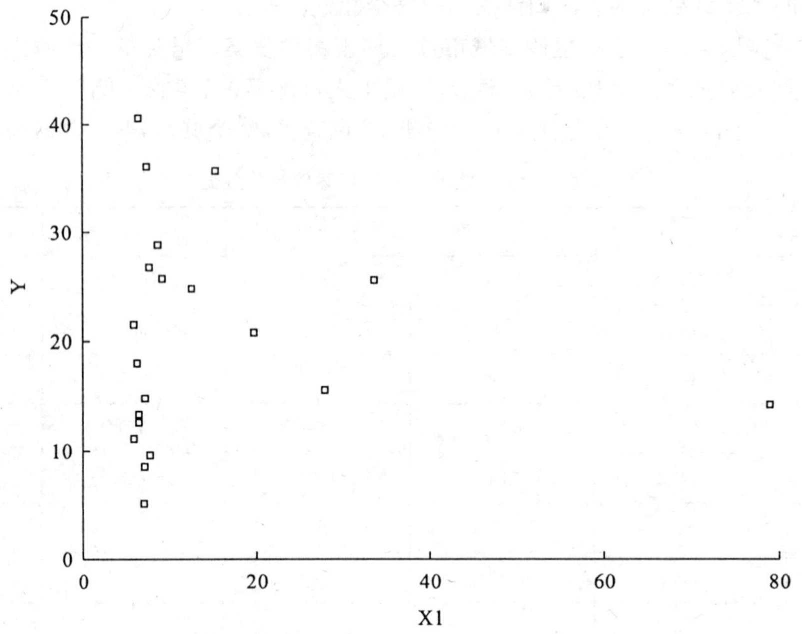

图 4.4　x_1 与 y 的散点图

Model Summary(c)

Model	R	R Square	Adjusted R Square	df1	df2	Sig.	Durbin-Watson
1	0.861(a)	0.741	0.727	1	18	0.000	
2	0.894(b)	0.799	0.775	1	17	0.042	1.674

(a)　Predictors:(Constant),X3

(b)　Predictors:(Constant),X3,X2

(c)　Dependent Variable:Y

上表显示第一步选入自变量 x_3,第二步再选入自变量 x_2. 由 y 与 x_3 和 x_2 建立的线性回归方程的样本决定系数 $R^2 = 0.799$,下面框表是方差分析表.

ANOVA(c)

Model		Sum of Squares	df	Mean Square	F	Sig.
1	Regression	1 375.257	1	1 375.257	51.578	0.000(a)
	Residual	479.945	18	26.664		
	Total	1 855.202	19			
2	Regression	1 481.479	2	740.739	33.695	0.000(b)
	Residual	373.723	17	21.984		
	Total	1 855.202	19			

(a)　Predictors:(Constant),X3

(b)　Predictors:(Constant),X3,X2

(c)　Dependent Variable:Y

Coefficients(a)

		Unstandardized Coefficients		Standardized Coefficients			
Model		B	Std. Error	Beta	t	Sig.	VIF
1	(Constant)	−29.226	7.029		−4.158	0.001	
	X3	7.149	0.995	0.861	7.182	0.000	1.000
2	(Constant)	−34.591	6.833		−5.062	0.000	
	X3	4.366	1.556	0.526	2.806	0.012	2.962
	X2	1.255	0.571	0.412	2.198	0.042	2.962

(a)　Dependent Variable：Y

以上结果表明由 y 与 x_3 和 x_2 建立的线性回归方程和系数都具有统计显著性.

如果考虑到低收入 x_2 与失业 x_3 这两个变量可能存在交互作用，即 x_2 与 y 之间的关系会受 x_3 的影响（或者 x_3 与 y 之间的关系会受 x_2 的影响），我们可以将交叉项 x_2、x_3 引入回归模型中，令 $x_4 = x_2x_3$，利用 SPSS 很容易计算出新变量 x_4 的样本数据（表 4.11），再用逐步回归法建立 y 关于自变量 x_1、x_2、x_3 和 x_4 的回归方程，部分输出结果如下：

Variables Entered/Removed(a)

Model	Variables Entered	Variables Removed	Method
1	X4		Stepwise(Criteria：Probability-of-F-to-enter <= 0.050，Probability-of-F-to-remove >= 0.100).

(a)　Dependent Variable：Y

Model Summary(b)

Model	R	R Square	Adjusted R Square	F Change	Sig.	Durbin-Watson
1	0.888(a)	0.789	0.777	67.328	0.000	1.728

(a)　Predictors：(Constant)，X4

(b)　Dependent Variable：Y

ANOVA(b)

Model		Sum of Squares	df	Mean Square	F	Sig.
1	Regression	1 463.845	1	1 463.845	67.328	0.000(a)
	Residual	391.357	18	21.742		
	Total	1 855.202	19			

(a)　Predictors：(Constant)，X4

(b)　Dependent Variable：Y

Coefficients(a)

		Unstandardized Coefficients		Standardized Coefficients			
Model		B	Std. Error	Beta	t	Sig.	VIF
1	(Constant)	−6.235	3.429		−1.818	0.086	
	X4	0.191	0.023	0.888	8.205	0.000	1.000

(a)　Dependent Variable：Y

为什么逐步回归法只选择了变量 x_4?如果我们用全选法建立 y 关于自变量 x_1、x_2、x_3 和 x_4 的回归方程，发现自变量 x_2、x_3 和 x_4 的方差扩大因子(VIF)分别为61.366、59.097和209.831，说明这三个自变量之间存在严重的多重共线性，而逐步回归法选择了变量 x_4 意味着:从统计意义上讲，x_4 比单个的自变量 x_2 和 x_3 对 y 的影响更显著，而这一点也很符合本题的实际意义. 事实上，如果我们将 y 关于 x_2 和 x_3 的回归方程与 y 关于 x_4 的回归方程做比较，按照前面介绍的判断回归方程优良性的那些准则，可以发现，后一个回归方程的效果要比前者稍胜一筹. □

思考与练习

1. 设河流的一个断面的年径流量为 y，该断面的上游流域的年平均降水量为 x_1，年平均饱和差为 x_2，现共有 14 年的观测记录：

时间(a)	x_1	x_2	y	时间(a)	x_1	x_2	y
1	720	1.80	290	8	579	2.22	151
2	553	2.67	135	9	515	2.41	131
3	575	1.75	234	10	576	3.03	106
4	548	2.07	182	11	547	1.83	200
5	572	2.49	145	12	568	1.90	224
6	453	3.59	69	13	720	1.98	271
7	540	1.88	205	14	700	2.90	130

(1) 试求 y 关于 x_1、x_2 的二元线性回归方程；

(2) 对回归方程和每一个回归系数的显著性做检验；

(3) 求出每一个回归系数的置信水平为 0.95 的置信区间；

(4) 求出回归方程的复相关系数；

(5) 设某年 $x_1 = 600$，$x_2 = 2.50$，求 $E(y)$ 的点估计及置信水平为 0.95 的置信区间.

2. 下表为某地区 18 年来某种消费品销售情况数据.

(1) 试用 R_a^2、C_p 和 AIC 准则，确定最优回归模型.

(2) 用前进法、后退法和逐步回归法建立模型，并对三种方法所给出的模型做出评价.

y 为消费品的销售额(百万元)；x_1 为居民可支配收入(元)；

x_2 为该类消费品的价格指数(%)；x_4 为其他消费品平均价格指数(%).

y	x_1	x_2	x_3
7.8	81.2	85.0	87.0
8.4	82.9	92.0	94.0
8.7	83.2	91.5	95.0
9.0	85.9	92.9	95.5
9.6	88.0	93.0	96.0
10.3	99.0	96.0	97.0
10.6	102.0	95.0	97.5
10.9	105.3	95.6	98.0

续表

y	x_1	x_2	x_3
11.3	117.7	98.9	101.2
12.3	126.4	101.5	102.5
13.5	131.2	102.0	104.0
14.2	148.0	105.0	105.9
14.9	153.0	106.0	109.5
15.9	161.0	109.0	111.0
18.5	170.0	112.0	
19.5	174.0	112.5	112.0
19.9	185.0	113.0	112.3
20.5	189.0	114.0	113.0

3. 下表是用电高峰每小时用电量 y 与每月总用电量 x 的数据.

(1) 用普通最小二乘法建立 y 与 x 的回归方程,检验方程的显著性;

(2) 诊断该问题是否存在异方差性;

(3) 如果存在异方差性,用幂指数型的权函数建立加权最小二乘回归方程.

用户号	x	y	用户号	x	y
1	679	0.79	28	1 748	4.88
2	292	0.44	29	1 381	3.48
3	1 012	0.56	30	1 428	7.58
4	493	0.79	31	1 255	2.63
5	582	2.70	32	1 777	4.99
6	1 156	3.64	33	370	0.59
7	997	4.73	34	2 316	8.19
8	2 189	9.50	35	1 130	4.79
9	1 097	5.34	36	463	0.51
10	2 078	6.85	37	770	1.74
11	1 818	5.84	38	724	4.10
12	1 700	5.21	39	808	3.94
13	747	3.25	40	790	0.96
14	2 030	4.43	41	783	3.29
15	1 643	3.16	42	406	0.44
16	414	0.50	43	1 242	3.24
17	354	0.17	44	658	2.14
18	1 276	1.88	45	1 746	5.71
19	745	0.77	46	468	0.64
20	435	1.39	47	1 114	1.90
21	540	0.56	48	413	0.51
22	874	1.56	49	1 787	8.33
23	1 543	5.28	50	3 560	14.94
24	1 029	0.64	51	1 495	5.11
25	710	4.00	52	2 221	3.85
26	1 434	0.31	53	1 526	3.93
27	837	4.20			

4. 下表是某软件公司月销售额数据，其中，x 为总公司的月销售额（万元），y 为某分公司的月销售额（万元）.

(1) 用普通最小二乘法建立 y 关于 x 的回归方程；

(2) 用残差图及 DW 检验诊断序列相关性；

(3) 分别用迭代法和一阶差分法建立回归方程；

(4) 比较上述几种不同方法所得的回归方程的优良性.

序号	x	y	序号	x	y
1	127.3	20.96	11	148.3	24.54
2	130.0	21.40	12	146.4	24.28
3	132.7	21.96	13	150.2	25.00
4	129.4	21.52	14	153.1	25.64
5	135.0	22.39	15	157.3	26.46
6	137.1	22.76	16	160.7	26.98
7	141.1	23.48	17	164.2	27.52
8	142.8	23.66	18	165.6	27.78
9	145.5	24.10	19	168.7	28.24
10	145.3	24.01	20	172.0	28.78

5. 在研究国家财政收入时，以财政收入 y 为因变量，考虑以下几个自变量，x_1 为农业增加值（亿元）；x_2 为工业增加值（亿元）；x_3 为建筑业增加值（亿元）；x_4 为人口数（万人）；x_5 为社会消费总额（亿元）；x_6 为受灾面积（万公顷）. 据《中国统计年鉴》获得 1978—1998 年共 21 个年份的统计数据见下表. 试用不同的方法建立回归方程，并对所得模型的优良性做分析。

年份	x_1	x_2	x_3	x_4	x_5	x_6	y
1978	1 018.4	1 607.0	138.2	96 259	2 239.1	50 760	1 132.3
1979	1 258.9	1 769.7	143.8	97 542	2 619.4	39 370	1 146.4
1980	1 359.4	1 996.5	195.5	98 705	2 976.1	44 530	1 159.9
1981	1 545.6	2 048.4	207.1	100 072	3 309.1	39 790	1 175.8
1982	1 761.6	2 162.3	220.7	101 654	3 637.9	33 130	1 212.3
1983	1 960.8	2 375.6	270.6	103 008	4 020.5	34 710	1 367.0
1984	2 295.5	2 789.0	316.7	104 357	4 694.5	31 890	1 642.9
1985	2 541.6	3 448.7	417.9	105 851	5 773.0	44 370	2 004.8
1986	2 763.9	3 967.0	525.7	107 507	6 542.0	47 140	2 122.0
1987	3 204.3	4 585.8	665.8	109 300	7 451.2	42 090	2 199.4
1988	3 831.0	5 777.2	810.0	111 026	9 360.1	50 870	2 357.2
1989	4 228.0	6 484.0	794.0	112 704	10 556.5	46 990	2 664.9
1990	5 017.0	6 858.0	859.4	114 333	11 365.2	38 470	2 937.1
1991	5 288.6	8 087.1	1 015.1	115 823	13 145.9	55 470	3 149.5
1992	5 800.0	10 284.5	1 415.0	117 171	15 952.1	51 330	3 483.4
1993	6 882.1	14 143.8	2 284.7	118 517	20 182.1	48 830	4 349.0
1994	9 457.2	19 359.6	3 012.6	119 850	26 796.0	55 040	5 218.1
1995	11 993.0	24 718.3	3 819.6	121 121	33 635.0	45 821	6 242.2
1996	13 844.2	29 082.6	4 530.5	122 389	40 003.9	46 989	7 408.0
1997	14 211.2	32 412.1	4 810.6	123 626	43 579.4	53 429	8 651.1
1998	14 599.6	33 429.8	5 262.0	124 810	46 405.9	50 145	9 876.0

6. 为了研究人们对某种品牌食品的喜爱程度 y 与该食品的水分含量 x_1 及甜度 x_2 的关系，进行了一个完全随机化的小规模试验，得到如下数据：

i	1	2	3	4	5	6	7	8
x_1	4	4	4	4	6	6	6	6
x_2	2	4	2	4	2	4	2	4
y	64	73	61	76	72	80	71	83
i	9	10	11	12	13	14	15	16
x_1	8	8	8	8	10	10	10	10
x_2	2	4	2	4	2	4	2	4
y	83	89	86	93	88	95	94	100

(1) 拟合 y 关于 x_1、x_2 的线性回归方程，问其中的 $\hat{\beta}_1$ 如何解释？

(2) 分别做出残差关于 $\hat{y}$，x_1，x_2 的残差图以及残差的正态概率图. 分析这些残差图并给出你的评述.

(3) 设误差项 ε_i 独立同分布于 $N(0,\sigma^2)$，在 $\alpha = 0.01$ 的水平上检验回归方程的显著性. 写出假设、检验准则以及结论，并给出检验的 P 值.

(4) 在(3) 中关于 ε_i 的假定下，对自变量一组新的观测值 $X_0 = (5,4)$，给出 y 的预测值的 99% 的置信区间.

(5) 拟合 y 关于 x_1 的一元线性回归模型，将 x_1 的系数与(1) 中求得 x_1 的系数做比较，你有什么结论？

(6) $SSR(x_1)$ 和 $SSR(x_1|x_2)$ 是否相等？二者的意义有何不同？

7. 某医院管理者希望了解病人对医院工作的满意程度和病人的年龄，病情的严重程度和忧虑程度之间的关系，他随机地选取了 23 位病人，得到下列数据表：

i	1	2	3	4	5	6	7	8
x_1	50	36	40	41	28	49	42	45
x_2	51	46	48	44	43	54	50	48
x_3	2.3	2.3	2.2	1.8	1.8	2.9	2.2	2.4
y	48	57	66	70	89	36	46	54
i	9	10	11	12	13	14	15	16
x_1	52	29	29	43	38	34	53	36
x_2	62	50	48	53	55	51	54	49
x_3	2.9	2.1	2.4	2.4	2.2	2.3	2.3	2.0
y	26	77	89	67	47	51	57	66
i	17	18	19	20	21	22	23	
x_1	33	29	33	55	29	44	43	
x_2	56	46	49	51	52	58	50	
x_3	2.5	1.9	2.1	2.4	2.3	2.9	2.3	
y	79	88	60	49	77	52	60	

(1) 分别利用 R_a^2、C_p 和 $PRESS_p$ 准则选择最优回归方程. 三个准则所确定的最优回归方程是否一致?

(2) 给定 $F_E = 3.0$ 及 $F_D = 2.9$,试用逐步回归法选择最优方程,其结果和(1)中的结果是否相同?

(3) 对所选取的回归方程做进一步的精细分析.

8. 在一铂矿氧化带中,取 18 个样品,测得的 Pt 和 As 的含量如下表所示.

i	1	2	3	4	5	6	7	8	9
x_1	0.39	0.40	0.65	0.78	0.31	0.78	13.4	2.05	4.6
x_2	2.5	6.0	3.5	3.5	2.5	4.5	11.9	10.0	5.0
i	10	11	12	13	14	15	16	17	18
x_1	0.07	1.01	0.13	1.67	0.02	0.06	0.02	0.02	0.02
x_2	2.0	4.0	1.0	6.0	1.0	3.5	3.5	1.0	0.5

注:x_1 为 Pt 的含量;x_2 为 As 的含量.

已知 x_1 与 x_2 之间呈多项式关系

$$x_1 = \beta_0 + \beta_1 x_2 + \beta_2 x_2^2$$

试建立 x_1 与 x_2 的回归关系式,并对模型做精细分析.

9. 下表是对一些企业的年赔偿费用 y(千元),年销售额 x_1(百万元),年利润 x_2(百万元)和雇佣人数 x_3 的调查数据. 考虑下面的模型:

$$y = \beta_0 + \beta_1 \ln x_1 + \beta_2 \ln x_2 + \beta_3 \ln x_3 + \varepsilon$$

(1) 对上述模型求普通最小二乘估计;

(2) 计算回归变量之间的相关矩阵和每个自变量的方差扩大因子(VIF);

(3) 用逐步回归法做变量选择;

(4) 采用岭回归法或主成分回归法拟合上述模型,并与(1)中模型做比较.

企业	y	x_1	x_2	x_3
1	450	4 600.1	128.1	48 000
2	387	9 255.4	783.9	55 900
3	368	1 526.2	136.0	13 783
4	277	1 683.2	179.0	27 765
5	676	2 752.8	231.5	34 000
6	454	2 205.8	329.5	26 500
7	507	2 384.6	381.8	30 800
8	496	2 746.0	237.9	41 000
9	487	1 434.0	222.3	25 900
10	383	470.6	63.7	8 600
11	311	1 508.0	149.5	21 075
12	271	464.4	30.0	6 874
13	524	9 329.3	577.3	39 000

续表

企业	y	x_1	x_2	x_3
14	498	2 377.5	250.7	34 300
15	343	1 174.3	82.6	19 405
16	354	724.7	61.5	3 586
17	324	724.7	90.8	3 905
18	225	578.9	63.3	4 139
19	254	966.8	42.8	6 255
20	208	591.0	48.5	10 605
21	518	4 933.1	310.6	65 392
22	406	7 613.2	491.6	89 400
23	332	3 457.4	228.0	55 200
24	340	545.3	54.6	7 800
25	698	22 862.8	3 011.3	337 119
26	306	2 361.0	203.0	52 000
27	613	2 614.1	201.0	50 500
28	302	1 013.2	121.3	18 625
29	540	4 560.3	194.6	97 937
30	293	855.7	63.4	12 300
31	528	4 211.6	352.1	71 800
32	456	5 440.4	655.2	87 700
33	417	1 229.9	97.5	14 600

第五章　判别分析

§5.1　判别分析概述

在一些自然科学和社会科学的研究中，研究对象用某种方法已划分为若干类型，当得到的一个新的样品数据（通常是多元的），要确定该样品属于已知类型中的哪一类，这样的问题属判别分析.

判别分析的应用十分广泛.例如，在工业产品的生产和销售中，要根据某种产品的一些测量指标判别产品的质量等级，预测新产品的成功或失败；在经济分析中，要根据人均国民收入、人均工农业产值、人均消费水平等指标判别一个国家的经济发展程度；在地质勘探中，根据某地的地质结构、化探和物探的各项指标来判别该地的矿物类型；在油田开发中，根据钻井的电测或化验数据，判别是否遇到油层、水层、干层或油水混合层；在医学诊断中，要根据某个病人的化验结果和病情征兆判别病人患哪种疾病；在气象学中，要根据已有的气象资料（气温、气压等）来判别天气是晴、多云、阴天或有云等；在农业害虫预报中，根据以往的虫情、多种气象来判别一个月后的虫情是大发生、中发生或正常；在体育运动中，判别某游泳运动员的“苗子”是适合蛙泳、仰泳，还是自由泳等等；在教育学生方面，利用判别分析可以决定一个学生是否应该被录取，或者按照职业兴趣对学生分组等等.

在实际问题中，判别分析具有重要的意义.例如，在寿命实验中，只有在被试品用坏时寿命才能得知，而判别分析可以根据某些非破坏性测量指标，便可将产品质量分出等级.又如在医学诊断中，可以通过某些便于观测的指标，对疾病的类型做出诊断，从而避免代价昂贵的化验或手术.需要指出的是，判别分析与聚类都是分类（分组）问题，它们的不同之处，主要在于是否事先已知研究对象分类，实际应用中有时需要将两种方法联合起来使用.

判别分析内容很丰富，方法很多.按判别的组数来区分，有两组判别和多组判别分析；按区分不同总体所用的数学模型来分，有线性判别和非线性判别；按判别时所处理的变量方法不同，有逐步判别和序贯判别等.判别分析可以从不同角度提出问题，因此有不同判别准则，如马氏距离最小准则、Fisher 准则、平均损失最小准则、最小平方准则、最大似然准则、最大概率准则等等，按判别准则的不同又提出多种判别方法，本章仅介绍四种常用的判别方法：距离判别法、Fisher 判别法、Bayes 判别法和逐步判别法.

§5.2　距离判别法

距离判别法的基本思想是：根据已知分类的数据，分别计算各类的重心，即分类的均值.判别准则是：对任意的一个样品，若它与第 i 类的重心距离最近，就认为它来自第 i 类.距离判别法对各类(或总体)的分布并无特定的要求.

5.2.1 两个总体的距离判别法

判别分析中采用的距离是比欧氏距离更具有统计学意义的 Mahalanobis 距离(马氏距离). 其定义如下.

定义 5.1 (1)设 $\boldsymbol{X}$、$\boldsymbol{Y}$ 是从均值向量为 μ 及协方差矩阵为 $\boldsymbol{\Sigma}$ 的总体 G 中抽取的两个样本,则 $\boldsymbol{X}$、$\boldsymbol{Y}$ 两样本点之间的马氏平方距离是

$$d^2(\boldsymbol{X},\boldsymbol{Y}) = (\boldsymbol{X}-\boldsymbol{Y})^{\mathrm{T}}\boldsymbol{\Sigma}^{-1}(\boldsymbol{X}-\boldsymbol{Y})$$

又定义 $\boldsymbol{X}$ 与总体 G 的马氏平方距离为

$$d^2(\boldsymbol{X},G) = (\boldsymbol{X}-\mu)^{\mathrm{T}}\boldsymbol{\Sigma}^{-1}(\boldsymbol{X}-\mu)$$

则 $\boldsymbol{X}$ 和 $\boldsymbol{Y}$ 之间的马氏距离是

$$d(\boldsymbol{X},\boldsymbol{Y}) = [(\boldsymbol{X}-\boldsymbol{Y})^{\mathrm{T}}\boldsymbol{\Sigma}^{-1}(\boldsymbol{X}-\boldsymbol{Y})]^{\frac{1}{2}}$$

$\boldsymbol{X}$ 与总体 G 的马氏距离是

$$d(\boldsymbol{X},G) = [(\boldsymbol{X}-\mu)^{\mathrm{T}}\boldsymbol{\Sigma}^{-1}(\boldsymbol{X}-\mu)]^{\frac{1}{2}}$$

(2)设有两总体 G_1 和 G_2,它们的均值向量分别是 μ_1 和 μ_2,又 G_1、G_2 的协方差矩阵相等,皆为 $\boldsymbol{\Sigma}$,则总体 G_1 与 G_2 之间的马氏平方距离是

$$d^2(G_1,G_2) = (\mu_1-\mu_2)^{\mathrm{T}}\boldsymbol{\Sigma}^{-1}(\mu_1-\mu_2)$$

可以验证,以上定义的距离都满足三条基本性质:非负性、对称性和三角不等式.

设 G_1、G_2 为两个不同的 p 元已知总体,G_i 的均值向量为 $\mu_i(i=1,2)$,G_i 的协方差矩阵是 $\boldsymbol{\Sigma}_i$ $(i=1,2)$. 设 $\boldsymbol{X}=(x_1,x_2,\cdots,x_p)^{\mathrm{T}}$ 是一个待判样品,距离判别准则为

$$\begin{cases}\boldsymbol{X}\in G_1, & \text{若 } d(\boldsymbol{X},G_1)\leqslant d(\boldsymbol{X},G_2)\\ \boldsymbol{X}\in G_2, & \text{若 } d(\boldsymbol{X},G_1)> d(\boldsymbol{X},G_2)\end{cases}$$

下面分别就两个总体协方差矩阵相等和不相等两种情况进一步讨论该判别准则.

1. 两个总体协方差矩阵相等的情况

样品 $\boldsymbol{X}$ 到两总体的马氏平方距离的差为

$$\begin{aligned}d^2(\boldsymbol{X},G_2)-d^2(\boldsymbol{X},G_1) &= (\boldsymbol{X}-\mu_2)^{\mathrm{T}}\boldsymbol{\Sigma}^{-1}(\boldsymbol{X}-\mu_2)-(\boldsymbol{X}-\mu_1)^{\mathrm{T}}\boldsymbol{\Sigma}^{-1}(\boldsymbol{X}-\mu_1)\\ &= \boldsymbol{X}^{\mathrm{T}}\boldsymbol{\Sigma}^{-1}\boldsymbol{X}-2\boldsymbol{X}^{\mathrm{T}}\boldsymbol{\Sigma}^{-1}\mu_2+\mu_2^{\mathrm{T}}\boldsymbol{\Sigma}^{-1}\mu_2-\boldsymbol{X}^{\mathrm{T}}\boldsymbol{\Sigma}^{-1}\boldsymbol{X}+2\boldsymbol{X}^{\mathrm{T}}\boldsymbol{\Sigma}^{-1}\mu_1-\mu_1^{\mathrm{T}}\boldsymbol{\Sigma}^{-1}\mu_1\\ &= 2\boldsymbol{X}^{\mathrm{T}}\boldsymbol{\Sigma}^{-1}(\mu_1-\mu_2)-(\mu_1+\mu_2)^{\mathrm{T}}\boldsymbol{\Sigma}^{-1}(\mu_1-\mu_2)\\ &= 2[\boldsymbol{X}-\frac{1}{2}(\mu_1+\mu_2)]^{\mathrm{T}}\boldsymbol{\Sigma}^{-1}(\mu_1-\mu_2)\end{aligned}$$

令 $W(\boldsymbol{X})=\frac{1}{2}[d^2(\boldsymbol{X},G_2)-d^2(\boldsymbol{X},G_1)]$,则判别准则是

$$\begin{cases}\text{当}\quad W(\boldsymbol{X})\geqslant 0 \text{ 时,判 } \boldsymbol{X}\in G_1\\ \text{当}\quad W(\boldsymbol{X})< 0 \text{ 时,判 } \boldsymbol{X}\in G_2\end{cases}$$

若记 $\boldsymbol{a}=\boldsymbol{\Sigma}^{-1}(\mu_1-\mu_2)$,$\bar{\mu}=\frac{1}{2}(\mu_1+\mu_2)$,则有 $W(\boldsymbol{X})=\boldsymbol{a}^{\mathrm{T}}(\boldsymbol{X}-\bar{\mu})$,即 $W(\boldsymbol{X})$ 是 $\boldsymbol{X}$ 的线性函数,$\boldsymbol{a}$ 为判别系数.

$\boldsymbol{\Sigma}$ 及 μ_1、μ_2 通常是未知的,数据资料是来自两个总体的样本(称为训练样本). 设 $\boldsymbol{X}_1^{(1)},\boldsymbol{X}_2^{(1)},\cdots,\boldsymbol{X}_{n_1}^{(1)}$ 是来自总体 G_1 的训练样本,容量为 n_1;$\boldsymbol{X}_1^{(2)},\boldsymbol{X}_2^{(2)},\cdots,\boldsymbol{X}_{n_2}^{(2)}$ 是来自总体 G_2 的训练样本,容量为 n_2. 每个样品皆是 p 元向量,要以训练样本估计 μ_1、μ_2 及 $\boldsymbol{\Sigma}$,μ_1、μ_2 的估计是各训练样本的

均值向量，即

$$\bar{\mu}_j = \frac{1}{n_j}\sum_{i=1}^{n_j} X_i^{(j)} = \overline{X}^{(j)},\ j = 1,2$$

又两个训练样本的协方差矩阵各为

$$S_j = \frac{1}{n_j - 1}\sum_{i=1}^{n_j}(X_i^{(j)} - \overline{X}^{(j)})(X_i^{(j)} - \overline{X}^{(j)})^{\mathrm{T}} \quad (j = 1,2)$$

当 $\Sigma_1 = \Sigma_2 = \Sigma$ 时，Σ 的一个无偏估计是

$$S = \hat{\Sigma} = \frac{(n_1 - 1)S_1 + (n_2 - 1)S_2}{n_1 + n_2 - 2}$$

这时，判别函数的估计为

$$\hat{W}(X) = (X - \hat{\mu})^{\mathrm{T}}\Sigma^{-1}(\hat{\mu}_1 - \hat{\mu}_2),\ \hat{\mu} = \frac{1}{2}(\overline{X}^{(1)} + \overline{X}^{(2)})$$

当 $\hat{W}(X) \geqslant 0$ 时，$X \in G_1$；$\hat{W}(X) < 0$ 时，$X \in G_2$.

2. 两个总体协方差矩阵不相等的情况

即　　$\Sigma_1 \neq \Sigma_2$，这时，可令

$$d_1^2(X) = (X - \mu_1)^{\mathrm{T}}\Sigma_1^{-1}(X - \mu_1)$$

$$d_2^2(X) = (X - \mu_2)^{\mathrm{T}}\Sigma_2^{-1}(X - \mu_2)$$

按下列法则进行判别：$\begin{cases} X \in G_1, & d_2^2(X) \geqslant d_1^2(X) \\ X \in G_2, & d_2^2(X) < d_1^2(X) \end{cases}$

其中 $d_1^2(X)$、$d_2^2(X)$ 分别是样品 X 到两个总体 G_1、G_2 马氏平方距离，它们皆是 X 的二次函数，称为二次判别函数.

实际问题中，μ_1、μ_2、Σ_1、Σ_2 往往未知，它们可用各总体的训练样本作估计，即分别以 $\overline{X}^{(1)}$、$\overline{X}^{(2)}$ 估计 μ_1、μ_2，分别以 S_1、S_2 估计 Σ_1、Σ_2，得：$d_1^2(X)$、$d_2^2(X)$ 的估计分别为

$$\hat{d}_1^2(X) = (X - \overline{X}^{(1)})^{\mathrm{T}}S_1^{-1}(X - \overline{X}^{(1)})$$

$$\hat{d}_2^2(X) = (X - \overline{X}^{(2)})^{\mathrm{T}}S_2^{-1}(X - \overline{X}^{(2)})$$

判别法则为：$\begin{cases} X \in G_1, & \text{若 } \hat{d}_2^2(X) \geqslant \hat{d}_1^2(X) \\ X \in G_2, & \text{若 } \hat{d}_2^2(X) < \hat{d}_1^2(X) \end{cases}$

5.2.2　多个总体的距离判别

设有 k 个总体 $G_1, G_2, \cdots, G_k$，均值向量分别为 $\mu_1, \mu_2, \cdots, \mu_k$，协方差矩阵分别为 $\Sigma_1, \Sigma_2, \cdots, \Sigma_k$. 类似两总体距离判别方法，计算新样品 X 到各总体的马氏距离，比较 k 个距离，判定 X 属于其马氏距离最短的总体，若最短距离在不只一个总体到达，则可将 X 判归具有最短距离总体的任一个. 下面仍将分成各协方差矩阵相等和不相等的情况讨论.

(1)总体协方差矩阵相等：$\Sigma_1 = \Sigma_2 = \cdots = \Sigma_k = \Sigma$

此时

$$d^2(X, G_i) = (X - \mu_i)^{\mathrm{T}}\Sigma^{-1}(X - \mu_i) \quad (i = 1,2,\cdots,k)$$

判别函数为：

$$W_{ij}(X) = \frac{1}{2}[d^2(X, G_j) - d^2(X, G_i)]$$

$$= \left[X - \frac{1}{2}(\mu_i + \mu_j)\right]^{\mathrm{T}}\Sigma^{-1}(\mu_i - \mu_j) \quad (i、j = 1,2,\cdots,k)$$

相应的判别准则为：

对所有的 $j\neq i$，当 $W_{ij}(X)>0$ 时（即 $d^2(X,G_i)=\min\limits_{\{j=1,2,\cdots,k\}} d^2(X,G_j)$），则判 $X\in G_i$；若 $W_{ij}(X)=0$，则可判 $X\in G_i$ 或 $X\in G_j$.

当 $\mu_1,\mu_2,\cdots,\mu_k,\Sigma$ 未知时，可用训练样本对它们作估计

$$\hat{\mu}_j=\frac{1}{n_j}\sum_{i=1}^{n_j}X_i^{(j)}=\overline{X}^{(j)}\quad(j=1,2,\cdots,k)$$

$$\hat{S}_j=\frac{1}{n_j-1}\sum_{j=1}^{n_j}(X_i^{(j)}-\overline{X}^{(j)})(X_i^{(j)}-\overline{X}^{(j)})^{\mathrm{T}}\quad(j=1,2,\cdots,k)$$

则 $\hat{\mu}_j$ 是 μ_j 的无偏估计，Σ 的一个无偏估计是

$$\hat{\Sigma}=\frac{1}{n-k}[(n_1-1)S_1+(n_2-1)S_2+\cdots+(n_k-1)S_k]=S$$

其中 $n=\sum\limits_{j=1}^{k}n_j$.

(2)总体协方差矩阵 Σ_j 不全相等或全不相等.

待判样本 X 到各总体 G_j 的马氏平方距离

$$d^2(X,G_j)=(X-\mu_j)^{\mathrm{T}}\Sigma_j^{-1}(X-\mu_j)\quad(j=1,2,\cdots,k)$$

当
$$d^2(X,G_i)=\min_{1\leqslant j\leqslant k}(X-\mu_j)^{\mathrm{T}}\Sigma_j^{-1}(X-\mu_j)\text{ 时，判 }X\in G_i$$

若均值向量 μ_i 与协方差阵 Σ_i 未知，则用训练样本的估计值 $\hat{\mu}_i$、$\hat{\Sigma}_i$ 代替 μ_i 和 Σ_i，计算出 $d^2(X,G_i)$ 的估计值 $\hat{d}^2(X,G_i)\quad(i=1,2,\cdots,k)$.

5.2.3 判别准则的评价

当一个判别准则提出以后，还要研究其优良性，即要考察误判概率. 以两总体判别为例，我们要考察 X 属于 G_1 而误判为属于 G_2，或 X 本属于 G_2 却误判属于 G_1 的概率. 下面我们介绍以训练样本为基础的误判率的回代估计法和交叉确认估计法.

1. 误判率回代估计法

设 G_1、G_2 为两个总体，$X_1^{(1)},X_2^{(1)},\cdots,X_{n_1}^{(1)}$ 与 $X_1^{(2)},X_2^{(2)},\cdots,X_{n_2}^{(2)}$ 是分别来自 G_1、G_2 的训练样本，容量分别是 n_1 和 n_2. 以全体训练样本作为 n_1+n_2 个新样本，逐个代入已建立的判别准则中，判别其归属，这个过程为回判. 用 n_{12} 表示将本属于 G_1 的样本误判为 G_2 的个数，n_{21} 表示将本属于 G_2 的样本误判为 G_1 的个数，总的误判个数是 $n_{12}+n_{21}$，而两总体训练样本的总数是 n_1+n_2，误判率的回代估计为

$$\hat{a}=\frac{n_{12}+n_{21}}{n_1+n_2}$$

但 $\hat{a}$ 往往比真实误判率要小，当训练样本容量较大时，$\hat{a}$ 可以作为真实误判率的一种估计.

2. 误判率的交叉确认估计

误判率的交叉确认估计法（又称为刀切法）是每次剔除训练样本中的一个样本，利用其余容量为 n_1+n_2-1 个训练样本来建立判别准则，再用所建立的判别准则对删除的那个样本做判别，对训练样本中的每个样品做上述分析，以其误判的比例作为误判概率的估计，具体步骤如下：

(1)从总体 G_1 的 n_1 容量的训练样本开始，剔除其中的一个样品，用剩余的容量为 n_1-1 的

训练样本和总体 G_2 的容量为 n_2 的训练样本建立判别函数.

(2)用建立的判别函数对剔除的那个样品中做判别.

(3)重复步骤(1)、(2)直到 G_1 的训练样本中的 n_1 个样品依次被剔除,又进行了判别,其误判样品个数记为 n_{12}^*.

(4)对总体 G_2 的训练样本重复步骤(1)、(2)、(3)并记其误判样品个数为 n_{21}^*.

(5)以 $a^*=\dfrac{n_{12}^*+n_{21}^*}{n_1+n_2}$ 作为误判率的估计,这样的方法称为误判率的交叉估计.

用交叉确认估计真实误判率是较为合理的.

需要指出的是,判别准则的误判率在一定程度上还依赖于所考虑的各总体之间的差异程度.各总体之间的差异越大,就越有可能建立有效的判别准则.如果各总体之间差异很小,做判别分析的意义不大.当各总体服从多元正态分布时,我们可以对各总体的均值向量是否相等进行统计检验以确定使用判别是否有意义.同时,也可以检验各总体的协方差矩阵是否相等,从而确定是采用线性判别函数还是二次判别函数.

例 5.1　某气象站预报某地区有无春旱的观测资料中,x_1 与 x_2 是与气象有关的综合预报因子,数据包括发生春旱的 6 个年份的 x_1 和 x_2 的观测值和无春旱的 8 个年份的相应观测值(见表 5.1),试建立距离判别函数并估计误判率.

表 5.1　某地区有无春旱的观测数据

G_1(春旱)			G_2(无春旱)		
序号	x_1	x_2	序号	x_1	x_2
1	24.8	−2.0	1	22.1	−0.7
2	24.7	−2.4	2	21.6	−1.4
3	26.6	−3.0	3	22.0	−0.8
4	23.5	−1.9	4	22.8	−1.6
5	25.5	−2.1	5	22.7	−1.5
6	27.4	−3.1	6	21.5	−1.0
			7	22.1	−1.2
			8	21.4	−1.3

解　在 $\boldsymbol{\Sigma}_1=\boldsymbol{\Sigma}_2=\boldsymbol{\Sigma}$ 的假设下,建立距离判别函数,利用 SPSS 软件包,依次点选 Analyze/Classify/Discriminant,即可进入判别分析过程.计算结果为

$$\overline{\boldsymbol{X}}^{(1)}=\begin{pmatrix}25.3167\\-2.4167\end{pmatrix},\qquad \overline{\boldsymbol{X}}^{(2)}=\begin{pmatrix}22.025\\-1.1875\end{pmatrix}$$

$$\boldsymbol{S}_1=\begin{pmatrix}2.2137 & -0.6577\\-0.6577 & 0.2697\end{pmatrix},\qquad \boldsymbol{S}_2=\begin{pmatrix}0.2736 & -0.0632\\-0.0632 & 0.1069\end{pmatrix}$$

线性判别函数为

$$\widehat{W}(\boldsymbol{X})=-55.4331+2.0894\boldsymbol{X}_1-3.3165\boldsymbol{X}_2$$

当 $\boldsymbol{X}=\boldsymbol{X}_4^{(1)}$ 时,$\widehat{W}(\boldsymbol{X})=-0.03085<0$,　$\therefore\ \boldsymbol{X}_4^{(1)}\in G_2$(误判).

故用回代法将总体 G_1 的第 4 号样品判别为属于 G_2,误判率为:$\hat{a}=\dfrac{1}{14}=0.0714$.

用交叉确认法(进入 SPSS 的判别分析过程后，在 Classify 选项里点选 Leave-one-out classification，即可给出交叉确认估计的误判情况)，同样将 G_1 中的第 4 号样品判别为属于 G_2，误判率为

$$\hat{a}=\frac{1}{14}=0.0714 \quad \square$$

例 5.2　1991 年全国(指大陆)各省市、自治区城镇居民月平均收入情况见表 5.2，考察下列指标：

x_1：人均生活费收入(元/人)；　x_2：人均全民所有制职工工资(元/人)；

x_3：人均来源于全民标准工资(元/人)；x_4：人均集体所有制工资(元/人)；

x_5：人均集体职工标准工资(元/人)；　x_6：人均各种奖金及超额工资(元/人)；

x_7：人均各种津贴(元/人)；　x_8：职工人均从工作单位得到的其他收入(元/人)；

x_9：个体劳动者收入(元/人).

试判定广东和西藏属于哪种收入类型，并确定回代误判率与交叉确认误判率.

表 5.2　1991 年国内 30 个省市自治区城镇居民月平均收入

序号	地区	类型	x_1	x_2	x_3	x_4	x_5	x_6	x_7	x_8	x_9
1	北京	1	170.03	110.20	59.76	8.38	4.49	26.80	16.44	11.90	0.41
2	天津		141.55	82.58	50.98	13.40	9.33	21.30	12.36	9.21	1.05
3	河北		119.40	83.33	53.39	11.00	7.52	17.30	11.79	12.00	0.70
4	上海		194.53	107.80	60.24	15.60	8.88	31.00	21.01	11.80	0.16
5	山东		130.46	86.21	52.30	15.90	10.5	20.61	12.14	9.61	0.47
6	湖北		119.29	85.41	53.02	13.10	8.44	13.87	16.47	8.38	0.51
7	广西		134.46	98.61	48.18	8.90	4.34	21.49	26.12	13.60	4.56
8	海南		143.79	99.97	45.60	6.30	1.56	18.67	29.49	11.80	3.82
9	四川		128.05	74.96	50.13	13.90	9.62	16.14	10.18	14.50	1.21
10	云南		127.41	93.54	50.57	10.50	5.87	19.41	21.20	12.60	0.90
11	新疆		122.96	101.40	69.70	6.30	3.86	11.30	18.96	5.62	4.62
12	山西	2	102.49	71.72	47.72	9.42	6.96	13.12	7.90	6.66	0.61
13	内蒙		106.14	76.27	46.19	9.65	6.27	9.66	20.10	6.97	0.96
14	吉林		104.93	72.99	44.60	13.70	9.01	9.44	20.61	6.65	1.68
15	黑龙江		103.34	62.99	42.95	11.10	7.41	8.34	10.19	6.45	2.68
16	江西		98.09	69.45	43.04	11.40	7.95	10.59	16.50	7.69	1.08
17	河南		104.12	72.23	47.31	9.48	6.43	13.14	10.43	8.30	1.11
18	贵州		108.49	80.79	47.52	6.06	3.42	13.69	16.53	8.37	2.85
19	陕西		113.99	75.60	50.88	5.21	3.86	12.94	9.49	6.77	1.27
20	甘肃		114.06	84.31	52.78	7.81	5.44	10.82	16.43	3.79	1.19
21	青海		108.80	80.41	50.45	7.27	4.07	8.37	18.98	5.95	0.83
22	宁夏		115.96	88.21	51.85	8.81	5.63	13.95	22.65	4.75	0.97
23	辽宁	3	128.46	68.91	43.41	22.40	15.30	13.88	12.42	9.01	1.41
24	江苏		135.24	73.18	44.54	23.90	15.20	22.38	9.66	13.90	1.19
25	浙江		162.53	80.11	45.99	24.30	13.90	29.54	10.90	13.00	3.47
26	安徽		111.77	71.07	43.64	19.40	12.50	16.68	9.70	7.02	0.63
27	福建		139.09	79.09	44.19	18.50	10.50	20.23	16.47	7.67	3.08
28	湖南		124.00	84.66	44.05	13.50	7.47	19.11	20.49	10.30	1.76
29	广东	待判	211.30	114.00	41.44	33.20	11.20	48.72	30.77	14.90	11.10
30	西藏		175.93	163.80	57.89	4.22	3.37	17.81	82.32	15.70	0.00

解　用距离判别法，假定三个总体的协方差矩阵相等，SPSS 的计算结果如下：

各个总体之间的马氏平方距离 $\hat{d}^2(G_i,G_j)$ 构成的矩阵为

$$\begin{bmatrix} 0 & 18.49 & 23.136 \\ 18.49 & 0 & 31.824 \\ 23.136 & 31.824 & 0 \end{bmatrix}$$

从这个矩阵看出，总体 G_2 与 G_3 的差异最大. 事实上，总体 G_2 属于低收入省区，总体 G_3 属于高收入省区.

线性判别函数是：

$$\begin{aligned} \widehat{W}_1(x) = & -320.309 + 0.098x_1 + 9.356x_2 - 3.304x_3 - 5.46x_4 \\ & + 22.3x_5 - 9.522x_6 - 5.259x_7 + 10.061x_8 + 8.279x_9 \\ \widehat{W}_2(x) = & -228.580 + 0.157x_1 + 7.817x_2 - 2.726x_3 - 5.18x_4 \\ & + 19.604x_5 - 8.359x_6 - 4.306x_7 + 8.233x_8 + 6.949x_9 \\ \widehat{W}_3(x) = & -295.724 - 0.026x_1 + 9.744x_2 - 4.052x_3 + 0.228x_4 \\ & + 16.122x_5 - 9.733x_6 - 6.179x_7 + 8.456x_8 + 8.875x_9 \end{aligned}$$

回代误判率为零，交叉确认误判率为 $\frac{5}{28}=0.1786$. 误判的样本分别是 2 号(天津)、5 号(山东)、8 号(海南)、23 号(辽宁)和 28 号(湖南). 对于两个待判样本，线性判别函数将西藏判为属于总体 G_1，广东属于总体 G_3. □

§5.3　Fisher 判别法

5.3.1　Fisher 判别法的基本思想

Fisher 判别法于 1936 年提出，该法对总体的分布并未提出特定要求. 它是处理概率分布未知的判别问题的一种重要方法，Fisher 判别的基本思想是投影. 将 k 组 m 元数据投影到某一个方向，使得投影后组与组之间尽可能地分开，其中利用了一元方差分析的思想导出判别函数. 这个函数可以是线性的，也可以是其他类型的函数. 由于线性函数的方便实用性，我们这里仅讨论线性判别函数.

设从总体 $G_t(t=1,2,\cdots,k)$ 分别抽取 m 元样本如下

$$\boldsymbol{X}_{(i)}^{(t)} = (x_{i1}^{(t)},\cdots,x_{im}^{(t)})' \quad (t=1,2,\cdots,k;i=1,2,\cdots,n_t)$$

令 $\boldsymbol{a}=(a_1,a_2,\cdots,a_m)'$ 为 m 维空间的任一向量，$u(\boldsymbol{X})=\boldsymbol{a}'\boldsymbol{X}$ 为 $\boldsymbol{X}$ 向以 $\boldsymbol{a}$ 为法线方向上的投影. 上述 k 个组中的 m 元数据投影后为

$$G_1:\boldsymbol{a}'\boldsymbol{X}_{(1)}^{(1)},\cdots,\boldsymbol{a}'\boldsymbol{X}_{(n_1)}^{(1)},\cdots,G_k:\boldsymbol{a}'\boldsymbol{X}_{(1)}^{(k)},\cdots,\boldsymbol{a}'\boldsymbol{X}_{(n_k)}^{(k)}$$

记

$$\overline{\boldsymbol{X}}^{(t)} = \frac{1}{n_t}\sum_{j=1}^{n_t}\boldsymbol{X}_{(j)}^{(1)}, \quad t=1,2,\cdots,k$$

每个总体的数据投影后均为一元数据. 对这 k 组一元数据进行一元方差分析，其组间平方和为

$$\boldsymbol{B}_0 = \sum_{t=1}^{k} n_t(\boldsymbol{a}'\overline{\boldsymbol{X}}^{(t)} - \boldsymbol{a}'\overline{\boldsymbol{X}})^2$$

$$= a'[\sum_{t=1}^{k} n_t(\overline{X}^{(t)} - \overline{X})(\overline{X}^{(t)} - \overline{X})']a$$
$$= a'Ba$$

其中 $\overline{X}^{(t)}$ 和 $\overline{X}$ 分别为 G_t 的样本均值和总样本均值，并记

$$\overline{X} = \frac{1}{n}\sum_{t=1}^{k}\sum_{j=1}^{n_t} X_{(j)}^{(t)}$$

而 B 为组间离差阵

$$B = \sum_{t=1}^{k} n_t(\overline{X}^{(t)} - \overline{X})(\overline{X}^{(t)} - \overline{X})'$$

合并的组内离差平方和为

$$A_0 = \sum_{t=1}^{k}\sum_{j=1}^{n_t}(a'X_{(j)}^{(t)} - a'\overline{X}^{(t)})^2$$
$$= a'[\sum_{t=1}^{k}\sum_{j=1}^{n_t} n_t(\overline{X}_{(j)}^{(t)} - \overline{X}^{(t)})(\overline{X}_{(j)}^{(t)} - \overline{X}^{(t)})']a$$
$$= a'Aa$$

其中合并的组内离差阵 A 为

$$A = \sum_{t=1}^{k}\sum_{j=1}^{n_t}(\overline{X}_{(j)}^{(t)} - \overline{X}^{(t)})(\overline{X}_{(j)}^{(t)} - \overline{X}^{(t)})'$$

因此，若 k 个总体的均值有显著差异，则比值

$$\frac{a'Ba}{a'Aa} \triangleq \Delta(a)$$

应充分大．利用方差分析思想，将这个问题转化为求极大值问题，即确定投影方向 a，使 $\Delta(a)$ 达到最大值．我们注意到若有 a 使得 $\Delta(a)$ 达到最大，则任意非零常数 C 对应的 Ca 也使得 $\Delta(a)$ 达到最大．为使解惟一存在，我们限制 a，满足 $a'Aa=1$．因此，问题转化为求条件极值：即求 a 使得 $\Delta(a)$ 在条件 $a'Aa=1$ 下达到最大．

5.3.2　线性判别函数的求法

已知 a 是在条件 $a'Aa=1$ 下使 $\Delta(a)$ 达到最大的方向，称 $u(X)=a'X$ 为线性判别函数．下面利用拉格朗日乘数法来求条件极值问题的解．令

$$L(a) = a'Ba - \lambda(a'Aa - 1)$$

又令 $\frac{\partial L}{\partial a}=2(B-\lambda A)a=0$，可得

$$Ba = \lambda Aa \Rightarrow A^{-1}Ba = \lambda a$$

说明 λ 是 $A^{-1}B$ 的特征根，a 是相应的特征向量．又由于

$$Ba = \lambda Aa \Rightarrow a'Ba = \lambda a'Aa = \lambda$$

从而有

$$\Delta(a) = a'Ba = \lambda$$

以上推导过程说明 Fisher 判别法对应的条件极值问题最终转化为求 $A^{-1}B$ 的最大特征值和相应的特征向量问题．

设 $A^{-1}B$ 的非零特征值为 $\lambda_1 \geqslant \lambda_2 \geqslant \cdots \geqslant \lambda_r > 0$，相应地满足约束条件的特征向量为 $a_1, a_2, \cdots, a_r$，取 $a=a_1$ 可使 $\Delta(a)$ 达到最大值 λ_1．$\Delta(a)$ 的大小可以衡量判别函数 $u(X)=a'X$ 的判别效果，故称 $\Delta(a)$ 为判别效率．有时候，仅用一个线性判别函数还不能很好地区分多个总体，这时

可用第二大特征值 λ_2 对应的特征向量 $\boldsymbol{a}_2$，建立第二个线性判别函数 $u_2(\boldsymbol{X})=\boldsymbol{a}_2'\boldsymbol{X}$；如果这两个判别函数还不够，类似地可建立更多的线性判别函数.

定义 5.2 设 $\boldsymbol{A}^{-1}\boldsymbol{B}$ 的非零特征值为 $\lambda_1\geqslant\lambda_2\geqslant\cdots\geqslant\lambda_r>0$，相应地满足约束条件的特征向量为 $\boldsymbol{a}_1,\boldsymbol{a}_2,\cdots,\boldsymbol{a}_r$，称

$$P_1=\lambda_1/\sum_{i=1}^{r}\lambda_i$$

为线性判别函数 $u_1(\boldsymbol{X})=\boldsymbol{a}_1'\boldsymbol{X}$ 的判别能力. 称

$$P_{(q)}=\frac{\lambda_1+\lambda_2+\cdots+\lambda_q}{\sum_{i=1}^{r}\lambda_i}$$

为前 q 个($q\leqslant r$)线性判别函数 $u_1(\boldsymbol{X})=\boldsymbol{a}_1'\boldsymbol{X},\cdots,u_q(\boldsymbol{X})=\boldsymbol{a}_q'\boldsymbol{X}$ 的累计判别能力.

5.3.3 Fisher 判别准则

1. 两个总体的 Fisher 判别准则

两总体的组间离差阵 $\boldsymbol{B}$ 为

$$\boldsymbol{B}=n_1(\overline{\boldsymbol{X}}^{(1)}-\overline{\boldsymbol{X}})(\overline{\boldsymbol{X}}^{(1)}-\overline{\boldsymbol{X}})'+n_2(\overline{\boldsymbol{X}}^{(2)}-\overline{\boldsymbol{X}})(\overline{\boldsymbol{X}}^{(2)}-\overline{\boldsymbol{X}})'$$

其中
$$\overline{\boldsymbol{X}}=\frac{1}{n_1+n_2}(n_1\overline{\boldsymbol{X}}^{(1)}+n_2\overline{\boldsymbol{X}}^{(2)})$$

合并后的组内离差阵 $\boldsymbol{A}$ 为

$$\boldsymbol{A}=\sum_{i=1}^{n_1}(\boldsymbol{X}_{(i)}^{(1)}-\overline{\boldsymbol{X}}^{(1)})(\boldsymbol{X}_{(i)}^{(1)}-\overline{\boldsymbol{X}}^{(1)})'+\sum_{i=1}^{n_2}(\boldsymbol{X}_{(i)}^{(2)}-\overline{\boldsymbol{X}}^{(2)})(\boldsymbol{X}_{(i)}^{(2)}-\overline{\boldsymbol{X}}^{(2)})'$$

由于 $\boldsymbol{B}$ 的秩为 1，故特征方程 $|\boldsymbol{A}^{-1}\boldsymbol{B}-\lambda\boldsymbol{I}|=0$ 的非零特征根只有一个，记为 λ，对应的特征向量为 $\boldsymbol{l}$. 故线性判别函数为 $u(\boldsymbol{X})=\boldsymbol{l}'\boldsymbol{X}$. 其相应的判别效率为

$$\Delta(l)=\frac{n_1n_2}{n_1+n_2}(\overline{\boldsymbol{X}}^{(1)}-\overline{\boldsymbol{X}}^{(2)})'\boldsymbol{A}^{-1}(\overline{\boldsymbol{X}}^{(1)}-\overline{\boldsymbol{X}}^{(2)})$$

这里线性判别函数系数 $\boldsymbol{l}$ 与两总体间的马氏距离判别法的线性判别系数 $\boldsymbol{a}=\boldsymbol{S}^{-1}(\overline{\boldsymbol{X}}^{(1)}-\overline{\boldsymbol{X}}^{(2)})$ 相差一个倍数，其中，$\boldsymbol{S}=\frac{1}{n_1+n_2-2}\boldsymbol{A}$.

建立了判别函数，还要确定临界值才能给出判别准则. 设两总体的样本均值为 $\overline{\boldsymbol{X}}^{(1)}$、$\overline{\boldsymbol{X}}^{(2)}$，线性判别函数的均值为 $\bar{u}^{(1)}=\boldsymbol{l}'\overline{\boldsymbol{X}}^{(1)}$，$\bar{u}^{(2)}=\boldsymbol{l}'\overline{\boldsymbol{X}}^{(2)}$. 则临界值(或阈值点)可取为

$$\bar{u}=\frac{1}{2}(\boldsymbol{l}'\overline{\boldsymbol{X}}^{(1)}+\boldsymbol{l}'\overline{\boldsymbol{X}}^{(2)})$$

也可以这样取临界值 u^*

$$u^*=\frac{\hat{\sigma}_2\bar{u}^{(1)}+\hat{\sigma}_1\bar{u}^{(2)}}{\hat{\sigma}_1+\hat{\sigma}_2}$$

这里 $\hat{\sigma}_1$、$\hat{\sigma}_2$ 分别是两个总体的样本标准差.

$$\hat{\sigma}_i^2=\frac{1}{n_i-1}\sum_{j=1}^{n_i}(u_j^{(i)}-\bar{u}^{(i)})^2\qquad(i=1,2)$$

$$=\frac{1}{n_i-1}\boldsymbol{l}'\Big[\sum_{j=1}^{n_i}(\boldsymbol{X}_j^{(i)}-\overline{\boldsymbol{X}}^{(i)})(\boldsymbol{X}_j^{(i)}-\overline{\boldsymbol{X}}^{(i)})'\Big]\boldsymbol{l}$$

判别准则如下：

当 $\bar{u}^{(1)}>\bar{u}^{(2)}$ 时，若 $u(\boldsymbol{X})>\bar{u}$(或 u^*)，则判 $\boldsymbol{X}\in G_1$；若 $u(\boldsymbol{X})<\bar{u}$(或 u^*)，则判 $\boldsymbol{X}\in G_2$；若

$u(X)=\bar{u}$(或 u^*),X 待判.

当 $\bar{u}^{(1)}<\bar{u}^{(2)}$ 时,若 $u(X)>\bar{u}$(或 u^*),则判 $X\in G_2$;若 $u(X)<\bar{u}$(或 u^*),则判 $X\in G_1$;若 $u(X)=\bar{u}$(或 u^*),X 待判.

2. 多个总体的 Fisher 判别准则

首先取判别效率最大(λ_1)的线性判别函数 $u_1(X)=l_1'X$,k 个总体的均值向量在 l_1 上的投影为 $\bar{u}_1^{(i)}=l_1'\bar{X}^{(i)}(i=1,2,\cdots,k)$. 对待判样品 X,计算它在 l_1 上的投影,若存在惟一的 i_1,使

$$\frac{|u_1(X)-\bar{u}_1^{(i_1)}|}{\hat{\sigma}_{i_1}}=\min_{j=1,2,\cdots,k}\frac{|u_1(X)-\bar{u}_1^{(j)}|}{\hat{\sigma}_j}$$

则判 $X\in G_{i_1}$. 如果有 t 个总体,使其与 $u_1(X)$ 距离相等且为最小,则再利用判别效率为 λ_2(次大)的判别函数 $u_2(X)=l_2'X$ 来判定 X 的归属. 具体做法如下:用 T 表示这 t 个总体的序号集,若在这 t 个总体中,有惟一的 i_2,使

$$\frac{|u_2(X)-\bar{u}_2^{(i_2)}|}{\hat{\sigma}_{i_2}}=\min_{j\in T}\frac{|u_2(X)-\bar{u}_2^{(j)}|}{\hat{\sigma}_j}$$

则判 $X\in G_{i_2}$. 若第二个判别函数还不能判定,再利用第三个判别函数,依次类推,直到每个样品的归属都得到确定为止. 这个准则借用了序贯判别的思想.

例 5.3　对 28 名一级和 25 名健将级标枪运动员以及 5 名不清楚级别的标枪运动员测试了六项与标枪成绩有关的训练项目,它们是:30m 跑(x_1)、投掷小球(x_2)、挺举重量(x_3)、抛实心球(x_4)、前抛铅球(x_5)、五级跳(x_6),全部数据列于表 5.3.

表 5.3　运动员训练项目数据

编号	组别	x_1	x_2	x_3	x_4	x_5	x_6
1		3.60	4.30	82.30	70.00	90.00	18.52
2		3.30	4.10	87.48	80.00	100.00	18.48
3		3.30	4.22	87.74	85.00	115.00	18.56
4		3.21	4.05	88.60	75.00	100.00	19.10
5		3.10	4.38	89.98	95.00	120.00	20.14
6		3.20	4.90	89.10	85.00	105.00	19.44
7		3.30	4.20	89.00	75.00	85.00	19.17
8		3.50	4.50	84.20	80.00	100.00	18.80
9	1.00	3.70	4.60	82.10	70.00	85.00	17.68
10		3.40	4.40	90.18	75.00	100.00	19.14
11		3.60	4.30	82.10	70.00	90.00	18.10
12		3.60	4.50	82.00	55.00	70.00	17.40
13		3.60	4.20	82.20	70.00	90.00	18.12
14		3.40	4.20	85.40	85.00	100.00	18.66
15		3.30	4.30	90.10	80.00	100.00	19.86
16		3.12	4.20	89.00	85.00	100.00	20.00
17		3.10	4.20	90.20	85.00	115.00	20.80
18		3.60	4.20	81.96	65.00	80.00	17.20

续表 5.3

编号	组别	x_1	x_2	x_3	x_4	x_5	x_6
19		3.70	4.40	81.00	80.00	95.00	17.00
20		3.30	4.30	90.00	80.00	95.00	17.00
21		3.80	4.09	80.00	60.00	80.00	16.89
22		3.70	4.30	83.90	85.00	100.00	18.76
23	1.00	3.50	4.20	85.40	85.00	100.00	18.70
24		3.40	4.10	86.70	85.00	110.00	18.50
25		3.30	4.10	88.10	75.00	85.00	18.96
26		3.70	4.10	84.40	70.00	95.00	18.70
27		3.60	4.30	82.00	70.00	90.00	18.40
28		3.20	4.20	89.20	85.00	115.00	19.88
29		3.40	4.00	103.00	95.00	110.00	24.80
30		3.30	4.50	118.00	90.00	120.00	25.70
31		3.10	4.50	105.00	85.00	110.00	25.10
32		3.80	4.10	104.53	80.00	100.00	24.98
33		3.00	4.20	112.00	95.00	125.00	25.35
34		3.90	3.70	98.20	85.00	90.00	21.80
35		3.50	4.10	98.70	90.00	120.00	22.78
36		3.10	3.90	98.20	60.00	90.00	21.98
37		3.30	3.90	109.00	100.00	120.00	25.30
38		3.10	3.95	98.40	95.00	115.00	25.20
39	2.00	3.14	3.90	95.30	90.00	110.00	21.42
40		3.60	4.30	93.60	75.00	85.00	20.84
41		3.12	3.90	95.80	80.00	105.00	21.80
42		3.00	3.90	93.80	85.00	90.00	21.08
43		3.40	3.91	96.30	110.00	120.00	21.98
44		3.63	3.78	98.56	85.00	120.00	22.36
45		3.30	3.98	97.40	85.00	100.00	22.34
46		3.30	4.40	112.00	75.00	110.00	25.10
47		3.50	4.10	107.70	87.50	110.00	25.10
48		3.40	4.20	92.10	80.00	120.00	22.16
49		3.60	4.10	99.48	85.00	120.00	23.10
50		3.10	4.40	116.00	75.00	110.00	25.30
51		3.12	4.00	102.70	80.00	110.00	24.68
52		3.60	4.10	115.00	85.00	115.00	23.70
53		3.50	4.30	97.80	75.00	100.00	24.10
54		3.50	4.10	85.30	75.00	105.00	18.65
55		3.40	4.40	85.40	75.00	95.00	18.60
56		3.10	4.10	98.00	95.00	130.00	22.30
57		3.30	4.20	98.40	65.00	100.00	22.86
58		3.60	4.10	83.70	75.00	105.00	18.60

解

$$\bar{x}^{(1)} = (3.4332, 4.280, 85.8693, 77.143, 96.786, 18.6414)^{\mathrm{T}}$$

$$\bar{x}^{(2)} = (3.3524, 4.0848, 102.3428, 85.100, 109.000, 23.522)^{\mathrm{T}}$$

$$\hat{\Sigma} = \begin{pmatrix} 0.053 & 0.001 & -0.759 & -0.806 & -1.231 & -0.211 \\ 0.001 & 0.049 & -0.436 & -0.598 & -0.456 & -0.161 \\ -0.759 & -0.436 & 101.516 & 46.138 & 80.027 & 26.222 \\ -0.806 & -0.598 & 46.138 & 103.148 & 103.923 & 14.037 \\ -1.231 & -0.456 & 80.027 & 103.923 & 169.829 & 23.231 \\ -0.211 & -0.161 & 26.222 & 14.037 & 23.231 & 7.795 \end{pmatrix}$$

判别函数为：$u=0.995x_1-2.851x_2+0.036x_3+0.001x_4-0.027x_5+0.792x_6$

$$\bar{u}^{(1)} = 6.564;\quad \bar{u}^{(2)} = 11.181;\quad \bar{u} = 8.742$$

回代误判率为 0，采用交叉确认方法，结果第 40 号和第 48 号样本出现了误判，因而交叉误判率为$\frac{2}{53}\times 100\%=3.774\%$. □

§5.4 Bayes 判别法

Bayes 统计的基本思想是：假定对所研究的对象（总体）在抽样前已有一定的认识，常用先验概率分布来描述这种认识，然后基于抽取的样本再对先验认识做修正，得到后验概率分布，再基于后验概率分布做各种统计推断，将 Bayes 统计的思想应用于判别分析，就得到 Bayes 判别方法.

5.4.1 Bayes 判别的基本思想

设 $G_1,G_2,\cdots,G_k$ 为 k 个 p 维总体，分别具有不同的 p 维概率密度函数 $f_1(x),f_2(x),\cdots,f_k(x)$. 在进行判别分析之前，我们往往已对各总体有一定了解，即我们往往能大致确定各个总体出现的先验概率. 实际中通常表现在某些总体较之其他总体出现的可能性会相对大一些. 例如，一般厂家生产的产品，正品总比次品多，即出现的样品属于正品总体的可能性要大于次品总体的可能性. 因此，一个合理的判别准则应该考虑到每个总体出现的可能性大小（即先验概率分布）. 一般来说，在其他情况相同的前提下，一个待判样品应该首先考虑判入有较大可能出现的总体中，设这 k 个总体出现的先验概率分布为：$q_1,q_2,\cdots,q_k$，则有

$$q_i \geqslant 0 \quad (i=1,2,\cdots,k) \quad 且 \quad \sum_{i=1}^{k} q_i = 1$$

除考虑各总体出现的先验概率外，还应考虑误判所造成的损失问题. 在大多数实际问题中，若将属于总体 G_i 的样品判归为 $G_j(i\neq j)$，则会造成一定的损失，反之亦然. 但造成的损失的程度可能有所不同. 例如，将一个正品电子元件判为次品，所损失的只是生产厂家，但若将次品判为正品而使用在一个大系统中，则有可能造成整个系统的损坏，损失巨大. 误判的损失通常在判别分析前就可以估计，用 $c(j|i)$ 表示将实际属于 G_i 的样品判为 G_j 所造成的损失度量.

一个判别准则的实质就是对 R^p 空间做一个不重叠的划分 $D_1,D_2,\cdots,D_k$，若样本 X 落入 D_i，则判此样品属于总体 G_i，因此，一个判别准则可简记为：$D=(D_1,D_2,\cdots,D_k)$. 以 $P(j|i,D)$ 表示在判别准则 D 之下将事实上来自 G_i 的样品误判为来自 G_j 的概率，则

$$P(j|i,D)=\int_{D_j} f_i(x)\mathrm{d}x \quad (j=1,2,\cdots,k,j\neq i)$$

由此误判而造成的损失为 $c(j|i)(j=1,2,\cdots,k,j\neq i)$，因此，在一个给定的判别准则 D 之下，对 G_i 而言所造成的损失，应该是误判为 $G_1,\cdots,G_{i-1},G_{i+1},\cdots,G_k$ 的所有损失，按照各误判概率加权求和，即在此判别准则下，将来自于 G_i 的样品错判为其他总体的期望损失为(注意 $c(i|i)=0$)

$$L_i \triangleq \sum_{\substack{j=1\\ j\neq i}}^{k} p(j|i,D)\cdot c(j|i)=\sum_{j=1}^{k} p(j|i,D)\cdot c(j|i)$$

又由于各总体 G_i 出现的先验概率为 $q_i(i=1,2,\cdots,k)$，故在判别准则 D 之下总的期望损失为

$$L \triangleq \sum_{i=1}^{k} q_i L_i=\sum_{i=1}^{k}\sum_{j=1}^{k} q_i p(j|i,D)c(j|i)$$

由上式我们看到，总期望损失 L 与判别准则 D 有关，Bayes 判别即选择 $D=(D_1,D_2,\cdots,D_k)$，使 L 达到最小. 下面我们分两个及多个总体情况分别予以讨论.

5.4.2 两总体的 Bayes 判别

1. 一般总体

设 G_1、G_2 为两个 p 维总体，概率密度分别为 $f_1(x)$和 $f_2(x)$，总体 G_1、G_2 的先验概率分布为 q_1 和 q_2，误判损失分别为 $c(2|1)$和 $c(1|2)$，对 R^p 的一个划分 $D=(D_1,D_2)$，有

$$p(2|1,D)=\int_{D_2} f_1(x)\mathrm{d}x$$

$$p(1|2,D)=\int_{D_1} f_2(x)\mathrm{d}x$$

则总期望损失为

$$\begin{aligned} L &= q_1c(2|1)p(2|1,D)+q_2c(1|2)p(1|2,D) \\ &= q_1c(2|1)\int_{D_2} f_1(x)\mathrm{d}x+q_2c(1|2)\int_{D_1} f_2(x)\mathrm{d}x \end{aligned}$$

利用 $\int_{D_1} f_1(x)\mathrm{d}x+\int_{D_2} f_1(x)\mathrm{d}x=1$，则上式可变形为

$$\begin{aligned} L &= \int_{D_1} q_2c(1|2)f_2(x)\mathrm{d}x-\int_{D_1} q_1c(2|1)f_1(x)\mathrm{d}x \\ &\quad +\int_{D_1} q_1c(2|1)f_1(x)\mathrm{d}x+\int_{D_2} q_1c(2|1)f_1(x)\mathrm{d}x \\ &= \int_{D_1}[q_2c(1|2)f_2(x)-q_1c(2|1)f_1(x)]\mathrm{d}x+q_1c(2|1) \end{aligned}$$

要使 L 达到最小，只需 L 式中第一项达到最小，这只需选择 D_1 使 L 式第一项的被积函数取非正值的范围即可，即取 D_1 为

$$\begin{aligned} D_1 &= \{x: q_2c(1|2)f_2(x)-q_1c(2|1)f_1(x)\leqslant 0\} \\ &= \left\{x:\frac{f_1(x)}{f_2(x)}\geqslant \frac{q_2c(1|2)}{q_1c(2|1)}\right\} \end{aligned}$$

此时

$$D_2=\left\{x:\frac{f_1(x)}{f_2(x)}<\frac{q_2c(1|2)}{q_1c(2|1)}\right\}$$

因此，两个一般总体的 Bayes 判别准则如下.

对给定的样品 $\boldsymbol{X}$，计算两总体的概率密度函数在 $\boldsymbol{X}$ 处的值，判定：

$$\begin{cases} \boldsymbol{X} \in G_1, & \dfrac{f_1(x)}{f_2(x)} \geqslant \dfrac{q_2 c(1|2)}{q_1 c(2|1)} \\ \boldsymbol{X} \in G_2, & \dfrac{f_1(x)}{f_2(x)} < \dfrac{q_2 c(1|2)}{q_1 c(2|1)} \end{cases}$$

实际应用中，总体的概率密度函数通常是未知的，我们可用的资料是来自各总体的训练样本，通常的作法是利用训练样本对各总体的概率密度做非参数估计，这就涉及到较多的统计和数学知识，在此不做进一步介绍，下面只就正态总体情况做详细讨论.

2. 两正态总体的 Bayes 判别

设 G_1、G_2 为 p 维正态总体，其概率密度为

$$f_i(\boldsymbol{x}) = 2(\pi)^{-\frac{p}{2}}|\Sigma_i|^{-\frac{1}{2}}\exp\left\{-\frac{1}{2}(\boldsymbol{x}-\mu_i)^{\mathrm{T}}\boldsymbol{\Sigma}_i^{-1}(\boldsymbol{x}-\mu_i)\right\} \quad (i=1,2)$$

其中 μ_i 和 $\boldsymbol{\Sigma}_i$ 是两总体的均值向量和协方差矩阵，$|\boldsymbol{\Sigma}_i|$ 表示矩阵 $\boldsymbol{\Sigma}_i$ 的行列式($i=1,2$).

(1) 若 $\boldsymbol{\Sigma}_1=\boldsymbol{\Sigma}_2=\boldsymbol{\Sigma}$，这时有

$$\begin{aligned} \frac{f_1(\boldsymbol{x})}{f_2(\boldsymbol{x})} &= \exp\left\{\frac{1}{2}[(\boldsymbol{x}-\mu_2)^{\mathrm{T}}\boldsymbol{\Sigma}^{-1}(\boldsymbol{x}-\mu_2)-(\boldsymbol{x}-\mu_1)^{\mathrm{T}}\boldsymbol{\Sigma}^{-1}(\boldsymbol{x}-\mu_1)]\right\} \\ &= \exp\left\{\frac{1}{2}[d^2(\boldsymbol{x},G_2)-d^2(\boldsymbol{x},G_1)]\right\} = \exp\{W(\boldsymbol{X})\} \end{aligned}$$

其中：$W(\boldsymbol{X})=\left[\boldsymbol{x}-\frac{1}{2}(\mu_1+\mu_2)\right]^{\mathrm{T}}\boldsymbol{\Sigma}^{-1}(\mu_1-\mu_2)$ 为判别函数.

从而 Bayes 判别准则为

$$\begin{cases} \boldsymbol{X} \in G_1, & W(\boldsymbol{X}) \geqslant \ln\dfrac{q_2 c(1|2)}{q_1 c(2|1)} \\ \boldsymbol{X} \in G_2, & W(\boldsymbol{X}) < \ln\dfrac{q_2 c(1|2)}{q_1 c(2|1)} \end{cases}$$

我们看到，在总体服从正态分布的假定下，Bayes 判别函数与前面介绍的等协方差阵的距离判别函数是一致的，只是判别准则中的判别界限有所不同，这是因为 Bayes 判别考虑了总体的先验概率分布和误判损失，若假定了等先验概率和等误判损失，则二者就完全一样了，但距离判别中并未假定 G_1 和 G_2 为正态总体.

实际应用中，若 μ_1、μ_2 和 $\boldsymbol{\Sigma}$ 未知，则可用训练样本做估计，即用 $\hat{\mu}_1=\overline{\boldsymbol{X}}^{(1)}$，$\hat{\mu}_2=\overline{\boldsymbol{X}}^{(2)}$ 以及 $\hat{\boldsymbol{\Sigma}}=\dfrac{(n_1-1)\boldsymbol{S}_1+(n_2-1)\boldsymbol{S}_2}{n_1+n_2-2}$ 代入 $W(\boldsymbol{X})$ 中的 μ_1、μ_2 和 $\boldsymbol{\Sigma}$.

这里 $\boldsymbol{S}_j=\dfrac{1}{n_j}\sum\limits_{i=1}^{n_j}(\boldsymbol{X}_i^{(i)}-\overline{\boldsymbol{X}}^{(i)})(\boldsymbol{X}_i^{(i)}-\overline{\boldsymbol{X}}^{(i)})^{\mathrm{T}}(j=1,2)$ 为样本协方差阵.

(2) 若 $\boldsymbol{\Sigma}_1\neq\boldsymbol{\Sigma}_2$，此时可得判别准则为

$$\begin{cases} \boldsymbol{X} \in G_1, & W^*(\boldsymbol{X}) \geqslant K \\ \boldsymbol{X} \in G_2, & W^*(\boldsymbol{X}) < K \end{cases}$$

其中，

$$W^*(\boldsymbol{X}) = -\frac{1}{2}\boldsymbol{X}^{\mathrm{T}}(\boldsymbol{\Sigma}_1^{-1}-\boldsymbol{\Sigma}_2^{-1})\boldsymbol{X}+(\mu_1^{\mathrm{T}}\boldsymbol{\Sigma}_1^{-1}-\mu_2^{\mathrm{T}}\boldsymbol{\Sigma}_2^{-1})\boldsymbol{X}$$

$$K = \ln\left[\frac{q_1 c(1|2)}{q_2 c(2|1)}\right]+\frac{1}{2}\ln\left[\frac{|\boldsymbol{\Sigma}_1|}{|\boldsymbol{\Sigma}_2|}\right]+\frac{1}{2}(\mu_1^{\mathrm{T}}\boldsymbol{\Sigma}_1^{-1}\mu_1-\mu_2^{\mathrm{T}}\boldsymbol{\Sigma}_2^{-1}\mu_2)$$

若 μ_1、μ_2 和 $\boldsymbol{\Sigma}_1$、$\boldsymbol{\Sigma}_2$ 未知，可用训练样本估计，即 $\hat{\mu}_1=\overline{\boldsymbol{X}}^{(1)}$，$\hat{\mu}_2=\overline{\boldsymbol{X}}^{(2)}$，$\hat{\boldsymbol{\Sigma}}_1=\boldsymbol{S}_1$，$\hat{\boldsymbol{\Sigma}}_2=\boldsymbol{S}_2$.

例 5.4　对例 5.1 中的气象资料，其先验概率分别用训练样本的容量比例确定，即 $q_1=\frac{6}{14}$，$q_2=\frac{8}{14}$，并假定误判损失 $c(1|2)=c(2|1)$. 试在正态总体的假定下，分别就等协方差阵与不等协方差阵的假定建立判别准则.

解　由表中所给数据可求得

$$\hat{\mu}_1=\overline{\boldsymbol{X}}^{(1)}=(25.32,\ -2.42)^{\mathrm{T}},\ \hat{\mu}_2=\overline{\boldsymbol{X}}^{(2)}=(22.03,\ -1.19)^{\mathrm{T}}$$

$$\hat{\mu}_1-\hat{\mu}_2=\overline{\boldsymbol{X}}^{(1)}-\overline{\boldsymbol{X}}^{(2)}=(3.29,\ -1.23)^{\mathrm{T}}$$

$$\frac{1}{2}(\hat{\mu}_1+\hat{\mu}_2)=\frac{1}{2}(\overline{\boldsymbol{X}}^{(1)}+\overline{\boldsymbol{X}}^{(2)})=(23.68,\ -1.81)^{\mathrm{T}}$$

$$\boldsymbol{S}_1=\begin{pmatrix}2.22 & -0.64\\ -0.64 & 0.270\end{pmatrix},\quad \boldsymbol{S}_2=\begin{pmatrix}0.27 & 0.007\\ 0.007 & 0.107\end{pmatrix}$$

当假定协方差阵相等时，

$$\hat{\Sigma}=\frac{1}{12}(5\boldsymbol{S}_1+7\boldsymbol{S}_2)=\begin{pmatrix}1.08 & -0.26\\ -0.26 & 0.17\end{pmatrix}$$

$$\hat{\Sigma}^{-1}=\frac{1}{0.116}\begin{pmatrix}0.17 & 0.26\\ 0.26 & 1.08\end{pmatrix}$$

$$\ln\left[\frac{q_2c(1|2)}{q_1c(2|1)}\right]=\ln\frac{4}{3}=0.288$$

于是判别函数　$W(\boldsymbol{X})=[X_1-23.68,X_2+1.81]\cdot\frac{1}{0.116}\begin{pmatrix}0.17 & 0.26\\ 0.26 & 1.08\end{pmatrix}\begin{pmatrix}3.29\\ -1.23\end{pmatrix}$

$$=\frac{1}{0.116}(0.239\,5x_1-0.473\,0x_2-6.527)$$

对资料中 14 个样品进行回判，G_1 中的第 4 号误判为 G_2，故回代误判率为 $\frac{1}{14}=0.07$.

若假定协方差阵不相等，由前面计算出的结果可知 $|\boldsymbol{S}_1|=0.09$，$|\boldsymbol{S}_2|=0.029$.

$$\boldsymbol{S}_1^{-1}=\begin{pmatrix}1.421 & 3.368\\ 3.368 & 11.684\end{pmatrix}$$

$$\boldsymbol{S}_2^{-1}=\begin{pmatrix}3.69 & -0.241\\ -0.241 & 9.31\end{pmatrix}\Rightarrow \boldsymbol{S}_1^{-1}-\boldsymbol{S}_2^{-1}=\begin{pmatrix}-2.179 & 3.609\\ 3.609 & 2.374\end{pmatrix}$$

$$(\overline{\boldsymbol{X}}^{(1)})^{\mathrm{T}}\boldsymbol{S}_1^{-1}=(27.829,57.002),(\overline{\boldsymbol{X}}^{(2)})^{\mathrm{T}}\boldsymbol{S}_2^{-1}=(81.577,\ -16.388)$$

代入判别函数表达式，可得

$$W^*(x)=1.135x_1^2-1.187x_2^2-3.609x_1x_2-53.748x_1+73.390x_2$$

$$K=0.288+\frac{1}{2}\ln\left(\frac{0.19}{0.029}\right)+\frac{1}{2}(566.688-1\,816.654)=-623.75$$

∴　判别准则为 $\begin{cases}\boldsymbol{X}\in G_1, & W^*(\boldsymbol{X})\geqslant -623.76\\ \boldsymbol{X}\in G_2, & W^*(\boldsymbol{X})< -623.76\end{cases}$

利用此判别，对数据表 5.1 中 14 个样本进行回判，结果均无误. 由于此题中两总体的训练样本均很小，因此还不能简单地认为本例中，后一个判别法则比前面的准则更优，不过从 $\boldsymbol{\Sigma}_1$、$\boldsymbol{\Sigma}_2$ 的估计量 $\boldsymbol{S}_1$、$\boldsymbol{S}_2$ 来看，二者确有较大差异，因此认为 $\boldsymbol{\Sigma}_1\neq\boldsymbol{\Sigma}_2$ 似乎较为合理. □

例 5.5　对例 5.3 运用 Bayes 判别方法做判别分析，并求回代误判率和交叉确认误判率.

$$W_1(x)=-566.357+110.351x_1+99.537x_2+1.526x_3+$$

$$1.616x_4 - 0.163x_5 + 4.638x_6$$

$$W_2(x) = -607.316 + 114.943x_1 + 86.375x_2 + 1.692x_3 + 1.623x_4 - 0.287x_5 + 8.295x_6$$

Classification function coefficients

项　　目	分组情况	
	1.00	2.00
30m 跑	110.351	114.943
投掷小球	99.537	86.375
挺举重量	1.526	1.692
抛实心球	1.616	1.623
前抛铅球	−0.163	−0.287
五级跳	4.638	8.295
常　数	−566.357	−607.316

Fisher's linear discriminant functions Casewise Statistics

	Case Number	Actual Group			
			Predicted Group	P(G=g|D=d)	Squared Mahalanobis Distance to Centroid
Original	1	1	1	1.000	0.003
	2				0.052
	3				0.193
	4			0.999	0.649
	5			1.000	0.014
	6			1.000	2.136
	7			0.998	0.888
	8			1.000	0.334
	9				1.527
	10				0.007
	11				0.080
	12				0.795
	13				0.000
	14				0.014
	15			0.999	0.714
	16			0.997	1.060
	17			0.991	1.642
	18			1.000	0.205
	19				2.250
	20				1.661
	21				0.069
	22				0.024
	23				0.062
	24				0.003
	25			0.997	1.058
	26			0.999	0.656
	27			1.000	0.002
	28				0.380

续表

	Case Number	Actual Group			
			Predicted Group	P(G=g|D=d)	Squared Mahalanobis Distance to Centroid
Original	29	2	2	1.000	1.722
	30				0.581
	31				0.014
	32				3.503
	33				0.488
	34				0.412
	35			0.998	0.820
	36			1.000	0.381
	37				3.411
	38				1.375
	39			0.959	2.634
	40			0.652	4.719
	41			0.994	1.447
	42			0.970	2.409
	43			0.995	1.334
	44			1.000	0.044
	45			1.000	0.390
	46				0.366
	47				2.319
	48			0.781	4.134
	49			1.000	0.283
	50				0.502
	51				0.822
	52				0.406
	53				0.003
	54	ungrouped	1	1.000	0.116
	55		1	1.000	0.144
	56		2	0.825	3.890
	57		2	0.999	0.693
	58		1	1.000	0.118
Cross-validated (a)	1	1	1	1.000	1.834
	2				1.877
	3				4.888
	4			0.998	4.311
	5			1.000	6.342
	6				17.922
	7			0.997	4.954
	8			1.000	2.597
	9				6.317
	10				1.136
	11				1.258
	12				9.176
	13				1.395
	14				1.069
	15			0.999	1.175

续表

	Case Number	Actual Group	Predicted Group	P(G=g|D=d)	Squared Mahalanobis Distance to Centroid
Cross-validated (a)	16	1	1	0.996	4.369
	17			0.983	6.654
	18			1.000	2.836
	19				5.288
	20				12.925
	21				6.899
	22				3.860
	23				1.316
	24				3.133
	25			0.995	5.488
	26			0.998	4.582
	27			1.000	1.731
	28			0.999	3.939
	29	2	2	1.000	5.592
	30				13.390
	31				8.425
	32				12.098
	33				4.894
	34				18.733
	35			0.998	4.155
	36			0.997	20.089
	37			1.000	6.669
	38				13.358
	39			0.921	7.098
	40		1(* *)	0.702	10.174
	41		2	0.989	6.106
	42			0.688	19.150
	43			0.959	17.457
	44			1.000	11.406
	45			0.999	2.228
	46			1.000	7.213
	47				3.748
	48		1(* *)	0.827	15.436
	49		2	0.999	6.146
	50			1.000	12.841
	51				4.993
	52				20.126
	53				7.735

For the original data, squared Mahalanobis distance is based on canonical functions. For the cross-validated data, squared Mahalanobis distance is based on observations.

* * Misclassified case

(a) Cross validation is done only for those cases in the analysis. In cross validation, each case is classified by the functions derived from all cases other than that case.

可见,回代误判率为零,交叉确认误判率为$\frac{2}{53}=0.0377$第 40 号与第 48 号样本被误判. □

5.4.3 多总体的 Bayes 判别

1. 一般总体

设 $G_1,G_2,\cdots,G_k$ 是 k 个不同的 p 维总体，概率密度函数分别为 $f_1(x),f_2(x),\cdots,f_k(x)$. 各总体的先验概率为 $q_1,q_2,\cdots,q_k$，误判损失为

$$c(j|i)(i、j=1,2,\cdots,k,j\neq i);c(i|i)=0$$

故令 $h_j(\boldsymbol{X})=\sum_{i=1}^{K}q_if_i(\boldsymbol{X})c(j|i)$，在总期望损失达到最小的条件下，可以证明其误判准则为

$$\boldsymbol{X}\in G_i,\ \min_{1\leqslant j\leqslant k}\{h_j(\boldsymbol{X})\}=h_i(\boldsymbol{X})$$

即将样品 $\boldsymbol{X}$ 判归使 $h_j(\boldsymbol{X})(j=1,2,\cdots,k)$ 达到最小的那个总体. 特别地，若误判损失相同，即 $c(j|i)=c(i\neq j)$，∵ $c(i|i)=0$，则

$$h_i(\boldsymbol{X})=c[\sum_{j=1}^{k}q_jf_j(\boldsymbol{X})-q_if_i(\boldsymbol{X})]$$

由于 $\sum_{j=1}^{k}q_jf_j(\boldsymbol{X})$ 与 i 无关，故 $h_i(\boldsymbol{X})$ 最小等价于 $q_if_i(\boldsymbol{X})$ 最大，从而在等误判损失下，多总体的 Bayes 判别准则为：$\boldsymbol{X}\in G_i$，$q_if_i(\boldsymbol{X})\geqslant q_jf_j(\boldsymbol{X})$，对一切 $j\neq i$ 成立.

例 5.6 设有三个总体 G_1,G_2,G_3，概率密度分别为 $f_1(\boldsymbol{X}),f_2(\boldsymbol{X}),f_3(\boldsymbol{X})$，各总体的先验概率分别为 $q_1=0.05,q_2=0.60,q_3=0.35$，误判损失如表 5.4.

表 5.4 误判损失表

实际为 \ 判定为	G_1	G_2	G_3
G_1	$c(1\|1)=0$	$c(2\|1)=10$	$c(3\|1)=50$
G_2	$c(1\|2)=500$	$c(2\|2)=0$	$c(3\|2)=200$
G_3	$c(1\|3)=100$	$c(2\|3)=50$	$c(3\|3)=0$

现有一样本 $\boldsymbol{X}_0$，使 $f_1(\boldsymbol{X}_0)=0.01,f_2(\boldsymbol{X}_0)=0.85,f_3(\boldsymbol{X}_0)=2$. 按 Bayes 判别准则，我们应判别 $\boldsymbol{X}_0$ 属于哪个总体？若假定误判均相同，情况又如何？

解 在给定的误判损失下，由 $h_i(\boldsymbol{X})$ 的表达式可知

$$\begin{aligned}h_1(\boldsymbol{X}_0)&=q_2f_2(\boldsymbol{X}_0)c(1|2)+q_3f_3(\boldsymbol{X}_0)c(1|3)\\&=0.6\times0.85\times500+0.35\times2\times100=325\\h_2(\boldsymbol{X}_0)&=q_1f_1(\boldsymbol{X}_0)c(2|1)+q_3f_3(\boldsymbol{X}_0)c(2|3)\\&=0.05\times0.01\times10+0.35\times2\times50=35.055\\h_3(\boldsymbol{X}_0)&=q_1f_1(\boldsymbol{X}_0)c(3|1)+q_2f_2(\boldsymbol{X}_0)c(3|2)\\&=0.05\times0.01\times50+0.6\times0.85\times200=102.025\end{aligned}$$

由于 $h_2(\boldsymbol{X}_0)$ 最小，故我们判 $\boldsymbol{X}_0\in G_2$.

如果假定误判损失相等，这时：$q_1f_1(\boldsymbol{X}_0)=0.05\times0.01=0.000\,5$

$$q_2f_2(\boldsymbol{X}_0)=0.6\times0.85=0.51,\quad q_3f_3(\boldsymbol{X}_0)=0.35\times2=0.70$$

则由相应的判别准则可知，此时应判 $X_0\in G_3$. □

2. 正态总体

进一步假定 $G_1,G_2,\cdots,G_k$ 均为 p 维正态总体，其概率密度函数为

$$f_i(\boldsymbol{X})=(2\pi)^{-\frac{p}{2}}|\boldsymbol{\Sigma}_i|^{-\frac{1}{2}}\exp\left\{-\frac{1}{2}(\boldsymbol{X}-\mu_i)^{\mathrm{T}}\boldsymbol{\Sigma}_i^{-1}(\boldsymbol{X}-\mu_i)\right\}\quad(i=1,2,\cdots,k)$$

在等误判损失下，我们给出 Bayes 判别法则. 这时 Bayes 判别准则等价于 $\boldsymbol{X}\in G_i$，当 $\ln(q_if_i(\boldsymbol{X}))\geqslant\ln(q_jf_j(\boldsymbol{X}))$，对一切 $j\neq i$ 成立.

代入正态概率密度函数得

$$\ln(q_if_i(\boldsymbol{X}))=\ln q_i-\frac{p}{2}\ln(2\pi)-\frac{1}{2}\ln|\boldsymbol{\Sigma}_i|-\frac{1}{2}(\boldsymbol{X}-\mu_i)^{\mathrm{T}}\boldsymbol{\Sigma}_i^{-1}(\boldsymbol{X}-\mu_i)$$

令

$$d_i^Q(\boldsymbol{X})=-\frac{1}{2}\ln|\boldsymbol{\Sigma}_i|-\frac{1}{2}(\boldsymbol{X}-\mu_i)^{\mathrm{T}}\boldsymbol{\Sigma}_i^{-1}(\boldsymbol{X}-\mu_i)+\ln q_i\quad(i=1,2,\cdots,k)$$

这时 Bayes 判别准则为 $\boldsymbol{X}\in G_i$，若 $\max\limits_{1\leqslant j\leqslant k}\{d_j^Q(\boldsymbol{X})\}=d_i^Q(\boldsymbol{X})$，则判 $\boldsymbol{X}\in G_i$.

进一步，若各正态总体的协方差矩阵相等，即

$$\boldsymbol{\Sigma}_1=\boldsymbol{\Sigma}_2=\cdots=\boldsymbol{\Sigma}_k=\boldsymbol{\Sigma}$$

则 $d_i^Q(\boldsymbol{X})=-\frac{1}{2}\ln|\boldsymbol{\Sigma}|-\frac{1}{2}\boldsymbol{X}^{\mathrm{T}}\boldsymbol{\Sigma}^{-1}\boldsymbol{X}+\mu_i^{\mathrm{T}}\boldsymbol{\Sigma}^{-1}\boldsymbol{X}-\frac{1}{2}\mu_i^{\mathrm{T}}\boldsymbol{\Sigma}^{-1}\mu_i+\ln q_i\quad(i=1,2,\cdots,k)$

由于前两项与之相同，可令

$$d_i(\boldsymbol{X})=\mu_i^{\mathrm{T}}\boldsymbol{\Sigma}^{-1}\boldsymbol{X}-\frac{1}{2}\mu_i^{\mathrm{T}}\boldsymbol{\Sigma}^{-1}\mu_i+\ln q_i\quad(i=1,2,\cdots,k)$$

则 $d_i(\boldsymbol{X})$ 为 $\boldsymbol{X}$ 的线性函数，这时 Bayes 判别准则可简化为

$$\boldsymbol{X}\in G_i，若\max_{1\leqslant j\leqslant k}\{d_j(\boldsymbol{X})\}=d_i(\boldsymbol{X})$$

实际应用中，若已知 $G_1,G_2,\cdots,G_k$ 为正态总体，但 μ_i、$\boldsymbol{\Sigma}_i(i=1,2,\cdots,k)$ 未知，则可用训练样本的样本均值 $\overline{\boldsymbol{X}}^{(i)}$ 和样本方差 $\boldsymbol{S}_i(i=1,2,\cdots,k)$ 作为 μ_i 和 $\boldsymbol{\Sigma}_i$ 的估计，若假定 $\boldsymbol{\Sigma}_i$ 均相等，则用 $\boldsymbol{S}_i$ 联合估计 $\boldsymbol{\Sigma}$，即

$$\hat{\boldsymbol{\Sigma}}=\frac{(n_1-1)\boldsymbol{S}_1+(n_2-1)\boldsymbol{S}_2+\cdots+(n_k-1)\boldsymbol{S}_k}{n_1+n_2+\cdots+n_k-k}.$$

§5.5　逐步判别

对于例 5.2 之 1991 年国内 30 个省市自治区的城市居民月收入的问题，若采用全部的变量 $x_1,x_2,\cdots,x_8,x_9$ 进行判别，误判率的回代估计为零，交叉确认估计为 $\frac{5}{28}=0.178\,6$（无论是距离判别还是 Bayes 判别法，结果都是这样的）. 但我们若只采用主要变量 x_2,x_4,x_5,x_8 进行 Bayes 判别，经检验发现其误判率的回代估计依然为零，而交叉确认法的误判率为 $\frac{2}{28}=0.071\,4$，从这个例题中可以看出，在判别分析中，并非观测变量越多越好，而应该选取主要变量进行判别分析. 因为每一个变量在判别式中所起的作用一般来说不相同，有的起重要作用，有的作用低微，如果将判别能力低微的变量保留在判别式中，不仅会增加计算量，还会产生干扰，影响判别效果. 当然，如果将其中主要变量忽略了，所做出的判别函数，效果肯定也不好，如何筛选出具有显著判别能力的变量来建立判别式呢？这里介绍常用的逐步判别法.

逐步判别法的基本思想与逐步回归法类似，都是采用“有进有出”的算法，即逐步引入一个“最重要”的变量进入判别式，同时对先引入判别式的一些变量进行检验，如果它们的判别能力

随着引入新变量而变得不显著了，则将它从判别式中剔除，直至没有新变量能够进入，依然没有旧变量需要剔除为止. 这个筛选过程需要利用假设检验方法，通过检验找出显著性变量，剔除不显著变量.

为了更好地说明逐步判别法的过程、步骤，我们先介绍判别效果问题.

5.5.1　判别效果的检验

我们介绍多元数据分析中的两个重要统计量，其一是 Hotelling 的 T^2 统计量，它用于检验两个总体之间的判别效果；其次是 Wilks 的 Λ 统计量，它用于检验多个总体的判别效果.

1. 检验两个总体的判别效果——T^2 统计量

设有两个正态总体 G_1、G_2，其概率分布各为 $N_p(\mu_1,\boldsymbol{\Sigma})$、$N_p(\mu_2,\boldsymbol{\Sigma})$（即假定两个总体的协方差阵相等），$\boldsymbol{X}_1^{(1)},\boldsymbol{X}_2^{(1)},\cdots,\boldsymbol{X}_{n_1}^{(1)}$ 及 $\boldsymbol{X}_1^{(2)},\boldsymbol{X}_2^{(2)},\cdots,\boldsymbol{X}_{n_2}^{(2)}$ 分别是两个总体 G_1、G_2 的训练样本，$\boldsymbol{X}_1^{(1)}$、$\boldsymbol{X}_2^{(1)}$ 分别是两训练样本的均值向量，$\boldsymbol{S}_1$、$\boldsymbol{S}_2$ 分别是两训练样本的协方差阵，令：

$$\boldsymbol{S}=\frac{(n_1-1)\boldsymbol{S}_1+(n_2-1)\boldsymbol{S}_2}{n_1+n_2-2}$$

在进行判别分析前，严格地说，要做假设检验（μ_1 与 μ_2 差别越大，判别效果越好）

$$H_0:\mu_1=\mu_2\leftrightarrow H_1:\mu_1\neq\mu_2$$

以 T^2 统计量进行检验

$$T^2=\frac{n_1n_2}{n_1+n_2}(\overline{\boldsymbol{X}}^{(1)}-\overline{\boldsymbol{X}}^{(2)})^{\mathrm{T}}\boldsymbol{S}^{-1}(\overline{\boldsymbol{X}}^{(1)}-\overline{\boldsymbol{X}}^{(2)})$$

进一步求

$$F=\frac{n_1+n_2}{(n_1+n_2-2)}T^2\sim F(p,n_1+n_2-p-1)$$

给定显著性水平 α，若 $p=P\{F\geqslant F_0\}<\alpha$，其中 F_0 是由训练样本算得的 F 统计量值，则拒绝 H_0，当拒绝 H_0 时，表明进行两总体判别是有意义的. p 表示犯第一类错误的概率，H_0 为真时却拒绝了它为犯第一类错误，H_0 为假时却接受了它为犯第二类错误.

对于多个总体情况，可以将两个总体两两配对进行检验，设有 k 个总体 $G_1,G_2,\cdots,G_k,G_j\sim N_p(\mu_j,\boldsymbol{\Sigma})(j=1,2,\cdots,k)$，做假设检验，$H_0:\mu_i=\mu_j,H_1:\mu_i\neq\mu_j,i\neq j$，记 $\overline{\boldsymbol{X}}^{(1)},\overline{\boldsymbol{X}}^{(2)},\cdots,\overline{\boldsymbol{X}}^{(k)}$ 及 $\boldsymbol{S}_1,\boldsymbol{S}_2,\cdots,\boldsymbol{S}_k$ 分别为各总体的训练样本的均值向量及协方差矩阵

$$\boldsymbol{S}=\frac{(n_1-1)\boldsymbol{S}_1+(n_2-1)\boldsymbol{S}_2+\cdots+(n_k-1)\boldsymbol{S}_k}{n_1+n_2+\cdots+n_k-k}$$

$$\hat{d}^2(G_i,G_j)=(\overline{\boldsymbol{X}}^{(i)}-\overline{\boldsymbol{X}}^{(j)})^{\mathrm{T}}\boldsymbol{S}^{-1}(\overline{\boldsymbol{X}}^{(i)}-\overline{\boldsymbol{X}}^{(j)})$$

$$F_{ij}=\frac{(n-k-p+1)n_in_j}{p(n-k)(n_i+n_j)}\hat{d}^2(G_i,G_j),n=\sum_{i=1}^{k}n_i$$

$$F_{ij}\sim F(p,n-k-p+1)$$

2. 检验多个总体的判别效果——Wilks Λ 统计量

设有 k 个总体 $G_1,G_2,\cdots,G_k,G_j\sim N_p(\mu_j,\boldsymbol{\Sigma}),j=1,2,\cdots,k$，要对这 k 个总体进行判别分析，先要做下列假设检验

$H_0:\mu_i=\mu_j=\cdots=\mu_k,H_1$：至少有一对 μ_i 与 μ_j 不等，只有在拒绝 H_0 后，判别分析才有意义.

检验上述假定，实际上属于多元方差分析的问题，它的基本思想是将总离差距分解为组内离差矩阵与组间离差矩阵之和.

设取自总体 G_j 的训练样本为

$$X_1^{(j)}, X_2^{(j)}, \cdots, X_{n_j}^{(j)}, j = 1, 2, \cdots, k$$

相应各总体训练样本的均值分别为

$$\overline{X}^{(1)}, \overline{X}^{(2)}, \cdots, \overline{X}^{(k)}$$

组内离差阵为：

$$W = \sum_{j=1}^{k}\sum_{i=1}^{n_j}(X_i^{(j)} - \overline{X}^{(j)})(X_i^{(j)} - \overline{X}^{(j)})^{\mathrm{T}}$$

组间离差阵为

$$B = \sum_{j=1}^{k} n_j(\overline{X}^{(j)} - \overline{X})(\overline{X}^{(j)} - \overline{X})^{\mathrm{T}}$$

其中

$$\overline{X} = \frac{1}{n}\sum_{j=1}^{k} n_j \overline{X}^{(j)} \quad (n = \sum_{i=1}^{k} n_j)$$

总离差阵

$$T = \sum_{j=1}^{k}\sum_{i=1}^{n_j}(X_i^{(j)} - \overline{X})(X_i^{(j)} - \overline{X})^{\mathrm{T}} = W + B$$

检验假设 $H_0: \mu_i = \mu_j = \cdots = \mu_k$ 的统计量是 Wilks Λ 统计量

$$\Lambda = \frac{|W|}{|T|} = \frac{|W|}{|W + B|}$$

显然 $0 \leqslant \Lambda \leqslant 1$，且 Λ 值越小越有利于 k 个总体的分类. 对于显著水平 α，设由实际训练样本来算得的 Λ 值为 Λ_0，若：$P = P\{\Lambda \leqslant \Lambda_0\} < \alpha$，则拒绝 H_0，认为进行 k 个总体的判别分析是有意义的.

检验多个总体是否相等，也可以用 F 检验，给定显著水平 α，由训练样本算得的 Λ 值是 Λ_0，相应的 F 值是 F_0，若

$$p = P\{F \geqslant F_0\}$$

则当 $p < \alpha$，拒绝 H_0，认为进行 k 个总体的判别分析是有意义的.

3. Wilks 的 Λ 统计量可以检验各个变量的判别能力

用 Wilks 的 Λ 统计量可以检验各个变量的判别能力是否显著，它是逐步判别的基础. 设 $W = (w_{ij})_{p\times p}$. 记 $w_{ij}^{(0)} = w_{ij}$，对 W 矩阵进行消去法运行，第 1 步消去第 r 列的计算公式是

$$w_{ij}^{(1)} = \begin{cases} w_{rj}^{(0)}/w_{rr}^{(0)} & (i = r,\ j \neq r) \\ w_{ij}^{(0)} - w_{ir}^{(0)}w_{rj}^{(0)}/w_{rr}^{(0)} & (i \neq r,\ j \neq r) \\ 1/w_{rr}^{(0)} & (i = r,\ j = r) \\ -w_{ir}^{(0)}/w_{rr}^{(0)} & (i \neq r,\ j = r) \end{cases}$$

一般地，设消去法进行到第 l 步，其元素是 $w_{ij}^{(1)}$，则第 $l+1$ 步消去第 r 列的计算公式是

$$w_{ij}^{(l+1)} = \begin{cases} w_{rj}^{(l)}/w_{rr}^{(l)} & (i = r,\ j \neq r) \\ w_{ij}^{(l)} - w_{ir}^{(l)}w_{rj}^{(l)}/w_{rr}^{(l)} & (i \neq r,\ j \neq r) \\ 1/w_{rr}^{(l)} & (i = r,\ j = r) \\ -w_{ir}^{(l)}/w_{rr}^{(l)} & (i \neq r,\ j = r) \end{cases}$$

可以用消去法计算行列式的值：

$$|W| = w_{11}w_{22}^{(1)}w_{33}^{(2)}\cdots w_{pp}^{(p-1)}$$

这一公式是在消去顺序与自然顺序相同(即第 l 步消去第 l 列)得到的.

对矩阵 $T = (T_{ij})_{p\times p}$ 作消去法，可得行列式

$$|T| = t_{11}t_{22}^{(1)}\cdots t_{pp}^{(p-1)}$$

$$\Lambda = \Lambda_{12\cdots p} = \frac{|W|}{|T|} = \frac{w_{11}}{t_{11}}\frac{w_{22}^{(1)}}{t_{22}^{(1)}}\cdots\frac{w_{pp}^{(p-1)}}{t_{pp}^{(p-1)}}$$

Λ 加下标"$12\cdots p$"是为了强调它与变量 $x_1,x_2,\cdots,x_p$ 有关.

设在第 1 步引进变量 x_1,则其 Λ 值是　$\Lambda_1=\frac{w_{11}}{t_{11}}$;

又在第 2 步引进变量 x_r,则其 Λ 值是　$\Lambda_{1r}=\frac{w_{11}}{t_{11}}\frac{w_{rr}^{(1)}}{t_{rr}^{(1)}}$.

记 $\Lambda_{r|1}=w_{rr}^{(1)}/t_{rr}^{(1)}$,则有 $\Lambda_{1r}=\Lambda_1\Lambda_{r|1}$,其中 $\Lambda_{r|1}$ 表示在第二步引进 x_r 后引起的 Λ 值的变化.

一般地,设在第 $1,2,\cdots,l$ 步引进变量 $x_1,x_2,\cdots,x_l$,而在 $l+1$ 步引入变量 x_r 有

$$\Lambda_{12\cdots lr} = \Lambda_{12\cdots l}\Lambda_{r|12\cdots l}$$

其中

$$\Lambda_{r|12\cdots l} = w_{rr}^{(l)}/t_{rr}^{(l)} \quad (r > l)$$

可以看出:Λ_1 可以显示变量 x_1 的重要性,Λ_{1r} 可以显示变量 x_1、x_r 的重要性,而 $\Lambda_{r|1}$ 表示在变量 x_1 给定时,再引进 x_r 的判别能力. 一般地,$\Lambda_{r|12\cdots l}$ 表示$(x_1,x_2,\cdots,x_l)$给定时,添加一个新变量 x_r 引起的 Λ 的变化量,它可以检验引进 x_r 所增加的判别能力.

如上所述,对第 1 步引进的变量 x_1,有 $\Lambda_1=\frac{w_{11}}{t_{11}}$,

$$F = \frac{1-\Lambda}{\Lambda_1}\cdot\frac{n-r}{r-1} \sim F(r-1,n-r)$$

一般地,第 $1,2,\cdots,l$ 步引进 $x_1,x_2,\cdots,x_l$,在第 $l+1$ 步引进 $x_r(r>l)$时,可证:

$$F = \frac{1-\Lambda_{r|1\cdots l}}{\Lambda_{r|1\cdots l}}\cdot\frac{n-k-l}{k-1} \sim F(k-1,n-k-l).\ \Lambda_{r|1\cdots l} = w_{rr}^{(l)}/t_{rr}^{(l)}$$

故

$$F = \frac{t_{rr}^{(1)}-w_{rr}^{(1)}}{w_{rr}^{(1)}}\cdot\frac{n-k-l}{k-1} \sim F(k-1,n-k-l)$$

对于显著水平 α,若由实际观测数据算得的 F 值是 F_0,又

$$p = p\{F \geqslant F_0\}$$

则当 $p<\alpha$,认为在第 $l+1$ 步引进 x_r 是有意义的;否则就不予引进.

5.5.2　逐步判别的步骤

上面实际上已阐述了逐步判别的基本判别思想,下面叙述逐步判别的主要步骤.

第 1 步,在所有变量中选取具有最小 Λ 值的一个,Λ 值按下式计算:

$$\Lambda = w_{rr}/t_{rr} \quad (r = 1,2,\cdots,p)$$

为方便,假设恰有 $\Lambda_1=\min\limits_{1\leqslant r\leqslant p}\{\Lambda_r\}$.

第 2 步,寻求满足

$$\Lambda_{1r} = \Lambda_1\Lambda_{r|1} = \frac{w_{11}}{t_{11}}\frac{w_{rr}^{(1)}}{t_{rr}^{(1)}} \quad (r = 2,3,\cdots,p)$$

中使得 Λ_{1r} 达到最小,或使 $\Lambda_{r|1}$ 达到最小的那个变量,假设恰有 x_2,使

$$\Lambda_{12} = \min_{2\leqslant r\leqslant p}\{\Lambda_{1r}\}$$

这样,依次在第 1、第 2 直至第 l 步中选出主要变量 $x_1,x_2,\cdots,x_l$.

第 $l+1$ 步,在未选出的变量中选出一个变量,使得

$$\Lambda_{12\cdots lr} = \Lambda_{12\cdots l}\Lambda_{r|12\cdots l} = \Lambda_{12\cdots l}\frac{w_{rr}^{(l)}}{t_{rr}^{(l)}} \quad (r = l+1,\cdots,p)$$

达到最小，为方便，仍假设恰有 x_{l+1}，使

$$\Lambda_{12\cdots l,l+1} = \min_{l+1\leqslant r\leqslant p}\{\Lambda_{12\cdots lr}\}$$

为保证每步选入判别函数的变量是重要的，还应对该步所选入的变量的判别能力做显著性检验. 为此，计算 F 统计量的值

$$F_0 = \frac{1-\Lambda_{r|12\cdots l}}{\Lambda_{r|12\cdots l}}\cdot\frac{n-k-l}{k-1} = \frac{t_{rr}^{(1)}-w_{rr}^{(1)}}{w_{rr}^{(1)}}\cdot\frac{n-k-l}{k-1}$$

给定显著水平 α(可取 α=0.15)，若

$$P = P\{F \geqslant F_0\} < \alpha$$

则认为 x_r 是限制变量，给予引进，否则不予引进.

与逐步回归相似，逐步判别计算中，较早被选入判别函数的变量有可能由于新变量的选入而失去重要性，这时，应考虑剔除变量，假设已进行到 l 步，并引入了包括 x_r 在内的某 L 个变量(l 表示步数，当考虑要剔除变量时，步数与已选变量个数可能有差别，故以 L 表示)，现检验 $l+1$ 步是否需要将 x_r 剔除，这时，可采用 F 统计量：

$$F = \frac{w_{rr}^{(1)}-t_{rr}^{(1)}}{t_{rr}^{(1)}}\cdot\frac{n-k-(L-1)}{k-1} \sim F(k-1,n-k-(L-1))$$

应从已选变量中，找出具有最小 F 值的变量，假设是 x_r. 对显著水平 α，按上式计算的 F 值 F_0 对应的 P 值：$P=P\{F\geqslant F_0\}$，若 $P\geqslant\alpha$，则认为 x_r 判别能力不显著，予以剔除.

在实际计算中，开始几步一般都引入变量，以后有可能剔除变量，在既不能剔除，又无法引入新变量(包括 p 个变量全部引入)的情况下，逐步判别计算结束.

下面通过实例计算说明计算步骤.

例 5.7　对例 5.2 的数据进行逐步判别.

解　利用 SPSS，得下列计算结果：

Variables Entered/Removed(a,b,c,d)

Step	Entered	Wilks' Lambda			
		Statistic	df1	df2	df3
1	人均集体所有制工资	0.338	1	2	25.000
2	人均全民所有制职工工资	0.146	2	2	25.000
3	人均集体职工标准工资	0.106	3	2	25.000
4	职工人均其他收入	0.065	4	2	25.000

At each step, the variable that minimizes the overall Wilks' Lambda is entered.

a Maximum number of steps is 18.

b Minimum partial F to enter is 3.84.

c Maximum partial F to remove is 2.71.

d F level, tolerance, or VIN insufficient for further computation.

Variables Entered/Removed(a,b,c,d)

Step	Entered	Exact F			
		Statistic	df1	df2	Sig.
1	人均集体所有制工资	24.429	2	25.000	0.000
2	人均全民所有制职工工资	19.452	4	48.000	0.000
3	人均集体职工标准工资	15.914	6	46.000	0.000
4	职工人均其他收入	16.083	8	44.000	0.000

At each step, the variable that minimizes the overall Wilks' Lambda is entered.

a Maximum number of steps is 18.

b Minimum partial F to enter is 3.84.

c Maximum partial F to remove is 2.71.

d F level, tolerance, or VIN insufficient for further computation.

从上表可以看出:依次选入了变量 x_4, x_2, x_5, x_8.

Classification Function Coefficients

项　　目	分　　组		
	1.00	2.00	3.00
人均全民所有制职工工资	2.996	2.498	2.568
人均集体所有制工资	−11.169	−9.681	−6.281
人均集体职工标准工资	20.713	17.828	14.836
职工人均其他收入	4.519	3.293	3.309
(Constant)	−172.887	−116.602	−144.406

Fisher's linear discriminant functions.

线性判别函数为

$$W_1(x) = -172.887 + 2.996x_2 - 11.169x_4 + 20.713x_5 + 4.519x_8$$
$$W_2(x) = -116.602 + 2.498x_2 - 9.681x_4 + 17.828x_5 + 3.293x_8$$
$$W_3(x) = -144.406 + 2.568x_2 - 6.281x_4 + 14.836x_5 + 3.309x_8$$

Bayes 判别法的回代判别皆正确.

用交叉确认法进行 Bayes 判别,误判的有两个样品:第 8 号(海南),它由总体 G_1 误判为 G_2;第 28 号(湖南),它由总体 G_3 误判为 G_2. 误判率的交叉确认估计是

$$a^* = \frac{2}{28} = 0.0714$$

再看例 5.2 的计算结果,交叉确认法误判样品 5 个,误判率的交叉确认估计是

$$a^* = \frac{5}{28} = 0.1786$$

由此可见,逐步判别方法确实提高了判别效果.

又经计算,西藏、广东分别判属 G_1、G_3.

如果利用 SAS 系统求解本题,逐步判别的过程可以看得更加清楚.(范金城等,2002)

解 利用 Proc stepdisc 过程,计算得到如下结果:

第 1 步,可得变量 x_4 对应的 Λ 值,

$$\Lambda_4 = 0.3349050$$

对应的 F 值

$$F_0=\frac{1-\Lambda_4}{\Lambda_4}\cdot\frac{28-3}{2-1}=\frac{25}{2}\left(\frac{1-\Lambda_4}{\Lambda_4}\right)=24.429$$

它是 F 值中的最大者，理论上

$$F\sim F\{2,25\}$$

p 值是

$$p=p\{F\geqslant F_0\}=0.0001$$

故引进变量 x_4.

第 2 步，无变量剔除. 在变量 $x_1,x_2,x_3,x_5,x_6,x_7,x_8,x_9$ 中挑选变量，

$$F=\frac{1-\Lambda_{r|4}}{\Lambda_{r|4}}\cdot\frac{n-3-1}{3-1}=12\left(\frac{1-\Lambda_{r|4}}{\Lambda_{r|4}}\right)\sim F(2,24)$$

其中变量 x_2 对应的 F 值最大，为 15.903，对应 p 值是 0.000 1. 故引进 x_2.

Λ 统计量(包含变量 x_4、x_2)是

$$\Lambda_{42}=0.14557166$$

它对应的 F 统计量为

$$F=\frac{1-\sqrt{\Lambda_{42}}}{\sqrt{\Lambda_{42}}}\cdot\frac{28-2-2}{2}\sim F(4,48)$$

其值为 $F_0=19.452$，p 值是

$$p=p\{F\geqslant F_0\}=0.0001$$

第 3 步，无变量剔除，在变量 $x_1,x_3,x_5,x_6,x_7,x_8,x_9$ 中挑选变量，

$$F=\frac{1-\Lambda_{r|42}}{\Lambda_{r|42}}\cdot\frac{n-3-2}{3-1}=\frac{23}{2}\left(\frac{1-\Lambda_{r|42}}{\Lambda_{r|42}}\right)\sim F(2,23)$$

其中变量 x_5 的 F 值最大，为 4.338，故引进 x_5.

Λ 统计量(包含变量 x_4,x_2,x_5)是

$$\Lambda_{425}=0.10570213$$

它对应的 F 统计量为

$$F=\frac{1-\sqrt{\Lambda_{425}}}{\sqrt{\Lambda_{425}}}\cdot\frac{28-3-2}{3}\sim F(6,46).$$

其值为 $F_0=15.914$，p 值是

$$p=p\{F\geqslant F_0\}=0.0001.$$

第 4 步，无变量剔除，在变量 x_1,x_3,x_6,x_7,x_8,x_9 中挑选变量，

$$F=\frac{1-\Lambda_{r|425}}{\Lambda_{r|425}}\cdot\frac{n-3-3}{3-1}=11\left(\frac{1-\Lambda_{r|425}}{\Lambda_{r|425}}\right)\sim F(2,22)$$

其中变量 x_8 的 F 值最大，为 6.905. 对应 p 值是 0.004 7，故引进 x_8.

Λ 统计量(包含变量 x_4,x_2,x_5,x_8)是

$$\Lambda_{4258}=0.06493767$$

它对应的 F 统计量

$$F=\frac{1-\sqrt{\Lambda_{4258}}}{\sqrt{\Lambda_{4258}}}\cdot\frac{28-4-2}{4}\sim F(8,44)$$

其值为 $F_0=16.083$，p 值是

$$p=p\{F\geqslant F_0\}=0.0001$$

第 5 步，无变量剔除，在变量 x_1,x_3,x_6,x_7,x_9 中考虑是否可引进变量，

$$F=\frac{1-\Lambda_{r|4258}}{\Lambda_{r|4258}}\cdot\frac{n-3-4}{3-1}=\frac{21}{2}\left(\frac{1-\Lambda_{r|4258}}{\Lambda_{r|4258}}\right)\sim F(2,21)$$

算得的 F 值对应的 p 值依次为 0.353 0，0.817 8，0.341 9，0.604 2，0.345 6. 故 p 值皆大于 $\alpha=0.15$，从而无变量再可引进，逐步判别结束.

由逐步判别挑出的主要变量 x_4,x_2,x_5,x_8 进行 Bayes 判别，由例 5.7 知，效果要比用全部变量好. □

思考与练习

1. 已知两总体的概率密度分别为 $f_1(x)$ 和 $f_2(x)$，且总体的先验分布为 $p_1=0.2$，$p_2=0.8$，误判损失为 $c(2|1)=50$，$c(1|2)=100$.

(1)建立 Bayes 判别准则；

(2) 设有一个新样品 x_0 满足 $f_1(x_0)=6.3$，$f_2(x_0)=0.5$，判定 x_0 的归属.

2. 某商学院在招收研究生时，以学生在大学期间的平均学分 x_1 与管理能力考试成绩 x_2 帮助录取研究生. 对申请者划归为 3 类. G_1：录取；G_2：未录取；G_3：待定. 下表记录了近期报考者的录取情况.

序号	分组	x_1	x_2	序号	分组	x_1	x_2	序号	分组	x_1	x_2
1	1	2.96	596	18	1	3.35	520	35	2	2.36	531
2	1	3.14	473	19	1	3.39	543	36	2	2.57	542
3	1	3.22	482	20	1	3.28	523	37	2	2.35	406
4	1	3.29	527	21	1	3.21	530	38	2	2.51	412
5	1	3.69	505	22	1	3.58	564	39	2	2.51	458
6	1	3.46	693	23	1	3.33	565	40	2	2.36	399
7	1	3.03	626	24	1	3.40	431	41	2	2.36	482
8	1	3.19	663	25	1	3.38	605	42	2	2.66	420
9	1	3.63	447	26	1	3.26	664	43	2	2.68	414
10	1	3.59	588	27	1	3.60	609	44	2	2.48	533
11	1	3.30	563	28	1	3.37	559	45	2	2.46	509
12	1	3.40	553	29	1	3.80	521	46	2	2.63	504
13	1	3.50	572	30	2	3.76	546	47	2	2.44	366
14	1	3.78	591	31	2	3.24	467	48	2	2.13	408
15	1	3.44	692	32	2	2.54	446	49	2	2.41	469
16	1	3.48	528	33	2	2.43	425	50	2	2.55	538
17	1	3.47	552	34	2	2.20	474	51	2	2.31	505

续表

序号	分组	x_1	x_2	序号	分组	x_1	x_2	序号	分组	x_1	x_2
52	2	2.41	469	64	3	2.89	447	76	3	3.12	463
53	2	2.19	411	65	3	3.15	313	77	3	3.08	440
54	2	2.35	321	66	3	3.50	402	78	3	3.03	419
55	2	2.60	394	67	3	2.89	485	79	3	3.00	509
56	2	2.55	528	68	3	2.80	444	80	3	3.03	438
57	2	2.72	399	69	3	3.13	416	81	3	3.05	399
58	2	2.85	381	70	3	3.01	471	82	3	2.85	483
59	3	2.90	384	71	3	2.79	490	83	3	3.01	453
60	3	2.86	494	72	3	2.89	431	84	3	3.03	414
61	3	2.85	498	73	3	2.91	466	85	3	3.04	446
62	3	3.14	419	74	3	2.75	546				
63	3	3.28	371	75	3	2.73	467				

（1）在先验概率相等的假定下，进行 Bayes 判别，并确定回代和交叉确认误判率；

（2）在先验概率由样本比例计算的假定下，进行 Bayes 判别，并确定回代和交叉确认误判率；

（3）设有两名新申请者的(x_1,x_2)分别为(3.61,513)和(2.91,497)，利用所建立判别准则判别他们应该归为哪一类？

第六章　聚类分析

聚类分析是研究“物以类聚”的一种科学有效的方法. 人类在认识世界的过程中,需要把某些方面相似的东西归成类,以便从中发现规律性,进而达到认识和改造世界的目的. 早先,人们分类主要是凭借经验和本学科的专业知识,做些定性分析,很少利用数据做定量的研究. 随着现代科学的发展,尤其是计算机的普及,利用数学方法研究分类问题不仅非常必要,也成为可能. 因此,聚类分析作为多元分析的一个重要分支,发展十分迅速.

聚类分析的一般做法是:先确定聚类统计量,然后利用统计量对样品或者变量进行聚类. 对 n 个样品进行聚类的方法称为 Q 型聚类,常用的统计量称为“距离”;对 m 个变量进行聚类的方法称为 R 型聚类,常用的统计量称为“相似系数”.

做聚类分析时,出于不同的目的和要求,可以选择不同的统计量和聚类方法,因此聚类的结果是允许有差异的.

§6.1　基本概念与聚类统计量

6.1.1　数据变换

设有 n 个样品 $\boldsymbol{X}_1,\boldsymbol{X}_2,\cdots,\boldsymbol{X}_n$,每个样品有 m 个变量的测试数据,用矩阵表示为

$$\boldsymbol{X}=(\boldsymbol{x}_1,\boldsymbol{x}_2,\cdots,\boldsymbol{x}_n)=\begin{pmatrix} x_{11} & x_{12} & \cdots & x_{1n} \\ x_{21} & x_{22} & \cdots & x_{2n} \\ \vdots & \vdots & & \vdots \\ x_{m1} & x_{m2} & \cdots & x_{mn} \end{pmatrix} \tag{6.1}$$

称为样品观测值矩阵. 其中 x_{ij}是第 j 个样品第 i 个变量的观测值.

由于每个样品各个变量的观测值具有不同的数量级和不同的测量单位,所以有必要进行变换,或者说用下列方法之一进行调整,得到无量纲数据,以消除其中的不合理现象,提高分类效果. 常用的数据变换方法如下:

1. 标准化法

做数据
$$x_{ij}^*=\frac{x_{ij}-\bar{x}_i}{S_i}\quad (i=1,2,\cdots,m;\quad j=1,2,\cdots,n) \tag{6.2}$$

其中
$$\bar{x}_i=\frac{1}{n}\sum_{j=1}^{n}x_{ij};\ S_i=\sqrt{\frac{1}{n}\sum_{j=1}^{n}(x_{ij}-\bar{x}_i)^2}\quad (i=1,2,\cdots,m)$$

2. 正规化法

做数据
$$x_{ij}^*=\frac{x_{ij}-\min\limits_{1\leqslant j\leqslant n}(x_{ij})}{\max\limits_{1\leqslant j\leqslant n}(x_{ij})-\min\limits_{1\leqslant j\leqslant n}(x_{ij})}\quad (i=1,2,\cdots,m;\ j=1,2,\cdots,n) \tag{6.3}$$

3. 极差标准化法

做数据　$$x_{ij}^* = \frac{x_{ij} - \bar{x}_i}{\max\limits_{1\leqslant j\leqslant n}(x_{ij}) - \min\limits_{1\leqslant j\leqslant n}(x_{ij})} \quad (i = 1,2,\cdots,m;\ j = 1,2,\cdots,n) \tag{6.4}$$

其中　$$\bar{x}_i = \frac{1}{n}\sum_{j=1}^{n} x_{ij} \quad (i = 1,2,\cdots,m)$$

4. 极大值正规化法

做数据　$$x_{ij}^* = \frac{x_{ij}}{\max\limits_{1\leqslant j\leqslant n}(x_{ij})} \quad (i = 1,2,\cdots,m;\ j = 1,2,\cdots,n) \tag{6.5}$$

5. 均值正规化法

做数据　$$x_{ij}^* = \frac{x_{ij}}{\bar{x}_i} \quad (i = 1,2,\cdots,m;\ j = 1,2,\cdots,n) \tag{6.6}$$

其中　$$\bar{x}_i = \frac{1}{n}\sum_{j=1}^{n} x_{ij} \quad (i = 1,2,\cdots,m)$$

6.1.2 Q型聚类统计量

考虑对样品进行聚类，描述变量之间的接近程度常用“距离”来度量. 两个样品之间的距离越小，表示两者之间共同点越多；距离越大，共同点越少.

定义 6.1　设 Ω 是一个点的集合，实值函数 $d(\cdot,\cdot)$ 称为距离，如果它满足以下条件：

(1) $d(\boldsymbol{x},\boldsymbol{y})\geqslant 0, \forall\ \boldsymbol{x},\boldsymbol{y}\in\Omega$；

(2) $d(\boldsymbol{x},\boldsymbol{y})=0$，当且仅当 $\boldsymbol{x}=\boldsymbol{y}$；

(3) $d(\boldsymbol{x},\boldsymbol{y})=d(\boldsymbol{y},\boldsymbol{x}), \forall\ \boldsymbol{x},\boldsymbol{y}\in\Omega$；

(4) $d(\boldsymbol{x},\boldsymbol{y})\leqslant d(\boldsymbol{x},\boldsymbol{z})+d(\boldsymbol{z},\boldsymbol{y}), \forall\ \boldsymbol{x},\boldsymbol{y},\boldsymbol{z}\in\Omega$.

对样品观测数据矩阵(6.1)中的样品 $\boldsymbol{x}_i=(x_{1i},x_{2i},\cdots,x_{mi})^{\mathrm{T}}$ 和样品 $\boldsymbol{x}_j=(x_{1j},x_{2j},\cdots,x_{mj})^{\mathrm{T}}$，其分别是 m 维空间中的点，满足定义 6.1 的常用距离有以下几种：

1°　绝对值距离　$$d(\boldsymbol{x}_i,\boldsymbol{x}_j) = \sum_{k=1}^{m} |x_{ki} - x_{kj}| \tag{6.7}$$

2°　欧氏距离　$$d(\boldsymbol{x}_i,\boldsymbol{x}_j) = \sqrt{\sum_{k=1}^{m} (x_{ki} - x_{kj})^2} \tag{6.8}$$

3°　闵可夫斯基(Minkowski)距离

$$d(\boldsymbol{x}_i,\boldsymbol{x}_j) = \sqrt[q]{\sum_{k=1}^{m} (x_{ki} - x_{kj})^q} \tag{6.9}$$

4°　切比雪夫(Chebishov)距离

$$d(\boldsymbol{x}_i,\boldsymbol{x}_j) = \max_{1\leqslant k\leqslant m} |x_{ki} - x_{kj}| \tag{6.10}$$

5°　马哈拉诺比斯(Mahalanobis)距离

$$d(\boldsymbol{x}_i,\boldsymbol{x}_j) = (\boldsymbol{x}_i - \boldsymbol{x}_j)^{\mathrm{T}}\boldsymbol{\Sigma}^{-1}(\boldsymbol{x}_i - \boldsymbol{x}_j) \tag{6.11}$$

其中 Σ 为样品观测数据矩阵(6.1)的协方差矩阵.

6.1.3 R型聚类统计量

考虑对变量进行聚类，描述变量之间的近似程度常用“相似系数”来度量. 两个变量之间的相似系数的绝对值越接近于1，表示两者关系越密切；绝对值越接近于零，关系越疏远.

定义 6.2 对任意变量 x_i、x_j(i、$j=1,2,\cdots,m$)，实值函数 C_{ij}称为变量 x_i 与变量 x_j 的相似系数，如果它满足以下条件：

(1) $|C_{ij}|\leqslant 1 \quad (i、j=1,2,\cdots,m)$；

(2) $|C_{ii}|=1 \quad (i=1,2,\cdots,m)$；

(3) $C_{ij}=C_{ji} \quad (i、j=1,2,\cdots,m;\ i\neq j)$.

对样品观测数据矩阵(6.1)中的任意变量 x_i、x_j(i、$j=1,2,\cdots,m$)的观测数据 $\boldsymbol{x}_i=(x_{i1},x_{i2},\cdots,x_{in})$和 $\boldsymbol{x}_j=(x_{j1},x_{j2},\cdots,x_{jn})$，满足定义 6.2 的常用相似距离有以下几种：

1° 夹角余弦 $$q_{ij}=\frac{\sum\limits_{k=1}^{n}x_{ik}x_{jk}}{\sqrt{(\sum\limits_{k=1}^{n}x_{ik}^2)(\sum\limits_{k=1}^{n}x_{jk}^2)}} \quad (i、j=1,2,\cdots,m) \tag{6.12}$$

2° 相似系数 $$r_{ij}=\frac{\sum\limits_{k=1}^{n}(x_{ik}-\bar{x}_i)(x_{jk}-\bar{x}_j)}{\sqrt{\sum\limits_{k=1}^{n}(x_{ik}-\bar{x}_i)^2}\sqrt{\sum\limits_{k=1}^{n}(x_{jk}-\bar{x}_j)^2}} \tag{6.13}$$

其中 $$\bar{x}_i=\frac{1}{n}\sum_{k=1}^{n}x_{ik},\ \bar{x}_j=\frac{1}{n}\sum_{k=1}^{n}x_{jk} \quad (i、j=1,2,\cdots,m)$$

§6.2 系统聚类法

系统聚类法(Hierachical Clustering Methods)是目前应用最为广泛的一种聚类方法.其基本思想是:先将待聚类的 n 个样品(或者变量)各自看成一类，共有 n 类；然后按照事先选定的方法计算每两类之间的聚类统计量，即某种距离(或者相似系数)，将关系最密切的两类并为一类，其余不变，即得 $n-1$ 类；再按前面的计算方法计算新类与其他类之间的距离(或者相似系数)，再将关系最密切的两类并为一类，其余不变，即得 $n-2$ 类；如此继续下去，每次重复都减少一类，直到最后所有样品(或者变量)归为一类为止.

在用系统聚类法进行聚类的过程中，涉及到两个类之间的距离(或相似系数)问题.如果每个类中分别只含一个样品，那么样品之间的距离就是类与类之间的距离.如果每个类中含有两个以上的样品，那么哪两个样品之间的距离算作类与类之间的距离呢？为了回答这个问题，人们引进了多种方式定义类与类之间的距离，不同的定义方式就产生了不同的系统距离法.这些方法包括最短距离法(Single Linkage)、最长距离法(Complete Method)、中间距离法(Median Method)、重心法(Centroid Method)、类平均法(Average Method)和离差平方和法(Ward 法).

下面我们先就样品聚类的情形介绍这些类与类之间距离的定义.对于变量的聚类问题，一般用变量间的相似系数 C_{ij}衡量变量之间的亲疏程度，令 $d_{ij}=1-|C_{ij}|$或者 $d_{ij}^2=1-C_{ij}^2$，一样可以按照下面介绍的各种方法对它们进行聚类.

我们用记号 d_{ij}表示样品 $\boldsymbol{x}_i$ 与 $\boldsymbol{x}_j$ 之间的距离 $d(\boldsymbol{x}_i,\boldsymbol{x}_j)$，用 G_p 和 G_q 分别表示两个包含 n_p 和 n_q 个样品的类，用记号 $D(G_p,G_q)$或者 D_{pq}表示类 G_p 与类 G_q 之间的距离.记号 $C_r=\{G_p,G_q\}$表示类 G_p 与类 G_q 合成的新类.

(1)定义类 G_p 与 G_q 中最近的两个样品之间的距离为这两个类的距离,称为最短距离.计算公式是

$$D(G_p,G_q)=\min\{d_{ij}|i\in G_p,j\in G_q,p\neq q\} \tag{6.14}$$

当 G_p 和 G_q 合并为新类 G_r 后,按最短距离法计算 G_r 与其他类 $G_k(k\neq p、q)$之间的距离公式为

$$\begin{aligned}D(G_r,G_k)&=\min\{d_{ij}|i\in G_r,j\in G_k\}\\&=\min\{\min\{d_{ij}|i\in G_p,j\in G_k\},\min\{d_{ij}|i\in G_q,j\in G_k\}\}\\&=\min\{D(G_p,G_k),D(G_q,G_k)\}\end{aligned} \tag{6.15}$$

(2)定义类 G_p 与 G_q 中最远的两个样品之间的距离为这两个类的距离,称为最长距离.计算公式是

$$D(G_p,G_q)=\max\{d_{ij}|i\in G_p,j\in G_q,p\neq q\} \tag{6.16}$$

当 G_p 和 G_q 合并为新类 G_r 后,按最长距离法计算 G_r 与其他类 $G_k(k\neq p、q)$之间的距离公式为

$$\begin{aligned}D(G_r,G_k)&=\max\{d_{ij}|i\in G_r,j\in G_k\}\\&=\max\{\max\{d_{ij}|i\in G_p,j\in G_k\},\max\{d_{ij}|i\in G_q,j\in G_k\}\}\\&=\max\{D(G_p,G_k),D(G_q,G_k)\}\end{aligned} \tag{6.17}$$

(3)中间距离法在计算类与类之间的距离时,采用介于最短距离与最长距离之间的某个距离.当 G_p 和 G_q 合并为新类 G_r 后,按中间距离法计算 G_r 与其他类 $G_k(k\neq p、q)$之间的距离公式为

$$D(G_r,G_k)=\frac{1}{2}(D_{pk}^2+D_{qk}^2)+\beta D_{pq}^2\quad\left(-\frac{1}{4}\leqslant\beta\leqslant 0\right)$$

常取 $\beta=-\frac{1}{4}$,此时 D_{rk}就是以 D_{pk}、D_{qk}、D_{pq}为边的三角形的 D_{pq}边上的中线.

(4)重心法将两类间的距离定义为两类重心之间的距离.

当样品之间的距离为欧氏距离时,下面推出重心法的距离公式.当 G_p 和 G_q 合并为新类 G_r 后,它们所包含的样品个数分别为 n_p、n_q 和 $n_r(n_r=n_p+n_q)$.各类重心分别为 $\overline{\boldsymbol{X}}^{(p)}$、$\overline{\boldsymbol{X}}^{(q)}$和 $\overline{\boldsymbol{X}}^{(r)}$.则有

$$\overline{\boldsymbol{X}}^{(r)}=\frac{1}{n_r}(n_p\overline{\boldsymbol{X}}^{(p)}+n_q\overline{\boldsymbol{X}}^{(q)})$$

G_r 与其他类 $G_k(k\neq p、q)$之间的距离 D_{rk}可计算如下:

$$\begin{aligned}D_{rk}^2&=(\overline{\boldsymbol{X}}^{(k)}-\overline{\boldsymbol{X}}^{(r)})^{\mathrm{T}}(\overline{\boldsymbol{X}}^{(k)}-\overline{\boldsymbol{X}}^{(r)})\\&=\left[\frac{n_p}{n_r}(\overline{\boldsymbol{X}}^{(k)}-\overline{\boldsymbol{X}}^{(p)})+\frac{n_q}{n_r}(\overline{\boldsymbol{X}}^{(k)}-\overline{\boldsymbol{X}}^{(q)})\right]^{\mathrm{T}}\\&\quad\cdot\left[\frac{n_p}{n_r}(\overline{\boldsymbol{X}}^{(k)}-\overline{\boldsymbol{X}}^{(p)})+\frac{n_q}{n_r}(\overline{\boldsymbol{X}}^{(k)}-\overline{\boldsymbol{X}}^{(q)})\right]\\&=\frac{n_p}{n_r}D_{pk}^2+\frac{n_q}{n_r}D_{qk}^2-\frac{n_pn_q}{n_r^2}D_{pq}^2\end{aligned}$$

如果样品间距离是其他距离,也可以导出相应的公式.

(5)定义类 G_p 与 G_q 中每两个样品之间距离的平均值为这两个类的距离,称为类平均距离.计算公式是

$$D_{pq}^2 = \frac{1}{n_p n_q}\sum_{i\in G_p}\sum_{j\in G_q} d_{ij}^2 \tag{6.18}$$

新类 G_r 与其他类 $G_k(k\neq p、q)$之间的类平均距离为

$$D_{rk}^2 = \frac{n_p}{n_r}D_{pk}^2 + \frac{n_q}{n_r}D_{qk}^2 \tag{6.19}$$

其中 $n_r=n_p+n_q$.

类平均法是使用比较广泛、聚类效果较好的一种方法.SPSS 的系统聚类法中默认的方法就是类平均法.

(6)离差平方和法又称为 Ward 法.它采用了方差分析的思想,希望在分类时,能使得类内样品离差平方和尽量小,而类之间的离差平方和尽量大.设已将 n 个样品分为 k 类,用 $\boldsymbol{X}_i^{(t)}$ 表示类 G_t 中的第 i 个样品,n_t 是 G_t 中的样品个数,$\overline{\boldsymbol{X}}^{(t)}$表示其重心,则类 G_t 中样品的离差平方和为

$$S_t = \sum_{i=1}^{n_t}(\boldsymbol{X}_i^{(t)} - \overline{\boldsymbol{X}}^{(t)})^{\mathrm{T}}(\boldsymbol{X}_i^{(t)} - \overline{\boldsymbol{X}}^{(t)})$$

k 类样品总离差平方和为

$$S = \sum_{t=1}^{k} S_t = \sum_{t=1}^{k}\sum_{i=1}^{n_t}(\boldsymbol{X}_i^{(t)} - \overline{\boldsymbol{X}}^{(t)})^{\mathrm{T}}(\boldsymbol{X}_i^{(t)} - \overline{\boldsymbol{X}}^{(t)})$$

离差平方和法在聚类时,先将 n 个样品各自看作一类,然后每次进行一次合并,缩小一类,每次缩小一类就使得 S 增大,每一步聚类都选择使 S 增加最小的两类进行合并,直到所有的样品归为一类为止.

定义 G_p 与 G_q 之间的离差平方距离为

$$D_{pq}^2 = S_r - S_p - S_q$$

其中 $G_r=\{G_p,G_q\}$,可以证明,新类 G_r 与其他类 $G_k(k\neq p、q)$之间的距离公式为

$$D_{kr}^2 = \frac{n_k + n_p}{n_r + n_k}D_{kp}^2 + \frac{n_k + n_q}{n_r + n_k}D_{kq}^2 - \frac{n_k}{n_r + n_k}D_{pq}^2$$

有了计算样品之间的距离以及计算类与类之间的距离公式(或者变量之间的相似系数),就可以用系统聚类法进行聚类了.需要注意的是,无论选择哪种方法计算类与类之间的距离(或者变量之间的相似系数),都是将距离(或相似系数)中最小的两类合并成一个新类.

下面是基本步骤:

步骤一:n 个样品(或者变量)各自成一类,一共有 n 类.计算两两之间的距离,显然 $D(G_p, G_q)=d_{pq}$,构成一个对称矩阵 $\boldsymbol{D}_{(0)}=(d_{ij})_{n\times n}$,其对角线上的元素全为零.(对变量进行聚类时,计算两两之间的相似系数,构成对称的相似系数矩阵,其对角线上的元素全为 1.)

步骤二:选择 $\boldsymbol{D}_{(0)}$中对角线元素以外的上(或者下)三角部分中的最小元素,设其为 $D(G_p, G_q)$(在对称的相似系数矩阵中,选择 $\boldsymbol{D}_{(0)}$中对角线元素以外的上(或者下)三角部分中绝对值最接近于 1 的 $D(G_p,G_q)$),与其下标相对应,将类 G_p 与 G_q 合并成一个新类,记为 G_r.计算新类 G_r 与其他类 $G_k(k\neq p、q)$之间的距离.

步骤三:在 $\boldsymbol{D}_{(0)}$ 中划去与 G_p 与 G_q 所对应的两行和两列,并加入由新类 G_r 与其他各类之间的距离所组成的一行和一列,得到一个新的 $n-1$ 阶对称距离矩阵 $\boldsymbol{D}_{(1)}$.

这个步骤中如果 $\boldsymbol{D}_{(0)}$的最小元素不惟一,对其他的最小元素也同时做如上处理.不过每合并两类为一个新类,矩阵 $\boldsymbol{D}_{(0)}$就降低一阶.

步骤四：由 $\boldsymbol{D}_{(1)}$ 出发，重复步骤二、三得到对称矩阵 $\boldsymbol{D}_{(2)}$；再由 $\boldsymbol{D}_{(2)}$ 出发，重复步骤二、三得到对称矩阵 $\boldsymbol{D}_{(3)}$，…，依次类推，直到 n 个样品（或者变量）聚为一个大类为止.

步骤五：在合并某两类的过程中记下两类样品（或者变量）的编号以及所对应的距离（或者相似系数），并绘制成聚类图.

步骤六：决定类的个数以及聚类结果.

下面我们用几个简单的数据看看距离的计算以及归类的过程.

设已有六个样品，每个样品对某一项指标进行了测试，分别等于 1，2，5，7，9，10. 它们先各自成一类，共有六类. 选用式(6.7)给出的绝对值距离的定义计算样品之间的，也就是类与类之间的距离. 这里

$$d(x_i,x_j)=\sum_{k=1}^{m}|x_{ki}-x_{kj}|=|x_i-x_j|\quad(i、j=1,2,3,4,5,6;i\neq j)$$

结果见下表：

$D^{(1)}(G_p,G_q)$	G_1	G_2	G_3	G_4	G_5
G_2	1				
G_3	4	3			
G_4	6	5	2		
G_5	8	7	4	2	
G_6	9	8	5	3	1

从表中找出最小距离者 $D(G_1,G_2)=D(G_5,G_6)=1$，于是要将类 G_1 与类 G_2、类 G_5 与类 G_6 分别合成新类 G_7 和新类 G_8. 下面我们计算新类 $G_7=G_1\cup G_2$ 与类 G_3 之间的距离. 如果用最短距离法的公式(6.15)，有

$$D(G_7,G_3)=\min\{D(G_1,G_3),D(G_2,G_3)\}=\min(4,3)=3$$

如果用最长距离法的公式(6.17)，有

$$D(G_7,G_3)=\max\{D(G_1,G_3),D(G_2,G_3)\}=\max(4,3)=4$$

如果用类平均距离法的公式(6.19)，有

$$D_{73}^2=\frac{1}{2}D_{13}^2+\frac{1}{2}D_{23}^2=\frac{1}{2}(4^2+3^2)=12.5$$

现在我们用最短距离法，继续计算新类 G_7 和新类 G_8 与其他类之间的距离，列表如下：

$D^{(2)}(G_p,G_q)$	$G_7=G_1\cup G_2$	G_3	G_4
G_3	3		
G_4	5	2	
$G_8=G_3\cup G_4$	7	4	2

再找出最小距离者 $D(G_3,G_4)=D(G_4,G_8)=2$，分别将类 G_3 与类 G_4 合并，类 G_8 与类 G_4 合并. 鉴于类 G_4 既要与类 G_3 合并，又要与 G_8 合并，故它们三类应该合并成为一个新类，记作 $G_9=G_4\cup G_3\cup G_8$. 再计算新类 G_9 与类 G_7 之间的距离，作下表：

$D^{(3)}(G_p,G_q)$	G_7
$G_9=G_4\cup G_3\cup G_8$	3

至此，可将类 G_9 与类 G_7 合并成新类 G_{10}. 所有样品归为一类了，过程终止.

以上过程可用图 6.1 形象地表示出来，其中横坐标的刻度是距离.

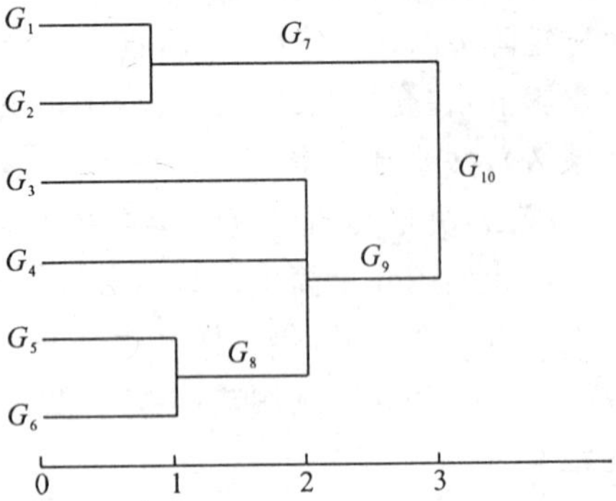

图 6.1　聚类图

例 6.1　本地区有 12 个气象观测站，10 年来各站测得的年降水量如下. 为了节省开支，想要适当减少观测站，问减哪些观测站可以使所得到的降水量信息仍然足够大.

解　这个问题我们拟用对样品的聚类分析来解决.

如果利用已知观测数据，将 12 个气象观测站分成了若干类，则可考虑在每一类中减少某些观测站，以节约开支.

我们利用计算机软件完成此题的计算.

用最短距离法聚类的结果如下：

时间（年）\ 地点	x_1	x_2	x_3	x_4	x_5	x_6	x_7	x_8	x_9	x_{10}	x_{11}	x_{12}
1981	276.2	324.5	158.6	412.5	292.8	258.4	334.1	303.2	292.9	243.2	159.7	331.2
1982	251.6	287.3	349.5	297.4	227.8	453.6	321.5	451.0	466.2	307.5	421.1	455.1
1983	192.7	436.2	289.9	366.3	466.2	239.1	357.4	219.7	245.7	411.1	357.0	353.2
1984	246.2	232.4	243.7	372.5	460.4	158.9	298.7	314.5	256.6	327.0	296.5	423.0
1985	291.7	311.0	502.4	254.0	245.6	324.8	401.0	266.5	251.3	289.9	255.4	362.1
1986	466.5	158.9	223.5	425.1	251.4	321.0	315.4	317.4	246.2	277.5	304.2	410.7
1987	258.6	327.4	432.1	403.9	256.6	282.9	389.7	413.2	466.5	199.3	282.1	387.6
1988	453.4	365.5	357.6	258.1	278.8	467.2	355.2	228.5	453.6	315.6	456.3	407.2
1989	158.5	271.0	410.2	344.2	250.0	360.7	376.4	179.4	159.2	342.4	331.2	377.7
1990	324.8	406.5	235.7	288.8	192.6	284.9	290.5	343.7	283.4	281.3	243.7	411.1

Agglomeration Schedule

Stage	Cluster Combined		Coefficients	Stage Cluster First Appears		Next Stage
	Cluster 1	Cluster 2		Cluster 1	Cluster 2	
1	6	11	51 417.850	0	0	3
2	5	10	53 330.500	0	0	3
3	5	6	53 828.940	2	1	7
4	4	7	56 565.890	0	0	5
5	4	12	61 175.260	4	0	6
6	3	4	63 842.070	0	5	7
7	3	5	64 983.970	6	3	9
8	8	9	67 221.050	0	0	10
9	2	3	70 780.690	0	7	10
10	2	8	96 433.570	9	8	11
11	1	2	116 418.730	0	10	0

最短距离法聚类谱系图如图 6.2 所示.

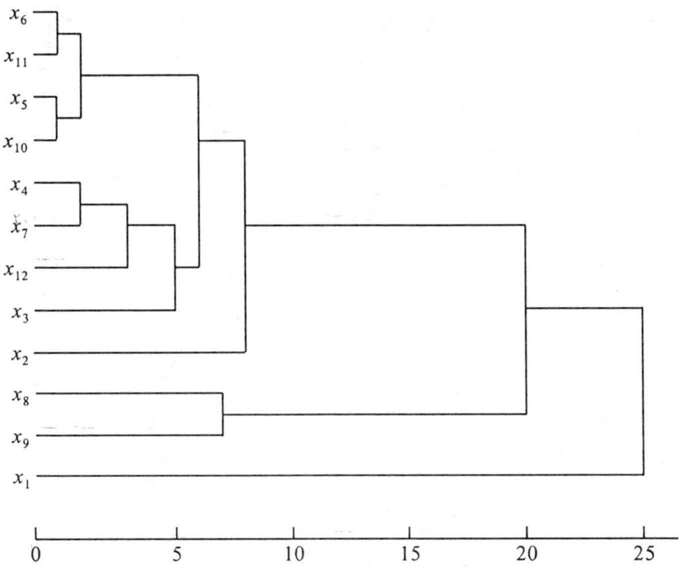

图 6.2　最短距离法聚类谱系图

用最长距离法聚类的结果如下：

Agglomeration Schedule

Stage	Cluster Combined		Coefficients	Stage Cluster First Appears		Next Stage
	Cluster 1	Cluster 2		Cluster 1	Cluster 2	
1	6	11	51 417.850	0	0	6
2	5	10	53 330.500	0	0	7
3	4	7	56 565.890	0	0	5
4	8	9	67 221.050	0	0	8
5	4	12	84 669.850	3	0	9
6	3	6	118 486.200	0	1	11
7	2	5	128 986.290	0	2	10
8	1	8	144 350.360	0	4	9
9	1	4	183 797.310	8	5	10
10	1	2	238 151.120	9	7	11
11	1	3	262 722.490	10	6	0

最长距离法聚类谱系图如图 6.3 所示.

通过以上两种方法的计算结果可以看到:6 号与 11 号气象站的观测数据非常接近,可以关闭其中一个;5 号站与 10 号站很接近,可以关闭其中一个;8 号站与 9 号站可以关闭一个;而 4 号站、7 号站与 12 号站比较接近,可以关闭其中的一到两个(如果只关闭一个,则应在 4 号与 7 号中选一个).综合考虑,我们可将 12 个气象站的 6 号与 11 号,5 号与 10 号,8 号与 9 号,4 号、7 号与 12 号各归成一类,在每一类中各减少一个观测站,能达到既节约开支又使所得到的

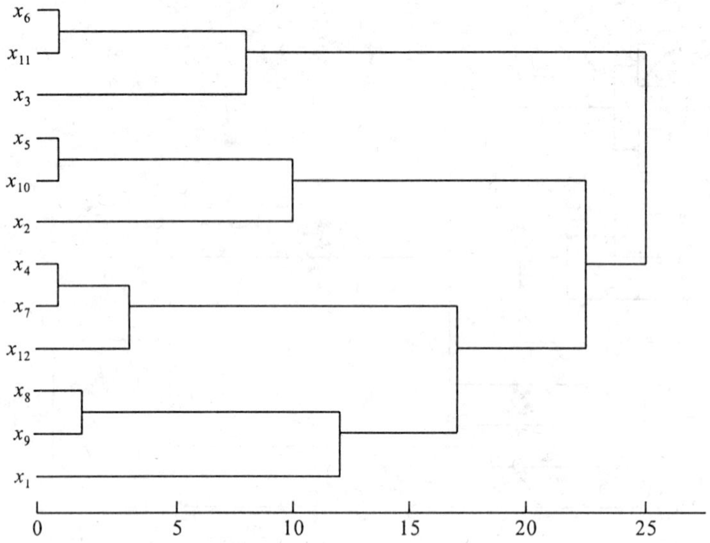

图 6.3　最长距离法聚类谱系图

降水量信息仍然足够大. □

例 6.2　为研究辽宁、浙江、河南、甘肃、青海 5 省份 1991 年城镇居民生活消费的分布规律,需要用调查资料对这 5 个省分类. 变量名称及原始数据如下:

省份 \ 变量	x_1	x_2	x_3	x_4	x_5	x_6	x_7	x_8
辽宁	7.90	39.77	8.49	12.94	19.27	11.05	2.04	13.29
浙江	7.68	50.37	11.35	13.30	19.25	14.59	2.75	14.87
河南	9.42	27.93	8.20	8.14	16.17	9.42	1.55	9.76
甘肃	9.16	27.98	9.01	9.32	15.99	9.10	1.82	11.35
青海	10.06	28.64	10.52	10.05	16.18	8.39	1.96	10.81

其中变量含义如下:

x_1:人均粮食支出;　　x_2:人均副食支出;

x_3:人均烟酒茶支出;　　x_4:人均其他副食支出;

x_5:人均衣着商品支出;　　x_6:人均日用品支出;

x_7:人均燃料支出;　　x_8:人均非商品支出.

试从欧氏距离出发,分别用最短距离法、最长距离法、类平均距离法进行谱系聚类.

解　以 1,2,3,4,5 分别表示辽宁、浙江、河南、甘肃、青海 5 省份(样品),计算每两个样品之间的欧氏距离. 比如

$$d_{12} = d_{21} = [(7.90 - 7.68)^2 + (39.77 - 50.37)^2 + \cdots + (13.29 - 14.87)^2]^{1/2} = 11.67$$

$$d_{23}=d_{32}=[(7.68-9.42)^2+(50.37-27.93)^2+\cdots+(14.87-9.76)^2]^{1/2}=24.63$$

等等，从而得到距离矩阵如下：

$$\boldsymbol{D}=\begin{pmatrix}0 & & & & \\ 11.67 & 0 & & & \\ 13.80 & 24.63 & 0 & & \\ 13.12 & 24.06 & 2.20 & 0 & \\ 12.80 & 23.54 & 3.51 & 2.21 & 0\end{pmatrix}$$

$\boldsymbol{D}$ 中各元素数值的大小，反映了 5 个省消费水平的接近程度．比如 $d_{43}=2.20$ 最小，反映出甘肃省与河南省城镇居民消费水平最接近．

(1)用最短距离法．先将 5 个省各看成一类，即：$G_i=\{i\}$，$i=1,2,3,4,5$．有 $D_{ij}=d_{ij}$．将距离矩阵记为 $\boldsymbol{D}_{(0)}$，则有

$$\boldsymbol{D}_{(0)}=\begin{matrix}\\ \{1\}\\ \{2\}\\ \{3\}\\ \{4\}\\ \{5\}\end{matrix}\begin{matrix}\begin{matrix}\{1\} & \{2\} & \{3\} & \{4\} & \{5\}\end{matrix}\\ \begin{pmatrix}0 & & & & \\ 11.67 & 0 & & & \\ 13.80 & 24.63 & 0 & & \\ 13.12 & 24.06 & 2.20 & 0 & \\ 12.80 & 23.54 & 3.51 & 2.21 & 0\end{pmatrix}\end{matrix}$$

从 $\boldsymbol{D}_{(0)}$ 可见，$d_{43}=2.20$ 最小．故将 G_3、G_4 在水平 2.20 上合成一个新类 $G_6=\{3,4\}$．计算 G_6 与 G_1、G_2、G_5 之间的最短距离，得

$$D_{61}=\min\{d_{31},d_{41}\}=\min\{13.80,13.12\}=13.12$$

$$D_{62}=\min\{d_{32},d_{42}\}=\min\{24.63,24.06\}=24.06$$

$$D_{65}=\min\{d_{35},d_{45}\}=\min\{3.51,2.21\}=2.21$$

在 $\boldsymbol{D}_{(0)}$ 中划去{3}、{4}所对应的行和列，并加上新类 $G_6=\{3,4\}$ 到其他类的距离作为新的一行一列，得到：

$$\boldsymbol{D}_{(1)}=\begin{matrix}\\ \{3,4\}\\ \{1\}\\ \{2\}\\ \{5\}\end{matrix}\begin{matrix}\begin{matrix}\{3,4\} & \{1\} & \{2\} & \{5\}\end{matrix}\\ \begin{pmatrix}0 & & & \\ 13.12 & 0 & & \\ 24.06 & 11.67 & 0 & \\ 2.21 & 12.80 & 23.54 & 0\end{pmatrix}\end{matrix}$$

从 $\boldsymbol{D}_{(1)}$ 可见，G_6 到 G_5 的距离 2.21 最小．故在水平 2.21 上将 G_6、G_5 合并成为一个新类 $G_7=\{3,4,5\}$．计算 G_7 与 G_1、G_2 的距离

$$D_{71}=\min\{d_{61},d_{51}\}=\min\{13.12,12.80\}=12.80$$

$$D_{72}=\min\{d_{62},d_{52}\}=\min\{24.06,23.54\}=23.54$$

在 $\boldsymbol{D}_{(1)}$ 中划去 $G_6=\{3,4\}$ 和 $G_5=\{5\}$ 所对应的行和列，加上新类 $G_7=\{3,4,5\}$ 的相应行列，得到

$$\boldsymbol{D}_{(2)}=\begin{matrix}\\ \{3,4,5\}\\ \{1\}\\ \{2\}\end{matrix}\begin{matrix}\begin{matrix}\{3,4,5\} & \{1\} & \{2\}\end{matrix}\\ \begin{pmatrix}0 & & \\ 12.80 & 0 & \\ 23.54 & 11.67 & 0\end{pmatrix}\end{matrix}$$

$\boldsymbol{D}_{(2)}$中最短距离是 11.67，故在水平 11.67 上合并 G_1、G_2 得新类 $G_8=\{1,2\}$，至此仅有两类 $G_7=\{3,4,5\}$和 $G_8=\{1,2\}$，其距离为

$$D_{78}=\min\{d_{71},d_{72}\}=\min\{12.80,23.54\}=12.80$$

从而得

$$\boldsymbol{D}_{(3)}=\begin{array}{c} \\ \{3,4,5\} \\ \{1,2\} \end{array}\begin{array}{cc} \{3,4,5\} & \{1,2\} \\ \left(\begin{array}{c} 0 \\ 12.80 \end{array}\right. & \left.\begin{array}{c} \\ 0 \end{array}\right) \end{array}$$

最后在水平 12.80 上将 G_7 和 G_8 合为 1 个包含所有省份的大类.

综合上述，我们在距离为 2.20 的水平上首先合并样品 3、4，得 $G_6=\{3,4\}$，然后又在距离为 2.21 的水平上合并 G_5、G_6，得 $G_7=\{3,4,5\}$，再在距离为 11.67 的水平上合并 G_1、G_2，得 $G_8=\{1,2\}$；最后在距离为 12.80 的水平上将 G_7 和 G_8 合并为一个大类. 将上述聚类过程同各类合并时的水平用图形表示出来，便可更清楚看到整个聚类过程及相应的水平. 图 6.4 为例 6.2 的最短距离法谱系图.

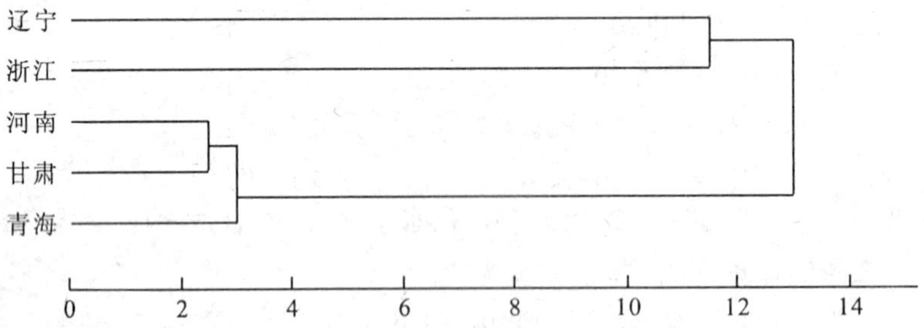

图 6.4

(2)用最长距离法. 同最短距离法一样，先将 5 个省各看成一类，即：$G_i=\{i\}$，$i=1,2,3,4,5$. 有 $D_{ij}=d_{ij}$，将距离矩阵记为 $\boldsymbol{D}_{(0)}$.

$$\boldsymbol{D}_{(0)}=\begin{array}{c} \\ \{1\} \\ \{2\} \\ \{3\} \\ \{4\} \\ \{5\} \end{array}\begin{array}{c} \begin{array}{ccccc} \{1\} & \{2\} & \{3\} & \{4\} & \{5\} \end{array} \\ \left(\begin{array}{ccccc} 0 & & & & \\ 11.67 & 0 & & & \\ 13.80 & 24.63 & 0 & & \\ 13.12 & 24.06 & 2.20 & 0 & \\ 12.80 & 23.54 & 3.51 & 2.21 & 0 \end{array}\right) \end{array}$$

从 $\boldsymbol{D}_{(0)}$可见，$d_{43}=2.20$ 最小. 故将 G_3、G_4 在水平 2.20 上合成一个新类 $G_6=\{3,4\}$. 计算 G_6 与 G_1、G_2、G_5 之间的最长距离，得：

$$D_{61}=\max\{d_{31},d_{41}\}=\max\{13.80,13.12\}=13.80$$

$$D_{62}=\max\{d_{32},d_{42}\}=\max\{24.63,24.06\}=24.63$$

$$D_{65}=\max\{d_{35},d_{45}\}=\max\{3.51,2.21\}=3.51$$

在 $\boldsymbol{D}_{(0)}$中划去{3}、{4}所对应的行和列，并加上新类 $G_6=\{3,4\}$到其他类的距离作为新的一行一列，得到：

$$
D_{(1)} = \begin{array}{c} \\ \{3,4\} \\ \{1\} \\ \{2\} \\ \{5\} \end{array} \begin{array}{c} \begin{array}{cccc} \{3,4\} & \{1\} & \{2\} & \{5\} \end{array} \\ \begin{pmatrix} 0 & & & \\ 13.80 & 0 & & \\ 24.63 & 11.67 & 0 & \\ 3.51 & 12.80 & 23.54 & 0 \end{pmatrix} \end{array}
$$

从 $\boldsymbol{D}_{(1)}$ 可见，G_6 到 G_5 的距离 3.51 最小．故在水平 3.51 上将 G_6、G_5 合并成为一个新类 $G_7=\{3,4,5\}$．计算 G_7 与 G_1、G_2 的距离：

$$D_{71} = \max\{d_{61}, d_{51}\} = \max\{13.80, 12.80\} = 13.80$$

$$D_{72} = \max\{d_{62}, d_{52}\} = \max\{24.63, 23.54\} = 24.63$$

在 $\boldsymbol{D}_{(1)}$ 中划去 $G_6=\{3,4\}$ 和 $G_5=\{5\}$ 所对应的行和列，加上新类 $G_7=\{3,4,5\}$ 的相应行列，得到

$$
D_{(2)} = \begin{array}{c} \\ \{3,4,5\} \\ \{1\} \\ \{2\} \end{array} \begin{array}{c} \begin{array}{ccc} \{3,4,5\} & \{1\} & \{2\} \end{array} \\ \begin{pmatrix} 0 & & \\ 13.80 & 0 & \\ 24.63 & 11.67 & 0 \end{pmatrix} \end{array}
$$

$\boldsymbol{D}_{(2)}$ 中最短距离是 11.67，故在水平 11.67 上合并 G_1、G_2 得新类 $G_8=\{1,2\}$，至此仅有两类 $G_7=\{3,4,5\}$ 和 $G_8=\{1,2\}$，其距离为

$$D_{78} = \max\{d_{71}, d_{72}\} = \max\{13.80, 24.63\} = 24.63$$

从而得

$$
D_{(3)} = \begin{array}{c} \\ \{3,4,5\} \\ \{1,2\} \end{array} \begin{array}{c} \begin{array}{cc} \{3,4,5\} & \{1,2\} \end{array} \\ \begin{pmatrix} 0 & \\ 24.63 & 0 \end{pmatrix} \end{array}
$$

最后在水平 24.63 上将 G_7 和 G_8 合为 1 个包含所有省份的大类．

例 6.2 的最长距离法的谱系图如图 6.5 所示．

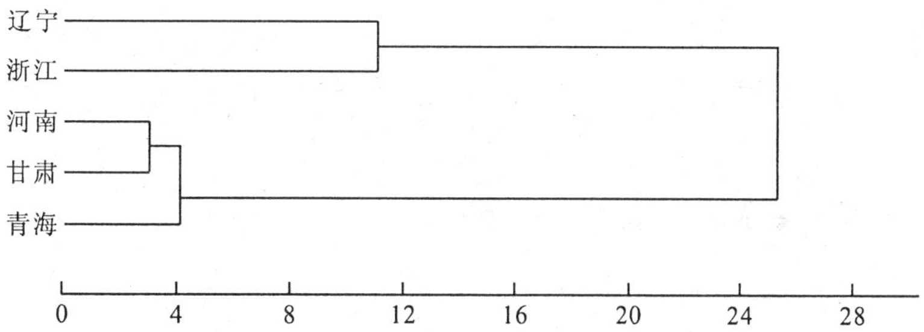

图 6.5　例 6.2 的最长距离法谱系图

(3)用类平均距离法．

同前两种方法一样，先将 5 个省各看成一类，在距离矩阵中将距离最小的合成一个新类．所不同的是，计算新类与其他类的距离时，用前面在类平均法中介绍的公式．

例 6.2 的类平均距离法的谱系图如图 6.6 所示．□

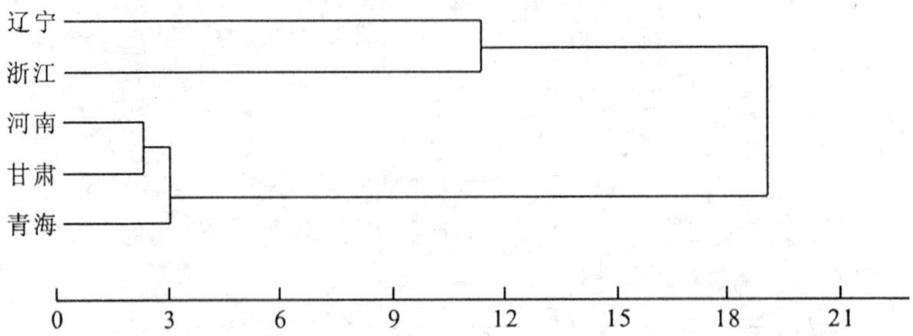

图 6.6　例 6.2 的类平均距离法谱系图

§6.3　有序样品的聚类

前面我们学习的聚类方法都视样品是相互独立的，聚类时可以任意组合. 但在解决有些待聚类的实际问题时，样品之间可能有某种特殊的联系而不能任意组合. 比如在研究气候演变的历史时，欲对某个历史时期进行气候特征划分，那么年代号是不能打乱的，只能按其原有的顺序分成若干段. 又如在钻井勘探时，欲通过岩芯对地层进行分类，这时岩芯所在的位置(即样品的顺序)在分类时是不能打乱的. 诸如这类问题的分类我们称之为有序样品的聚类问题.

如果用$\{\boldsymbol{X}_1,\boldsymbol{X}_2,\cdots,\boldsymbol{X}_n\}$表示 n 个有序样品，那么分类以后，每一类必须呈现

$$\{\boldsymbol{X}_i,\boldsymbol{X}_{i+1},\cdots,\boldsymbol{X}_j\} \qquad (1\leqslant i\leqslant j\leqslant n)$$

的形式，所以称其为有序样品的分割问题更为贴切一些.

n 个有序样品中有 $n-1$ 个间隔. 如果将其归为一类，分法只有一种；分成 2 类，有 C_{n-1}^1种；分成 3 类，有 C_{n-1}^2种；…；分成 k 类，有 C_{n-1}^{k-1}种($k=2,\cdots,n$). 所以，n 个有序样品一切可能的分法有

$$1+C_{n-1}^1+C_{n-1}^2+\cdots+C_{n-1}^{n-1}=(1+1)^{n-1}=2^{n-1}$$

种. 要想在所有的分法中找到最优的，计算量是非常大的. 我们准备在众多的分法中挑选出这样一种分割，它使得样品被分为 k 段，每段内样品之间的差异最小，而段与段之间的差异最大，称为最优 k 分割.

6.3.1　一个变量或指标的最优分割

设有 n 个样品对某一个变量(或指标)进行了测试，记作 $\boldsymbol{X}=\{X_1,X_2,\cdots,X_n\}$. 现需对 $\boldsymbol{X}$ 作最优分割.

记$\{X_i,X_{i+1},\cdots,X_j\}$，$1\leqslant i\leqslant j\leqslant n$ 是分割后的某一个样品段，其段内样品之间的差异用段内离差和

$$d_{ij}=\sum_{\alpha=1}^{j}[\boldsymbol{X}_\alpha-\overline{\boldsymbol{X}}(i,j)]^2 \tag{6.20}$$

表示，其中　$$\overline{\boldsymbol{X}}(i,j)=\frac{1}{j-i+1}\sum_{\alpha=1}^{j}\boldsymbol{X}_\alpha \quad (1\leqslant i<j\leqslant n)$$

或者用段内极差　$$d_{ij}=\max_{i\leqslant\alpha\leqslant j}(\boldsymbol{X}_\alpha)-\min_{i\leqslant\alpha\leqslant j}(\boldsymbol{X}_\alpha) \quad (1\leqslant i<j\leqslant n) \tag{6.21}$$

来表示.

假设已将 $\boldsymbol{X}$ 分割成了 r 段，各段所含样品以及段内平均值，段内离差和都列在下表之中.

段次	样品	平均值	段内离差和
1	$\{X_1^{(1)},X_2^{(1)},\cdots,X_{n_1}^{(1)}\}$	$\overline{X}^{(1)}=\frac{1}{n_1}\sum_{i=1}^{n_1}X_i^{(1)}$	$\sum_{i=1}^{n_1}(X_i^{(1)}-\overline{X}^{(1)})^2$
2	$\{X_1^{(2)},X_2^{(2)},\cdots,X_{n_2}^{(2)}\}$	$\overline{X}^{(2)}=\frac{1}{n_2}\sum_{i=1}^{n_2}X_i^{(2)}$	$\sum_{i=1}^{n_2}(X_i^{(2)}-\overline{X}^{(2)})^2$
⋮	⋮	⋮	⋮
r	$\{X_1^{(r)},X_2^{(r)},\cdots,X_{n_r}^{(r)}\}$	$\overline{X}^{(r)}=\frac{1}{n_r}\sum_{i=1}^{n_r}X_i^{(r)}$	$\sum_{i=1}^{n_r}(X_i^{(r)}-\overline{X}^{(r)})^2$
总和	$n=\sum_{i=1}^{r}n_i$	$\overline{X}=\frac{1}{n}\sum_{i=1}^{r}n_i\overline{X}^{(i)}$	$\sum_{\alpha=1}^{r}\sum_{i=1}^{n_\alpha}(X_i^{(\alpha)}-\overline{X}^{(\alpha)})^2.$

表中右下角是 $\boldsymbol{X}$ 分割成 r 段后各段总离差和，记为 $S=\sum_{\alpha=1}^{r}\sum_{i=1}^{n_\alpha}(X_i^{(\alpha)}-\overline{X}^{(\alpha)})^2$.

下面介绍使得段内离差和达到最小的最优分割法.

1. 最优二分割的求法

设将 n 个有序样品 $\boldsymbol{X}=\{X_1,X_2,\cdots,X_n\}$ 分割成两段，则共有 $n-1$ 种分法，可分别表示成为

$$\{X_1\},\{X_2,X_3,\cdots,X_n\}$$
$$\{X_1,X_2\},\{X_3,X_4,\cdots,X_n\}$$
$$\cdots\cdots\cdots\cdots$$
$$\{X_1,X_2,\cdots,X_{n-1}\},\{X_n\}$$

若用记号 $S_n(2;j)$ 表示 n 个样品被分割成两段后段内的总离差和，j 表示分割点. 用式(6.20)表示段 $\{X_i,X_{i+1},\cdots,X_j\}$，$1\leqslant i\leqslant j\leqslant n$ 的离差和. 那么上述分割所对应的段内总离差和分别为

$$\begin{cases} S_n(2;1)=d_{11}+d_{2n} \\ S_n(2;2)=d_{12}+d_{3n} \\ \cdots\cdots\cdots\cdots\cdots \\ S_n(2;n-2)=d_{1n-2}+d_{n-1n} \\ S_n(2;n-1)=d_{1n-1}+d_{nn} \end{cases} \tag{6.22}$$

其中应有 $d_{11}=d_{nn}=0$.

我们在式(6.22)中找出最小者，那么与之对应的分割就是最优二分割.

即记　　$S_n(2;\alpha_1)=\min\limits_{1\leqslant j\leqslant n-1}S_n(2;j)$

则分割 $\{X_1,X_2,\cdots,X_{\alpha_1}\},\{X_{\alpha_1+1},X_{\alpha_1+2},\cdots,X_n\}$ 就是有序样品 $\boldsymbol{X}$ 的最优二分割. 这里 $S_n(2;\alpha_1)$ 称为最小损失函数.

2. 最优三分割的求法

最优三分割就是在有序样品 $\boldsymbol{X}=\{X_1,X_2,\cdots,X_n\}$ 中选取两个点将其分割成三段，使得段

内总离差和 S 达到最小. 假设 α_1 和 j 是两个分点，即有分割

$$\{X_1,X_2,\cdots,X_{\alpha_1}\},\{X_{\alpha_1+1},X_{\alpha_1+2},\cdots,X_j\},\{X_{j+1},X_{j+2},\cdots,X_n\}$$

其对应的段内总离差和记为

$$S_n(3;\alpha_1,j),\quad 1\leqslant\alpha_1\leqslant j-1,\alpha_1<j\leqslant n-1$$

则

$$S_n(3;\alpha_1,j)=d_{1\alpha_1}+d_{\alpha_1+1j}+d_{j+1n}=S_j(2;\alpha_1)+d_{j+1n}$$

下面我们证明 $S_n(3;\alpha_1,j)$ 为最小的充分必要条件：$S_j(2;\alpha_1)$ 是最小损失函数.

充分性显然. 用反证法证明必要性.

即设 $S_n(3;\alpha_1,j)$ 是最小的，但 $S_j(2;\alpha_1)$ 并非最小. 于是必存在 $S_j(2;\alpha)$，使得 $S_j(2;\alpha)<S_j(2;\alpha_1)$. 这样一来，有

$$S_n(3;\alpha,j)=S_j(2;\alpha)+d_{j+1n}<S_j(2;\alpha_1)+d_{j+1n}=S_n(3;\alpha_1,j)$$

与已设 $S_n(3;\alpha_1,j)$ 是最小的相矛盾. 所以此结论成立. 也就是说，求做最优三分割之前一定要先做最优二分割. 因此，最优三分割的求法是：

欲使 $S_n(3;\alpha_1,j)$ 最小，先需对某个 j，求得 $S_j(2;\alpha_1(j))$ 为最小，然后再找出最小者，称为最小损失函数，记作

$$S_n(3;\alpha_1,\alpha_2)=\min_{2\leqslant j\leqslant n-1}S_n(3;\alpha_1(j),j)$$

这时最优三分割方案为

$$\{X_1,X_2,\cdots,X_{\alpha_1}\},\{X_{\alpha_1+1},X_{\alpha_1+2},\cdots,X_{\alpha_2}\},\{X_{\alpha_2+1},X_{\alpha_2+2},\cdots,X_n\}$$

3. 最优 k 分割的求法

对于有序样品 $\boldsymbol{X}=\{X_1,X_2,\cdots,X_n\}$ 求最优 k 分割，需先对指定的前 j 个（$j=k-1,k,k+1,\cdots,n-1$）样品进行最优 $k-1$ 分割，得到

$$S_j(k-1;\alpha_1(j),\alpha_2(j),\cdots,\alpha_{k-2}(j)),\quad j=k-1,k,k+1,\cdots,n-1$$

而使后面的 $n-j$ 个样品自然成为一段，前后合并起来得到一个 k 分割：

$$\begin{aligned}&S_n(k;\alpha_1(j),\alpha_2(j),\cdots,\alpha_{k-2}(j),j)\\&\quad=S_j(k-1;\alpha_1(j),\alpha_2(j),\cdots,\alpha_{k-2}(j))+d_{j+1,n},\quad j=k-1,k,k+1,\cdots,n-1\end{aligned}$$

在众多的 j 中找出最小损失函数

$$S_n(k;\alpha_1,\alpha_2,\cdots,\alpha_{k-2},\alpha_{k-1})=\min_{k-1\leqslant j\leqslant n-1}S_n(k;\alpha_1(j),\alpha_2(j),\cdots,\alpha_{k-2}(j),j)$$

即得最优 k 分割方案.

一般情况下，k 值是由专业知识或经验事先给定的，也可在若干种分割结果中选取.

例 6.3　已知有序样品 $\boldsymbol{X}=\{X_1,X_2,\cdots,X_6\}=\{0.50,0.60,0.60,0.75,1.00,0.66\}$，试求最优三分割.

解　我们先用式(6.21)的公式　$d_{ij}=\max\limits_{i\leqslant\alpha\leqslant j}(X_\alpha)-\min\limits_{i\leqslant\alpha\leqslant j}(X_\alpha),1\leqslant i<j\leqslant n$

计算段 $\{X_i,X_{i+1},\cdots,X_j\}$，$1\leqslant i\leqslant j\leqslant n$ 内样品之间的差异（这里 $n=6$），列出下面的极差矩阵：

$$\boldsymbol{D}=\begin{pmatrix}d_{12}&d_{13}&d_{14}&d_{15}&d_{16}\\&d_{23}&d_{24}&d_{25}&d_{26}\\&&d_{34}&d_{35}&d_{36}\\&&&d_{45}&d_{46}\\&&&&d_{56}\end{pmatrix}=\begin{pmatrix}0.10&0.10&0.25&0.50&0.50\\&0.00&0.15&0.40&0.40\\&&0.15&0.40&0.40\\&&&0.25&0.34\\&&&&0.34\end{pmatrix}$$

其中　　$d_{46}=\max\limits_{4\leqslant\alpha\leqslant 6}(X_\alpha)-\min\limits_{4\leqslant\alpha\leqslant 6}(X_\alpha)=1.00-0.66=0.34$

表示段　$\{X_4,X_5,X_6\}=\{0.75,1.00,0.66\}$内的极差；

$$d_{24}=\max_{2\leqslant\alpha\leqslant 4}(X_\alpha)-\min_{2\leqslant\alpha\leqslant 4}(X_\alpha)=0.75-0.60=0.15$$

表示段　$\{X_2,X_3,X_4\}=\{0.60,0.60,0.75\}$内的极差，等等.

第一步，先求最优二分割.

当分点为 j 时，段内总离差和为 $\boldsymbol{S}_6(2;j)=d_{1j}+d_{j+1,6}\quad(2\leqslant j\leqslant 5)$.

即有：

$$S_6(2;1)=d_{11}+d_{26}=0+0.40=0.40$$
$$S_6(2;2)=d_{12}+d_{36}=0.10+0.40=0.50$$
$$S_6(2;3)=d_{13}+d_{46}=0.10+0.34=0.44$$
$$S_6(2;4)=d_{14}+d_{56}=0.25+0.34=0.59$$
$$S_6(2;5)=d_{15}+d_{66}=0.50+0=0.50$$

找出最小者是 $S_6(2;1)=0.40$，所以最优二分割方案为 $\{X_1\}$，$\{X_2,X_3,\cdots,X_6\}$，即 $\{0.50\}$，$\{0.60,0.60,0.75,1.00,0.66\}$.

第二步，求最优三分割.

先对前 j 个$(2\leqslant j\leqslant 5)$样品做二分割，计算 $\boldsymbol{S}_j(2;\alpha_1(j))(2\leqslant j\leqslant 5)$，得到

$$S_2(2;1)=d_{11}+d_{22}=0,\qquad S_3(2;1)=d_{11}+d_{23}=0$$
$$S_3(2;2)=d_{12}+d_{33}=0.10,\qquad S_4(2;1)=d_{11}+d_{24}=0.15$$
$$S_4(2;2)=d_{12}+d_{34}=0.25,\qquad S_4(2;3)=d_{13}+d_{44}=0.10$$
$$S_5(2;1)=d_{11}+d_{25}=0.40,\qquad S_5(2;2)=d_{12}+d_{35}=0.50$$
$$S_5(2;3)=d_{13}+d_{45}=0.35,\qquad S_5(2;4)=d_{14}+d_{55}=0.25$$

对每一个 $j(2\leqslant j\leqslant 5)$，找出最小损失函数：

$j=2$ 时，是 $S_2(2;1)=0$；　　$j=3$ 时，是 $S_3(2;1)=0$

$j=4$ 时，是 $S_4(2;3)=0.1$；　　$j=5$ 时，是 $S_5(2;4)=0.25$

因为后 $n-j(j=2,3,\cdots,5)$个样品自然成为一段，所以三分割的段内总离差为

$$S_6(3;\alpha_1(j),j)=S_j(2;\alpha_1(j))+d_{j+1,6}\quad(j=2,3,\cdots,5)$$

将已经得到的二分割中最小损失函数代入上式，算得

$$S_6(3;1,2)=S_2(2;1)+d_{36}=0+0.40=0.40$$
$$S_6(3;1,3)=S_3(2;1)+d_{46}=0+0.34=0.34$$
$$S_6(3;3,4)=S_4(2;3)+d_{56}=0.10+0.34=0.44$$
$$S_6(3;4,5)=S_5(2;4)+d_{66}=0.25+0=0.25$$

再找出最小者是 $\boldsymbol{S}_6(3;4,5)$，所以最优三分割方案是

$$\{X_1,X_2,\cdots,X_4\},\{X_5\},\{X_6\}$$

即　　$\{0.50,0.60,0.60,0.75\},\{1.00\},\{0.66\}$　□

例 6.4　今统计了男孩从出生到十一岁每年平均增长的重量. 数据如下表所示.

年龄(岁)	1	2	3	4	5	6	7	8	9	10	11
增加重量(kg)	9.3	1.8	1.9	1.7	1.5	1.3	1.4	2.0	1.9	2.3	2.1

试对这个样品进行分类，认识体重增长的阶段性.

解　因为孩子的年龄次序在这个问题中是不能打乱的，所以这是一个有序样品的分类问题. 记已知数据为有序样品 $\boldsymbol{X}=\{X_1,X_2,\cdots,X_{11}\}$，我们用式(6.20)中的公式计算段 $\{X_i,X_{i+1},\cdots,X_j\}$，$1\leqslant i\leqslant j\leqslant n$ 内样品之间的差异，这里 $n=11$. 用软件计算出：

$k=2$ 时，最小损失函数是 $S_{11}(2;1)=0.902$，分割为 $\{X_1\},\{X_2,\cdots,X_{11}\}$；

$k=3$ 时，最小损失函数是 $S_{11}(3;1,7)=0.368$，分割为 $\{X_1\},\{X_2,\cdots,X_7\},\{X_8,\cdots,X_{11}\}$；

$k=4$ 时，最小损失函数是 $S_{11}(4;1,4,7)=0.128$，分割为

$$\{X_1\},\{X_2,\cdots,X_4\},\{X_5,\cdots,X_7\},\{X_8,\cdots,X_{11}\}$$

$k=5$ 时，最小损失函数是 $S_{11}(5;2,4,8,10)=0.065$，分割为

$$\{X_1\},\{X_2,\cdots,X_4\},\{X_5,\cdots,X_7\},\{X_8,\cdots,X_{10}),\{X_{11}\}$$

当然，分割点越多，最小损失函数值越小，但意义不大. 为了既考虑到最小损失函数值比较小，分割点又不太多，取 $k=3$ 或 $k=4$ 比较好. □

6.3.2　多个变量(或指标)的最优分割

设 n 个有序样品 $\{\boldsymbol{X}_1,\boldsymbol{X}_2,\cdots,\boldsymbol{X}_n\}$ 有 m 个变量(或指标)的测试值，用矩阵表示如下：

$$\boldsymbol{X}=\{\boldsymbol{X}_1,\boldsymbol{X}_2,\cdots,\boldsymbol{X}_n\}=\begin{pmatrix} x_{11} & x_{12} & \cdots & x_{1n} \\ x_{21} & x_{22} & \cdots & x_{2n} \\ \vdots & \vdots & & \vdots \\ x_{m1} & x_{m2} & \cdots & x_{mn} \end{pmatrix}$$

对于样品段 $\{\boldsymbol{X}_i,\boldsymbol{X}_{i+1},\cdots,\boldsymbol{X}_j\}$，$1\leqslant i\leqslant j\leqslant n$，它的段内离差和为

$$d_{ij}=\sum_{\alpha=1}^{m}\sum_{\beta=i}^{j}[x_{\alpha\beta}-\bar{x}_\alpha(i,j)]^2,\text{其中}\quad \bar{x}_\alpha(i,j)=\frac{1}{j-i+1}\sum_{\beta=i}^{j}x_{\alpha\beta}$$

这样便将多个变量(或指标)的最优分割问题转变称为一个变量(或指标)的最优分割问题，其步骤与 6.3.1 节相同.

§6.4　快速聚类法

用系统聚类法对 n 个样品 $(x_1,x_2,\cdots,x_n)$ 进行聚类时，若 n 较大，距离矩阵 $\boldsymbol{D}_{(0)}$ 的计算量就大；另外，用系统聚类法聚类时，样品一旦归到某个类以后就不变了. 但是，如果换一种计算距离的方法，聚类结果可能发生变化. 这些情况使人们考虑如何弥补系统聚类法的不足，从而产生了快速聚类法(或称动态聚类法). 其基本思想是：在待聚类的样品比较多时，先给出一个大致的初始分类，然后用某种原则进行修改，直到分类结果比较合理为止. 其聚类过程大致可由图 6.7 表示.

6.4.1　凝聚点的选择

所谓凝聚点就是一批有代表性的样品，是欲形成类的中心. 它的选择决定了初始的分类，对最终分类有较大影响. 选择凝聚点有下列方法：

(1)凭经验选择. 如果对问题已相当了解，已可将所有样品大致分类，这时将每一类选择一个有代表性的样品作为凝聚点.

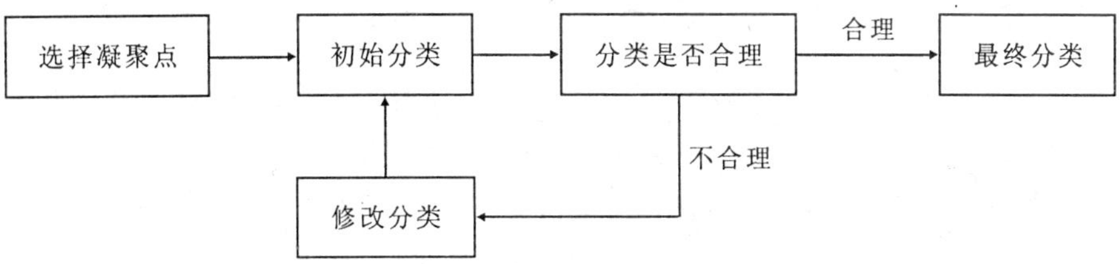

图 6.7　快速聚类法过程图

(2)将所有样品随机地分成 k 份,计算每一类的均值,将这些均值作为凝聚点.

(3)采用所谓最大最小原则.

设准备将 n 个样品分成 k 类.先选择所有样品中相距最远的两个样品为凝聚点,即选择 $\boldsymbol{x}_{i_1}$、$\boldsymbol{x}_{i_2}$,使得 $d(\boldsymbol{x}_{i_1},\boldsymbol{x}_{i_2})=d_{i_1i_2}=\max(d_{ij})$;然后选择第三个凝聚点 $\boldsymbol{x}_{i_3}$,使得其与前两个凝聚点的距离最小者等于所有其余的与 $\boldsymbol{x}_{i_1}$、$\boldsymbol{x}_{i_2}$的较小距离中最大的,用公式表示为

$$\min\{d(\boldsymbol{x}_{i_3},\boldsymbol{x}_{i_k}),k=1,2\}=\max\{\min[d(\boldsymbol{x}_j,\boldsymbol{x}_{i_k}),k=1,2],j\neq i_1,i_2\}$$

然后按相同的原则选取 $\boldsymbol{x}_{i_4}$,依次下去,直至选定 k 个凝聚点.

(4)用密度法.先人为地定两个正数 d_1 和 d_2(一般取 $d_2=2d_1$),以每个样品点为球心,以 d_1 为半径,落在这个球内的样品数(不包括球心的样品)叫做这个点的密度.

计算出密度后,按从大到小的次序将所对应的样品排队,设有$(\boldsymbol{x}_{i_1},\boldsymbol{x}_{i_2},\cdots,\boldsymbol{x}_{i_k})$.首先选择具有最大密度的样品 $\boldsymbol{x}_{i_1}$作为第一凝聚点,然后比较具有第二大密度的样品 $\boldsymbol{x}_{i_2}$与凝聚点 $\boldsymbol{x}_{i_1}$之间的距离 $d_{i_1i_2}$.如果 $d_{i_1i_2}<d_2$,则取消样品 $\boldsymbol{x}_{i_2}$;如果 $d_{i_1i_2}>d_2$,则将样品 $\boldsymbol{x}_{i_2}$作为第二凝聚点.再计算 $\boldsymbol{x}_{i_2}$与样品 $\boldsymbol{x}_{i_3}$之间的距离,如果 $d_{i_2i_3}<d_2$,则取消样品 $\boldsymbol{x}_{i_3}$;如果 $d_{i_2i_3}>d_2$,则将样品 $\boldsymbol{x}_{i_3}$作为第三凝聚点;继续用上述方法选下去,直到选好所有的凝聚点为止。

6.4.2　初始分类

有了凝聚点以后就可以开始进行初始分类了.其方法有下列几种可供选择:

(1)对样品定义距离.每个样品按最近凝聚点归类.

(2)每个凝聚点自成一类,其余样品依次进入.将第一个样品划入最近某一个凝聚点的类,并计算该类的重心,以这个重心代替原来的凝聚点后,再进入下一个样品,用同样的原则处理.

(3)也可以不选凝聚点而进行初始分类.做法是:先人为地定一个正数 d,选择类 $G_1=\{\boldsymbol{x}_1\}$;如果 $\boldsymbol{x}_2$ 与 $\boldsymbol{x}_1$ 的距离 $d_{21}<d$,则将 $\boldsymbol{x}_2$ 归入类 G_1,否则令 $G_2=\{\boldsymbol{x}_2\}$类.设第 i 步轮到进入 $\boldsymbol{x}_l$ 时,已形成了 k 个类 $G_1,G_2,\cdots,G_k$,每个类第一次进入的样品记作 $\boldsymbol{x}_{i_1},\boldsymbol{x}_{i_2},\cdots,\boldsymbol{x}_{i_k}$(显然 $i_1=1$).如果 $\min\limits_{1\leqslant j\leqslant k} d_{li_j}\leqslant d$,则将 $\boldsymbol{x}_l$ 归入达到极小值的那一类;如果 $\min\limits_{1\leqslant j\leqslant k} d_{li_j}>d$,则令类 $G_{k+1}=\{\boldsymbol{x}_l\}$.

6.4.3　快速聚类法的计算步骤

先假定已选择了计算样品之间的距离公式.

(1)设 k 个初始凝聚点的集合是 $\boldsymbol{L}^{(0)}=\{\boldsymbol{x}_1^{(0)},\boldsymbol{x}_2^{(0)},\cdots,\boldsymbol{x}_k^{(0)}\}$,并假设已实现某个初始分类,记为 $G^{(0)}=\{G_1^{(0)},G_2^{(0)},\cdots,G_k^{(0)}\}$.

(2)从 $G^{(0)}$出发,计算新的凝聚点集合 $\boldsymbol{L}^{(1)}$.

以 $G_i^{(0)}$ 的重心作为新的凝聚点：$\boldsymbol{x}_i^{(1)}=\dfrac{1}{n_i}\sum\limits_{\boldsymbol{x}_l\in G_i^{(0)}}\boldsymbol{x}_l, i=1,2,\cdots,k$，其中 n_i 是类 $G_i^{(0)}$ 中的样品数. 这样得到新的凝聚点集合：$\boldsymbol{L}^{(1)}=\{\boldsymbol{x}_1^{(1)},\boldsymbol{x}_2^{(1)},\cdots,\boldsymbol{x}_k^{(1)}\}$. 再从 $\boldsymbol{L}^{(1)}$ 出发，对样品做初始分类，得到新的分类：$G^{(1)}=\{G_1^{(1)},G_2^{(1)},\cdots,G_k^{(1)}\}$. 这样，依次重复计算下去.

(3)设在第 m 步得到分类 $G^{(m)}=\{G_1^{(m)},G_2^{(m)},\cdots,G_k^{(m)}\}$. 在以上计算过程中，$\boldsymbol{x}_i^{(m)}$ 是类 $G_i^{(m-1)}$ 的重心，但 $\boldsymbol{x}_i^{(m)}$ 不一定是样品，且一般也不是类 $G_i^{(m)}$ 的重心. 当 m 逐渐增大时，分类趋于稳定. 此时，$\boldsymbol{x}_i^{(m)}$ 就会近似为 $G_i^{(m)}$ 的重心，从而，$\boldsymbol{x}_i^{(m+1)}\approx\boldsymbol{x}_i^{(m)}, G_i^{(m+1)}\approx G_i^{m}$ 算法即可结束. 实际计算时，从某一步 m 开始，分类 $G^{(m+1)}=\{G_1^{(m+1)},G_2^{(m+1)},\cdots,G_k^{(m+1)}\}$ 与分类 $G^{(m)}=\{G_1^{(m)},G_2^{(m)},\cdots,G_k^{(m)}\}$ 完全相同，计算就可结束.

例 6.5　已知 1976 年 74 个国家和地区（国家和地区名从略，用区号表示）每 10 万人的出生数 x_1 和死亡数 x_2，数据见下表.

区号	1	2	3	4	5	6	7	8	9	10	11
x_1	52	50	47	22	16	12	47	12	36	17	38
x_2	30	16	23	10	8	13	19	12	10	10	15
区号	12	13	14	15	16	17	18	19	20	21	22
x_1	42	16	22	31	26	34	20	19	42	39	48
x_2	22	7	7	11	5	10	6	11	11	13	23
区号	23	24	25	26	27	28	29	30	31	32	33
x_1	14	12	10	46	16	40	18	36	38	42	48
x_2	11	14	12	14	9	14	12	15	16	12	14
区号	34	35	36	37	38	39	40	41	42	43	44
x_1	14	48	16	50	43	26	47	30	40	47	45
x_2	10	23	6	14	12	6	22	6	7	16	18
区号	45	46	47	48	49	50	51	52	53	54	55
x_1	46	13	49	44	40	34	20	19	48	19	49
x_2	20	8	22	14	13	10	9	10	14	10	19
区号	56	57	58	59	60	61	62	63	64	65	66
x_1	36	18	26	49	12	12	47	47	34	34	18
x_2	12	8	9	17	11	9	14	17	10	12	9
区号	67	68	69	70	71	72	73	74			
x_1	48	12	15	50	36	42	18	45			
x_2	17	12	9	28	6	17	8	18			

试对这 74 个国家和地区人口的出生数和死亡数情况用快速聚类法进行分析.

解　用软件 SPSS 计算. 若分为 3 类，结果如下：

初始凝聚点

项　目	Cluster		
	1	2	3
x_1	52.00	36.00	10.00
x_2	30.00	6.00	12.00

凝聚点的变化过程

Iteration	Change in Cluster Centers		
	1	2	3
1	10.699	5.761	6.438
2	1.209	0.368	1.044
3	0.243	0.375	0.000
4	0.000	0.000	0.000

最终凝聚中心

项　目	Cluster		
	1	2	3
x_1	47.24	37.00	17.00
x_2	18.84	11.32	9.37

每类样品频数

Cluster	1	25.000
	2	19.000
	3	30.000
Valid		74.000

x_1	x_2	聚类结果	与类中心的距离
52.00	30.00	1	12.132 73
50.00	16.00	1	3.960 20
47.00	23.00	1	4.166 92
22.00	10.00	3	5.039 95
16.00	8.00	3	1.693 45
12.00	13.00	3	6.180 70
47.00	19.00	1	0.288 44
12.00	12.00	3	5.651 06
36.00	10.00	2	1.652 67
17.00	10.00	3	0.633 33
38.00	15.00	2	3.817 51
42.00	22.00	1	6.119 08
16.00	7.00	3	2.569 26
22.00	7.00	3	5.531 83
31.00	11.00	2	6.008 30
26.00	5.00	3	10.003 39
34.00	10.00	2	3.275 87
20.00	6.00	3	4.509 37
19.00	11.00	3	2.582 20
42.00	11.00	2	5.009 96
39.00	13.00	2	2.614 68
48.00	23.00	1	4.228 85
14.00	11.00	3	3.415 81
12.00	14.00	3	6.816 73
10.00	12.00	3	7.478 93
46.00	14.00	1	4.996 32
16.00	9.00	3	1.065 10

40.00	14.00	2	4.025 54
18.00	12.00	3	2.816 81
36.00	15.00	2	3.817 51
38.00	16.00	2	4.789 76
42.00	12.00	2	5.046 60
48.00	14.00	1	4.899 31
14.00	10.00	3	3.066 12
48.00	23.00	1	4.228 85
16.00	6.00	3	3.512 04
50.00	14.00	1	5.571 64
43.00	12.00	2	6.038 89
26.00	6.00	3	9.609 08
47.00	22.00	1	3.169 10
30.00	6.00	2	8.789 63
40.00	7.00	2	5.256 05
47.00	16.00	1	2.850 12
45.00	18.00	1	2.392 32
46.00	20.00	1	1.698 00
13.00	8.00	3	4.227 03
49.00	22.00	1	3.617 07
44.00	14.00	1	5.824 36
40.00	13.00	2	3.440 43
34.00	10.00	2	3.275 87
20.00	9.00	3	3.022 32
19.00	10.00	3	2.097 88
48.00	14.00	1	4.899 31
19.00	10.00	3	2.097 88
49.00	19.00	1	1.767 26
36.00	12.00	2	1.211 67
18.00	8.00	3	1.693 45
26.00	9.00	3	9.007 47
49.00	17.00	1	2.546 21
12.00	11.00	3	5.260 02
12.00	9.00	3	5.013 43
47.00	14.00	1	4.845 95
47.00	17.00	1	1.855 59
34.00	10.00	2	3.275 87
34.00	12.00	2	3.077 03
18.00	9.00	3	1.065 10
48.00	17.00	1	1.990 78
12.00	12.00	3	5.651 06
15.00	9.00	3	2.033 33
50.00	28.00	1	9.566 78

36.00	6.00	2	5.409 03
42.00	17.00	1	5.553 67
18.00	8.00	3	1.693 45
45.00	18.00	1	2.392 32

若分为 4 类，结果如下：

初始聚点

	Cluster			
	1	2	3	4
x_1	52.00	26.00	43.00	10.00
x_2	30.00	5.00	12.00	12.00

聚点的变化过程

Iteration	Change in Cluster Centers			
	1	2	3	4
1	6.468	4.406	2.323	4.789
2	1.889	0.881	0.882	0.398
3	1.631	1.133	1.095	0.369
4	1.020	0.000	1.187	0.000
5	0.847	0.000	1.194	0.000
6	0.244	0.000	0.396	0.000
7	0.250	0.000	0.343	0.000
8	0.243	0.000	0.370	0.000
9	0.000	0.882	0.378	0.000
10	0.000	0.000	0.000	0.000

最终聚类中心

项　目	Cluster			
	1	2	3	4
x_1	47.24	24.00	37.39	15.13
x_2	18.84	7.25	11.61	9.96

每类样品频数

Cluster	1	25.000
	2	8.000
	3	18.000
	4	23.000
Valid		74.000

x_1	x_2	聚类结果	与类中心的距离
52.00	30.00	1	12.132 73
50.00	16.00	1	3.960 20
47.00	23.00	1	4.166 92
22.00	10.00	2	3.400 37
16.00	8.00	4	2.141 06
12.00	13.00	4	4.366 05
47.00	19.00	1	0.288 44
12.00	12.00	4	3.738 37
36.00	10.00	3	2.127 13
17.00	10.00	4	1.870 07
38.00	15.00	3	3.443 55
42.00	22.00	1	6.119 08
16.00	7.00	4	3.081 75
22.00	7.00	2	2.015 56
31.00	11.00	3	6.418 05
26.00	5.00	2	3.010 40
34.00	10.00	3	3.752 37
20.00	6.00	2	4.190 76
19.00	11.00	4	4.007 79

42.00	11.00	3	4.651 43
39.00	13.00	3	2.127 13
48.00	23.00	1	4.228 85
14.00	11.00	4	1.538 42
12.00	14.00	4	5.113 64
10.00	12.00	4	5.522 42
46.00	14.00	1	4.996 32
16.00	9.00	4	1.292 70
40.00	14.00	3	3.539 02
18.00	12.00	4	3.522 81
36.00	15.00	3	3.662 46
38.00	16.00	3	4.431 23
42.00	12.00	3	4.627 48
48.00	14.00	1	4.899 31
14.00	10.00	4	1.131 27
48.00	23.00	1	4.228 85
16.00	6.00	4	4.050 95
50.00	14.00	1	5.571 64
43.00	12.00	3	5.624 57
26.00	6.00	2	2.358 50
47.00	22.00	1	3.169 10
30.00	6.00	2	6.128 83
40.00	7.00	3	5.299 08
47.00	16.00	1	2.850 12
45.00	18.00	1	2.392 32
46.00	20.00	1	1.698 00
13.00	8.00	4	2.892 53
49.00	22.00	1	3.617 07
44.00	14.00	1	5.824 36
40.00	13.00	3	2.957 52
34.00	10.00	3	3.752 37
20.00	9.00	2	4.366 06
19.00	10.00	4	3.869 81
48.00	14.00	1	4.899 31
19.00	10.00	4	3.869 81
49.00	19.00	1	1.767 26
36.00	12.00	3	1.442 31
18.00	8.00	4	3.473 09
26.00	9.00	2	2.657 54
49.00	17.00	1	2.546 21
12.00	11.00	4	3.299 77
12.00	9.00	4	3.273 31
47.00	14.00	1	4.845 95
47.00	17.00	1	1.855 59
34.00	10.00	3	3.752 37
34.00	12.00	3	3.411 13

18.00	9.00	4	3.024 79
48.00	17.00	1	1.990 78
12.00	12.00	4	3.738 37
15.00	9.00	4	0.965 37
50.00	28.00	1	9.566 78
36.00	6.00	3	5.780 45
42.00	17.00	1	5.553 67
18.00	8.00	4	3.473 09
45.00	18.00	1	2.392 32

从聚类的具体结果来看，第一类是出生率、死亡率最高的国家和地区；第二类是出生率、死亡率偏高的国家和地区；第三类是出生率、死亡率偏低的国家和地区；第四类是出生率、死亡率低的国家和地区.

此例究竟分为几类合适？需依据研究的问题要求而定. 分为 3 类比较合适，不过若分为 4 类，可以分离出出生率、死亡率偏高的国家和地区. □

§6.5　模糊聚类法

我们上面介绍的聚类方法都是对一些确切集合而作的. 但是在现实生活和科学研究中，还存在这样一些现象，很难对一些元素的特征给出一个确切的描述从而定义一个集合. 比如，一个人的年龄，多少算中年？多少算老年？一项测试指标，多少算正常？等等. 1965 年美国自动控制专家 L. A. Zadeh 首先提出了模糊集的理论. 将这些理论应用于聚类分析，便产生了模糊聚类法.

6.5.1　基本概念

如何定义一个模糊集呢？

我们知道，对于一个普通的集合 E 和任一元素 x，要么有 $x\in E$，要么有 $x\notin E$，二者必取其一. 为了描述这一特征，引进下面特征函数概念.

定义 6.3　设 E 是一个普通的集合，x 是任一元素. 二值函数

$$T_E(x)=\begin{cases}1,\ x\in E\\0,\ x\notin E\end{cases}\tag{6.23}$$

称为集合 E 的特征函数.

比如，设 A 为今年考上硕士研究生的全体. 对某一考生 x，我们可用特征函数

$$T_A(x)=\begin{cases}1,\ x\in A\\0,\ x\notin A\end{cases}$$

来描述他是否被录取.

又如，设 B 为某地区去年企业上交国家税额超过 10 万元的全体. 对某一企业 x，我们可用特征函数

$$T_B(x)=\begin{cases}1,\ x\in B\\0,\ x\notin B\end{cases}$$

来描述它去年上交的税额是否超过 10 万元.

不过，上述特征函数 $T_A(x)$ 不能反映该考生考分的多少，特征函数 $T_B(x)$ 也不能反映该企

业上交税额的多少. 为了反映出这方面的信息,引进下面隶属函数以及模糊集概念.

定义 6.4　设 E 是一个普通的集合,x 是任一元素. 对于每一个元素 x,有一个实数区间 $[0,1]$上的数 $L_E(x)$与之对应,称 $L_E(x)$为集合 E 上的一个隶属函数.

若在集合 E 上定义了一个隶属函数,则称 E 为模糊集.

定义 6.5　若矩阵 $\boldsymbol{A}$ 的各元素 a_{ij}满足 $0\leqslant a_{ij}\leqslant 1$,则称 $\boldsymbol{A}$ 为模糊矩阵.

若 $\boldsymbol{A}=(a_{ij})_{n\times l}$和 $\boldsymbol{B}=(b_{ij})_{l\times m}$是两个模糊矩阵. 令

$$c_{ij} = \bigvee_{k=1}^{l} (a_{ik} \wedge b_{kj}),\ i = 1,2,\cdots,n;j = 1,2,\cdots,m \tag{6.24}$$

则称矩阵 $\boldsymbol{C}=(c_{ij})_{n\times m}$是模糊矩阵 $\boldsymbol{A}$ 和 $\boldsymbol{B}$ 的褶积. 记为

$$\boldsymbol{C} = \boldsymbol{A} \cdot \boldsymbol{B} \tag{6.25}$$

其中"∨"和"∧"的含义分别是:

$$a \vee b = \max\{a,b\},\ a \wedge b = \min\{a,b\} \tag{6.26}$$

显然,两个模糊矩阵的褶积仍是模糊矩阵.

例 6.6　已知 $\boldsymbol{A}=\begin{pmatrix} 0.1 & 1 \\ 0.8 & 0.5 \end{pmatrix}_{2\times 2}$,$\boldsymbol{B}=\begin{pmatrix} 0.4 \\ 0 \end{pmatrix}_{2\times 1}$ 是两个模糊集,求褶积 $\boldsymbol{C}=\boldsymbol{A}\cdot\boldsymbol{B}$.

解　因为　$n=l=2,m=1$. 由式(6.24)和式(6.26)知:

$$\begin{aligned} c_{11} &= \bigvee_{k=1}^{2} (a_{1k} \wedge b_{k1}) = (a_{11} \wedge b_{11}) \vee (a_{12} \vee b_{21}) \\ &= (0.1 \wedge 0.4) \vee (1 \wedge 0) = (0.1) \vee (0) = 0.1 \\ c_{21} &= \bigvee_{k=1}^{2} (a_{2k} \wedge b_{k1}) = (a_{21} \wedge b_{11}) \vee (a_{22} \wedge b_{21}) \\ &= (0.8 \wedge 0.4) \vee (0.5 \wedge 0) = (0.4) \vee (0) = 0.4 \end{aligned}$$

所以褶积　$\boldsymbol{C}=\boldsymbol{A}\cdot\boldsymbol{B}=\begin{pmatrix} 0.1 \\ 0.4 \end{pmatrix}_{2\times 1}$　□

定义 6.6　设方阵 $\boldsymbol{A}$ 为一模糊矩阵. 若 $\boldsymbol{A}$ 满足 $\boldsymbol{A}\cdot\boldsymbol{A}=\boldsymbol{A}$,则称 $\boldsymbol{A}$ 为模糊等价矩阵.

若 $\boldsymbol{A}=(a_{ij})_{n\times n}$是一个模糊等价矩阵. $0\leqslant\lambda\leqslant 1$ 为一个给定的实数. 令

$$a_{ij}^{(\lambda)} = \begin{cases} 1,\ a_{ij} \geqslant \lambda \\ 0,\ a_{ij} < \lambda \end{cases} \quad (i、j = 1,2,\cdots,n) \tag{6.27}$$

则称矩阵 $\boldsymbol{A}_\lambda=(a_{ij}^{(\lambda)})_{n\times n}$为 $\boldsymbol{A}$ 的 λ^-截阵.

例 6.7　验证二阶方阵 $\boldsymbol{A}=\begin{pmatrix} 1 & 0.52 \\ 0.52 & 1 \end{pmatrix}_{2\times 2}$ 是一个模糊等价矩阵,并对实数 $\lambda=0.37$,求 $\boldsymbol{A}$ 的 λ^-截阵 $\boldsymbol{A}_{0.37}$.

解　因为 $0\leqslant a_{ij}\leqslant 1(1\leqslant i、j\leqslant 2)$,所以 $\boldsymbol{A}$ 是一个模糊矩阵.

又因为,记　$\boldsymbol{A}\cdot\boldsymbol{A}=\boldsymbol{C}=(c_{ij})_{2\times 2}$,注意到 $\boldsymbol{A}$ 是对称的,则

$$c_{11} = \bigvee_{k=1}^{2} (a_{1k} \wedge a_{k1}) = a_{11} \vee a_{21} = 1$$

$$c_{22} = \bigvee_{k=1}^{2} (a_{2k} \wedge a_{k2}) = a_{21} \vee a_{22} = 1$$

$$\begin{aligned} c_{12} &= \bigvee_{k=1}^{2} (a_{1k} \wedge a_{k2}) = (a_{11} \wedge a_{12}) \vee (a_{12} \wedge a_{22}) \\ &= (1 \wedge 0.52) \vee (0.52 \wedge 1) = 0.52 \vee 0.52 = 0.52 \end{aligned}$$

$$c_{21} = \bigvee_{k=1}^{2} (a_{2k} \wedge a_{k1}) = (a_{21} \wedge a_{11}) \vee (a_{22} \wedge a_{21})$$

$$=(0.52\wedge 1)\vee(1\wedge 0.52)=0.52\vee 0.52=0.52$$

即 $\boldsymbol{A}\cdot\boldsymbol{A}=\boldsymbol{C}=\boldsymbol{A}$，所以 $\boldsymbol{A}$ 是一个模糊等价矩阵.

下面对实数 $\lambda=0.37$，求 $\boldsymbol{A}$ 的 λ^- 截阵 $\boldsymbol{A}_{0.37}$. 因为

$a_{11}=1>0.37$，故 $a_{11}^{(\lambda)}=1$；$a_{12}=0.52>0.37$，故 $a_{12}^{(\lambda)}=1$

$a_{21}=0.52>0.37$，故 $a_{21}^{(\lambda)}=1$；$a_{22}=1>0.37$，故 $a_{22}^{(\lambda)}=1$

所以，$\boldsymbol{A}$ 的 λ^- 截阵 $\boldsymbol{A}_{0.37}=\begin{pmatrix}1 & 1\\ 1 & 1\end{pmatrix}$.

事实上，对 $0\leqslant\lambda\leqslant 0.52$，都有 λ^- 截阵 $\boldsymbol{A}_\lambda=\begin{pmatrix}1 & 1\\ 1 & 1\end{pmatrix}$；对 $0.52<\lambda\leqslant 1$，都有 λ^- 截阵

$$\boldsymbol{A}_\lambda=\begin{pmatrix}0 & 0\\ 0 & 0\end{pmatrix}\quad\square$$

6.5.2　模糊聚类方法

模糊聚类法和一般的聚类方法相似. 步骤如下：

(1)选定一种计算距离或相似系数的公式.

(2)由观测数据矩阵计算样品间的距离 $d_{ij}(1\leqslant i、j\leqslant n)$ 或变量间的相似系数 $r_{ij}(1\leqslant i、j\leqslant m)$，形成距离矩阵 $\boldsymbol{D}=(d_{ij})_{n\times n}$ 或相似系数矩阵 $\boldsymbol{R}=(r_{ij})_{m\times m}$.

(3)将距离矩阵 $\boldsymbol{D}$ 或相似系数矩阵 $\boldsymbol{R}$ 中的元素压缩到 0 与 1 之间，形成模糊矩阵 $\boldsymbol{A}=(a_{ij})$.

一般地，对距离矩阵 $\boldsymbol{D}$ 中的 d_{ij}，令

$$a_{ij}=1-\frac{d_{ij}}{1+\max\limits_{1\leqslant i、j\leqslant n}\{d_{ij}\}}\qquad(1\leqslant i、j\leqslant n)\tag{6.28}$$

对相似系数矩阵 $\boldsymbol{R}$ 中的 r_{ij}，令

$$a_{ij}=\frac{1}{2}(1+r_{ij})\qquad(1\leqslant i、j\leqslant m)\tag{6.29}$$

(4)将模糊矩阵 $\boldsymbol{A}$ 改造成为模糊等价矩阵.

一般地，上述模糊矩阵 $\boldsymbol{A}$ 不具有等价性. 这时，可以通过模糊矩阵的褶积将其转化为模糊等价阵. 具体做法是：计算 $\boldsymbol{A}^2=\boldsymbol{A}\cdot\boldsymbol{A}$，$\boldsymbol{A}^4=\boldsymbol{A}^2\cdot\boldsymbol{A}^2$，$\boldsymbol{A}^8=\boldsymbol{A}^4\cdot\boldsymbol{A}^4$，…，直到满足 $\boldsymbol{A}^{2k}=\boldsymbol{A}^k$ 为止. 这时模糊矩阵 $\boldsymbol{A}^k$ 便是一个模糊等价矩阵. 记为 $\widetilde{\boldsymbol{A}}=(\widetilde{a}_{ij})=\boldsymbol{A}^k$.

(5)对 $\widetilde{a}_{ij}$ 按从大到小的顺序依次取 $\lambda=\widetilde{a}_{ij}$，求 $\widetilde{\boldsymbol{A}}$ 相应的 λ^- 截阵 $\widetilde{\boldsymbol{A}}_\lambda$，其中元素为 1 的表示将其对应的两个变量(或样品)聚为一类. 随着 λ 的变小，合并的类越来越多，最终当 $\lambda=\min\limits_{1\leqslant i、j\leqslant n}\{\widetilde{a}_{ij}\}$ 时，将全部的变量(或样品)聚为一个大类.

(6)按 λ 值画出聚类的谱系图.

例 6.8　设已知五个变量之间的相关系数矩阵为

$$
R = \begin{matrix} & \{1\} & \{2\} & \{3\} & \{4\} & \{5\} \\ \{1\} & 1 & 0.58 & 0.51 & 0.39 & 0.46 \\ \{2\} & & 1 & 0.60 & 0.39 & 0.32 \\ \{3\} & & & 1 & 0.44 & 0.43 \\ \{4\} & & & & 1 & 0.52 \\ \{5\} & & & & & 1 \end{matrix}
$$

试用模糊聚类法对这五个变量进行聚类.

解　这里的 $\boldsymbol{R}$ 因为 $0 \leqslant r_{ij} \leqslant 1$ 已经是一个模糊矩阵. 下面我们用褶积的定义(6.25)计算

$$
\boldsymbol{R}^2 = \boldsymbol{R} \cdot \boldsymbol{R} = \begin{matrix} & \{1\} & \{2\} & \{3\} & \{4\} & \{5\} \\ \{1\} & 1 & 0.58 & 0.58 & 0.46 & 0.46 \\ \{2\} & & 1 & 0.60 & 0.44 & 0.46 \\ \{3\} & & & 1 & 0.44 & 0.46 \\ \{4\} & & & & 1 & 0.52 \\ \{5\} & & & & & 1 \end{matrix}
$$

因为 $\boldsymbol{R}^2 \neq \boldsymbol{R}$，所以继续计算

$$
\boldsymbol{R}^4 = \boldsymbol{R}^2 \cdot \boldsymbol{R}^2 = \begin{matrix} & \{1\} & \{2\} & \{3\} & \{4\} & \{5\} \\ \{1\} & 1 & 0.58 & 0.58 & 0.46 & 0.46 \\ \{2\} & & 1 & 0.60 & 0.46 & 0.46 \\ \{3\} & & & 1 & 0.46 & 0.46 \\ \{4\} & & & & 1 & 0.52 \\ \{5\} & & & & & 1 \end{matrix}
$$

因为 $R^4 \neq R^2$，所以继续计算

$$
\boldsymbol{R}^8 = \boldsymbol{R}^4 \cdot \boldsymbol{R}^4 = \begin{matrix} & \{1\} & \{2\} & \{3\} & \{4\} & \{5\} \\ \{1\} & 1 & 0.58 & 0.58 & 0.46 & 0.46 \\ \{2\} & & 1 & 0.60 & 0.46 & 0.46 \\ \{3\} & & & 1 & 0.46 & 0.46 \\ \{4\} & & & & 1 & 0.52 \\ \{5\} & & & & & 1 \end{matrix}
$$

因为 $\boldsymbol{R}^8 = \boldsymbol{R}^4$，故 $\widetilde{\boldsymbol{R}} = \boldsymbol{R}^4 = (\tilde{r}_{ij})$ 为模糊等价矩阵.

将其元素 $\tilde{r}_{ij}$ 按从大到小的次序排列为：$1 > 0.60 > 0.58 > 0.52 > 0.46$.

下面依次取 λ，求 $\widetilde{\boldsymbol{R}}$ 的 λ^- 截阵 $\widetilde{\boldsymbol{R}}_\lambda$.

(1)取 $\lambda = 1$，得 $\widetilde{\boldsymbol{R}}$ 的 λ^- 截阵

$$
\widetilde{\boldsymbol{R}}_1 = \begin{matrix} & \{1\} & \{2\} & \{3\} & \{4\} & \{5\} \\ \{1\} & 1 & 0 & 0 & 0 & 0 \\ \{2\} & & 1 & 0 & 0 & 0 \\ \{3\} & & & 1 & 0 & 0 \\ \{4\} & & & & 1 & 0 \\ \{5\} & & & & & 1 \end{matrix}
$$

即这五个变量各为一类，共五类：{1}，{2}，{3}，{4}，{5}.

(2)取 $\lambda = 0.60$，得 $\widetilde{\boldsymbol{R}}$ 的 λ^- 截阵

$$\widetilde{R}_{0.60}=\begin{matrix} & \{1\} & \{2\} & \{3\} & \{4\} & \{5\} \\ \{1\} & 1 & 0 & 0 & 0 & 0 \\ \{2\} & & 1 & 1 & 0 & 0 \\ \{3\} & & & 1 & 0 & 0 \\ \{4\} & & & & 1 & 0 \\ \{5\} & & & & & 1 \end{matrix}$$

即在 $\lambda=0.60$ 水平上，五个变量应聚为四类：{1}，{2，3}，{4}，{5}.

(3)取 $\lambda=0.58$，得 $\widetilde{R}$ 的 λ^- 截阵

$$\widetilde{R}_{0.58}=\begin{matrix} & \{1\} & \{2\} & \{3\} & \{4\} & \{5\} \\ \{1\} & 1 & 1 & 1 & 0 & 0 \\ \{2\} & & 1 & 1 & 0 & 0 \\ \{3\} & & & 1 & 0 & 0 \\ \{4\} & & & & 1 & 0 \\ \{5\} & & & & & 1 \end{matrix}$$

即在 $\lambda=0.58$ 水平上，五个变量应聚为三类：{1，2，3}，{4}，{5}.

(4)取 $\lambda=0.52$，得 $\widetilde{R}$ 的 λ^- 截阵

$$\widetilde{R}_{0.52}=\begin{matrix} & \{1\} & \{2\} & \{3\} & \{4\} & \{5\} \\ \{1\} & 1 & 1 & 1 & 0 & 0 \\ \{2\} & & 1 & 1 & 0 & 0 \\ \{3\} & & & 1 & 0 & 0 \\ \{4\} & & & & 1 & 1 \\ \{5\} & & & & & 1 \end{matrix}$$

即在 $\lambda=0.52$ 水平上，五个变量应聚为两类：{1，2，3}，{4，5}.

(5)最后取 $\lambda=0.46$，得 $\widetilde{R}$ 的 λ^- 截阵

$$\widetilde{R}_{0.46}=\begin{matrix} & \{1\} & \{2\} & \{3\} & \{4\} & \{5\} \\ \{1\} & 1 & 1 & 1 & 1 & 1 \\ \{2\} & & 1 & 1 & 1 & 1 \\ \{3\} & & & 1 & 1 & 1 \\ \{4\} & & & & 1 & 1 \\ \{5\} & & & & & 1 \end{matrix}$$

即在 $\lambda=0.46$ 水平上，五个变量应聚为一个大类：{1，2，3，4，5}.

按 λ 值画出的聚类谱系图如图 6.8 所示. □

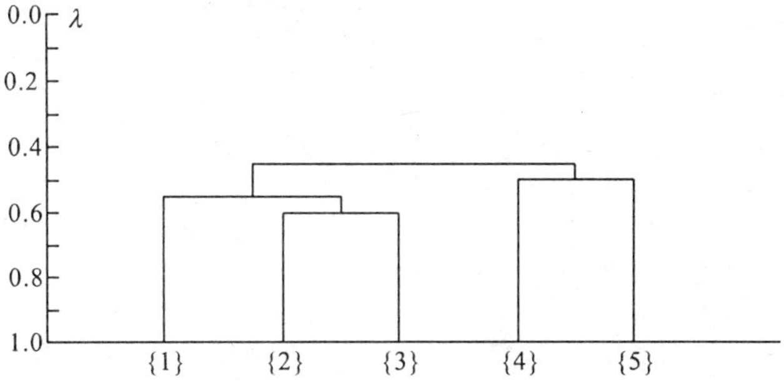

图 6.8　λ 值的聚类谱系图

思考与练习

1. 6 个样品间的初始距离矩阵如下：

	1	2	3	4	5
2	0.42				
3	0.19	0.23			
4	0.50	0.08	0.31		
5	0.15	0.27	0.04	0.35	
6	0.08	0.34	0.11	0.42	0.07

分别用最短距离法、最长距离法和类平均法进行聚类.

2. 从下面 6 个样品的相似系数矩阵 $\boldsymbol{Q}$ 出发，用最短距离法、最长距离法、类平均法进行系统聚类.

$$
\boldsymbol{Q}=\begin{pmatrix}
1.0000 & & & & & \\
0.9624 & 1.0000 & & & & \\
0.9406 & 0.9848 & 1.0000 & & & \\
0.9907 & 0.9715 & 0.9352 & 1.0000 & & \\
0.9357 & 0.9664 & 0.9499 & 0.9256 & 1.0000 & \\
0.9472 & 0.9806 & 0.9623 & 0.9516 & 0.9886 & 1.0000
\end{pmatrix}
$$

3. 某地区 8 个样品测得化探数据如下表所示. 试用聚类分析方法对样品进行聚类.

数据 变量 / 样号	汞异常(x_1)	重烃异常(x_2)	轻烃异常(x_3)
1	0.10	0.33	4.59
2	0.11	0.61	4.16
3	0.08	0.63	4.04
4	0.13	0.43	4.56
5	0.08	0.31	4.74
6	0.08	0.52	4.13
7	0.06	0.44	4.05
8	0.12	0.81	4.11

4. 某地超基性的 6 个样品，用光谱分析获得 6 个与矿化有关的元素含量如下表所示.

含量 样品号 / 元素	1	2	3	4	5	6
Ni	1 903	2 328	744	2 782	1 775	1 046
Co	273	79	26	273	94	44
Cu	160	6	1	150	13	6
Cr	1 178	3 175	841	2 400	3 140	2 093
S	8 163	582	425	8 234	54	104
As	4	14	3	37	1	4

(1) 为了消除原测试数据在数量级上的差异，对原始数据取常用对数.

(2) 试计算样品间的相似系数.

(3) 对样品进行分类.

5. 从 21 个工厂抽了同类产品，每个产品测了两个指标，测得的数据如下(已做了适当变换). 试对各厂的质量进行分类.

编号	1	2	3	4	5	6	7	8	9	10	11
x_1	0	0	2	2	4	4	5	6	6	7	−4
x_2	6	5	5	3	4	3	1	2	1	0	3
编号	12	13	14	15	16	17	18	19	20	21	
x_1	−2	−3	−3	−5	1	0	0	−1	−1	−3	
x_2	2	2	0	2	1	−1	−2	−1	−3	−5	

6. 已测得可反映生油地质特征的两个变量如下表所示. 已知地层 3 号、5 号为非生油层，地层 4 号、10 号为生油层. 试用聚类分析评议哪些地层可能是生油层？哪些不是？

地层号	1	2	3	4	5	6	7	8	9	10	11
C(有机)	1.87	3.00	1.30	2.45	1.28	2.50	2.00	0.78	1.09	1.50	2.40
沥青 A/C	0.50	2.00	2.10	1.00	2.50	0.80	0.90	2.40	2.20	0.60	1.50

7. 从 12 个不同地区测得了某树种的平均发芽率 x_1 与发芽势 x_2，数据见下表. 采用欧氏距离(或者其他距离)，用快速聚类法聚为两类.

区号	1	2	3	4	5	6	7	8	9	10	11	12
x_1	0.707	0.600	0.693	0.717	0.688	0.533	0.877	0.513	0.815	0.633	0.740	0.777
x_2	0.385	0.433	0.505	0.343	0.605	0.380	0.713	0.353	0.675	0.465	0.580	0.723

8. 在山西吕梁地区柳林泉泉域采取了 10 个水样，测得 10 项指标如下表所示. 试用聚类分析方法对水样进行聚类.

样号＼指标	K^+	Na^+	Mg^{2+}	Ca^{2+}	HCO_3^-	Cl^-	SO_4^{2-}	M	pH	T
1	1.4	31.0	119.84	32.08	45.38	210.37	261.17	0.418	0.05	89.65
2	1.5	17.8	80.96	21.38	23.40	67.24	273.37	0.153	0.20	374.96
3	1.3	19.8	94.99	26.00	30.49	126.80	253.84	0.143	0.30	448.30
4	1.4	29.0	120.24	32.81	46.80	218.06	261.17	0.137	0.50	596.89
5	1.4	29.0	118.64	33.29	46.09	223.83	261.17	0.136	0.60	91.84
6	1.3	27.8	118.23	32.56	43.96	214.21	261.17	0.141	0.04	87.65
7	1.4	27.0	127.45	25.03	43.96	206.53	263.61	0.168	0.50	81.17
8	1.4	28.4	119.44	33.29	46.09	214.21	263.61	0.166	0.40	592.63
9	1.4	28.4	119.44	31.83	48.93	208.45	261.17	0.132	0.40	87.03
10	4.6	32.9	56.51	29.51	48.93	210.37	70.78	0.069	0.10	22.21

9. 设从一口井中测得 55m 长的一段电阻率 ρ_k 曲线(比例尺为 1∶1 000),在曲线上每隔 1m 读出一个 ρ_k 数值,共得 56 个数据. 为简化计算,把相邻的 3 个或 4 个数据并成一组,用其平均值作代表,于是得到一个包含 16 个数据的序列如下表所示:

序号	1	2	3	4	5	6	7	8	9	10	11	12	13	14	15	16
ρ_k 值	6.5	6.5	6.0	7.3	10.5	12.5	12.0	11.0	6.8	9.8	10.0	9.0	5.3	5.0	5.0	6.5

试利用 ρ_k 值将地层划分成 3 层.

10. 武汉某区一民用建筑地基(从上到下)土的内摩擦系数(Φ)测得如下:

$$\{0.51, 0.62, 0.60, 0.76, 0.98, 0.67\}$$

试对这段地层分别做最优二、三分割.

第七章　主成分分析与典型相关分析

在实际问题的研究中，为了全面、系统地分析问题，往往要考虑众多有关的变量．然而，变量太多不但会增加计算的复杂性，而且也给合理的分析问题和数据解释带来困难．如何处理这个矛盾呢？在大部分的实际问题中，所考虑的变量并不是独立的，变量之间存在一定的相关性．一般情形下，每个变量都会提供一定的信息，但其重要程度与侧重有所不同，且这些变量所提供的信息将在一定程度上有所重叠．因此，人们希望利用这种相关性来对所涉及的变量加以"改造"和"组合"，用为数较少的、互不相关的新变量来反映原来多个变量所提供的大部分信息，通过对新变量的分析达到分析和解决问题的目的．在这种降维的思想指导下，人们提出并形成了主成分分析、典型相关分析、因子分析和对应分析等处理高维数据的多元统计方法．

本章主要介绍主成分分析(Principal Components Analysis)和典型相关分析(Canonical Correlation Analysis)的基本理论和方法，其他方法将在下一章介绍．

§7.1　主成分分析的基本思想

为了说明主成分分析的基本思想，我们先看一个十分简单的例子．假设平面 x_1Oy_1 上有 n 个点 $(x_{1i},y_{1i})(i=1,2,\cdots,n)$，它们分布在一条直线 l 上(如图 7.1)．

显然，我们在 x_1Oy_1 平面上表示这 n 个点，需要同时用到两个坐标 x_{1i} 和 y_{1i}．若将坐标系 x_1Oy_1 沿逆时针旋转角度 θ，使得 Ox_1 轴与直线 l 重合，得到新的坐标系 x_2Oy_2，此时，原来的 n 个点可由它们在 Ox_2 轴上的坐标决定．由解析几何知识可知，这些点在 Ox_2 轴上的坐标是：

$$x_{2i} = x_{1i}\cos\theta + y_{1i}\sin\theta,$$

$$i = 1,3,\cdots,n$$

它们是原来两个坐标值的线性组合，且在 Ox_2 轴上的分散性达到最大．这说明，在一定的条件下，对于两个变量 X_1 和 Y_1，做适当的线性变换得到新变量 X_2：

$$X_2 = X_1\cos\theta + Y_1\sin\theta$$

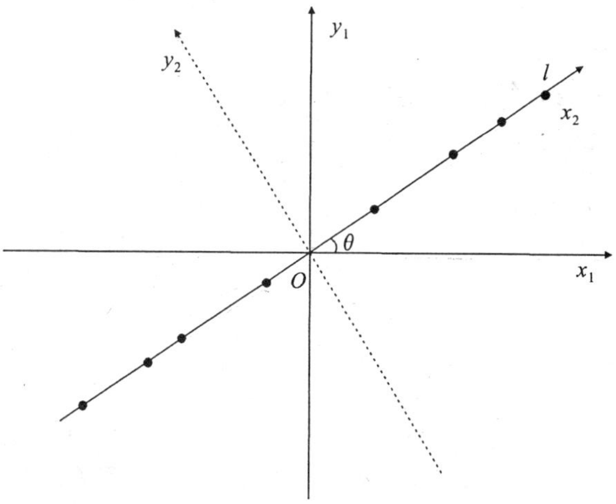

图　7.1

它完全可以代替原来的两个变量所表示的 n 个点．当然，对于多元随机变量，情况要复杂得多．

设研究某个实际问题要考虑 p 个随机变量 $X_1,X_2,\cdots,X_p$，它们可以构成 p 维随机向量 $\boldsymbol{X}=(X_1,X_2,\cdots,X_p)^{\mathrm{T}}$．为了避免遗漏重要的信息，我们要考虑尽可能多的与所研究问题有关的

变量,此时,会产生以下两个问题:

(1)随机变量 $X_1,X_2,\cdots,X_p$ 的个数 p 比较大,将增大计算量和增加分析问题的复杂性;

(2)随机变量 $X_1,X_2,\cdots,X_p$ 之间存在一定的相关性,因而它们的观测样本所反映的信息在一定程度上有重叠.

为了解决这些问题,人们希望在定量研究中利用原始变量的线性组合形成几个新变量,即对 $\boldsymbol{X}$ 做线性变换 $\boldsymbol{Y}=\boldsymbol{U}^{\mathrm{T}}\boldsymbol{X}$($\boldsymbol{U}$ 必须满足一定的条件),$\boldsymbol{Y}$ 的各分量(称为主成分)在保留原始变量主要信息的前提下起到变量降维与简化问题的作用.当然,这一分析过程应使得:

(1)每一个新变量都是各原始变量的线性组合;

(2)新变量的数目大大少于原始变量的数目;

(3)新变量保留了原始变量所包含的绝大部分信息;

(4)各新变量之间互不相关.

综上所述,主成分分析的基本思想是构造原始变量的适当的线性组合,以产生一系列互不相关的新变量,从中选出少量几个新变量并使它们含有足够多的原始变量带有的信息,从而使得用这几个新变量代替原始变量分析问题和解决问题成为可能.

§7.2 总体主成分与样本主成分

本节介绍总体主成分和样本主成分的定义与求法.在以下的讨论中,变量所含“信息”的多少用该变量的方差(或样本方差)来度量,这是经典的信息量表示方法.

7.2.1 总体主成分

设 $X_1,X_2,\cdots,X_p$ 是某实际问题所涉及的 p 个随机变量,记 $\boldsymbol{X}\triangleq(x_1,x_2,\cdots,x_p)^{\mathrm{T}}$,其均值为 $\boldsymbol{\mu}=E(\boldsymbol{X})=(\mu_1,\mu_2,\cdots,\mu_p)^{\mathrm{T}}$,协方差矩阵为

$$\boldsymbol{\Sigma}\triangleq(\sigma_{ij})_{p\times p}\triangleq E[\boldsymbol{X}-\boldsymbol{\mu}][\boldsymbol{X}-\boldsymbol{\mu}]^{\mathrm{T}} \tag{7.1}$$

它是一个 p 阶半正定矩阵.设 $\boldsymbol{l}_i\triangleq(l_{1i},l_{2i},\cdots,l_{pi})^{\mathrm{T}}(i=1,2,\cdots,p)$为 p 个常数向量,考虑如下线性组合,

$$\begin{cases} Y_1\triangleq\boldsymbol{l}_1^{\mathrm{T}}\boldsymbol{X}=l_{11}X_1+l_{21}X_2+\cdots+l_{p1}X_p \\ Y_2\triangleq\boldsymbol{l}_2^{\mathrm{T}}\boldsymbol{X}=l_{12}X_1+l_{22}X_2+\cdots+l_{p2}X_p \\ \cdots\quad\cdots\quad\cdots\quad\cdots\quad\cdots\quad\cdots\quad\cdots \\ Y_p\triangleq\boldsymbol{l}_p^{\mathrm{T}}\boldsymbol{X}=l_{1p}X_1+l_{2p}X_2+\cdots+l_{pp}X_p \end{cases} \tag{7.2}$$

易知

$$\mathrm{Var}(Y_i)=\mathrm{Var}(\boldsymbol{l}_i^{\mathrm{T}}\boldsymbol{X})=\boldsymbol{l}_i^{\mathrm{T}}\boldsymbol{\Sigma}\boldsymbol{l}_i,\quad i=1,2,\cdots,p \tag{7.3}$$

$$\mathrm{Cov}(Y_i,Y_j)=\mathrm{Cov}(\boldsymbol{l}_i^{\mathrm{T}}\boldsymbol{X},\boldsymbol{l}_j^{\mathrm{T}}\boldsymbol{X})=\boldsymbol{l}_i^{\mathrm{T}}\boldsymbol{\Sigma}\boldsymbol{l}_j,\quad i\neq j,i、j=1,2,\cdots,p \tag{7.4}$$

如果我们希望用 Y_1 来代替原来 p 个变量 $X_1,X_2,\cdots,X_p$,这就要求 Y_1 尽可能多地反映原来 p 个变量的信息,即要求 Y_1 的方差 $\mathrm{Var}(Y_1)$尽可能大. $\mathrm{Var}(Y_1)$越大,表示 Y_1 所含的 X_1,$X_2,\cdots,X_{\mathrm{p}}$ 中的信息越多.但由式(7.3)可知,必须对 $\boldsymbol{l}_i$ 加以某种限制,否则 $\mathrm{Var}(Y_1)$可以无限大.最常用的限制是要求所有 $\boldsymbol{l}_i$ 具有单位长度,即

$$\boldsymbol{l}_i^{\mathrm{T}}\boldsymbol{l}_i=1,\quad i=1,2,\cdots,p \tag{7.5}$$

因此,我们希望在约束条件(7.5)之下,求 l_1 使 $\mathrm{Var}(Y_1)$ 达到最大,由此所确定的随机变量 $y_1=\boldsymbol{l}_1^{\mathrm{T}}\boldsymbol{X}$ 称为 $X_1,X_2,\cdots,X_p$ 的第一主成分.

如果第一主成分 Y_1 还不足以反映原来 p 个变量的信息,那么考虑采用 Y_2. 为了有效地反映原变量的信息,新变量 Y_1 和 Y_2 所包含的信息不应重叠,或者说 Y_1 中已有的信息不应包含在 Y_2 中,用统计语言来说,就是要求 Y_1 与 Y_2 不相关,即

$$\mathrm{Cov}(Y_1,Y_2)=\boldsymbol{l}_1^{\mathrm{T}}\boldsymbol{\Sigma}\boldsymbol{l}_2=0 \tag{7.6}$$

于是,在约束条件 $\boldsymbol{l}_2^{\mathrm{T}}\boldsymbol{l}_2=1$ 及 $\boldsymbol{l}_1^{\mathrm{T}}\boldsymbol{\Sigma}\boldsymbol{l}_2=0$ 之下,求 $\boldsymbol{l}_2$ 使 $\mathrm{Var}(Y_2)$ 达到最大,由此 $\boldsymbol{l}_2$ 所确定的随机变量 $\boldsymbol{Y}_2=\boldsymbol{l}_2^{\mathrm{T}}\boldsymbol{X}$ 称为 $\mathrm{X}_1,\mathrm{X}_2,\cdots,\mathrm{X}_{\mathrm{p}}$ 的第二主成分.

一般地,在约束条件

$$\begin{cases}\boldsymbol{l}_i^{\mathrm{T}}\boldsymbol{l}_i=1\\ \mathrm{Cov}(Y_i,Y_k)=\boldsymbol{l}_i^{\mathrm{T}}\boldsymbol{\Sigma}\boldsymbol{l}_k=0, \quad k=1,2,\cdots,i-1\end{cases}$$

之下求 $\boldsymbol{l}_i$,使 $\mathrm{Var}(Y_i)$ 达到最大,由此 $\boldsymbol{l}_i$ 所确定的 $Y_i=\boldsymbol{l}_i^{\mathrm{T}}\boldsymbol{X}$ 称为 $X_1,X_2,\cdots,X_p$ 的第 i 个主成分.

7.2.2　总体主成分的求法

利用线性代数知识,可证明如下定理.

定理 7.1　设 Σ 是 $\boldsymbol{X}=(X_1,X_2,\cdots,X_p)^{\mathrm{T}}$ 的协方差矩阵,$\boldsymbol{\Sigma}$ 的特征值为 $\lambda_1\geqslant\lambda_2\geqslant\cdots\geqslant\lambda_p\geqslant 0$,相应的正交单位化特征向量为 $\boldsymbol{e}_1,\boldsymbol{e}_2,\cdots,\boldsymbol{e}_p$,则 $\boldsymbol{X}$ 的第 i 个主成分为

$$Y_i=\boldsymbol{e}_i^{\mathrm{T}}\boldsymbol{X}=e_{1i}X_1+e_{2i}X_2+\cdots+e_{pi}X_p, \quad i=1,2,\cdots,p \tag{7.7}$$

并且有

$$\begin{cases}\mathrm{Var}(Y_i)=\boldsymbol{e}_i^{\mathrm{T}}\boldsymbol{\Sigma}\boldsymbol{e}_i=\lambda_i, \quad i=1,2,\cdots,p\\ \mathrm{Cov}(Y_i,Y_j)=\boldsymbol{e}_i^{\mathrm{T}}\boldsymbol{\Sigma}\boldsymbol{e}_j=0, \quad i\neq j\end{cases} \tag{7.8}$$

证　令 $\boldsymbol{P}\triangleq(\boldsymbol{e}_1,\boldsymbol{e}_2,\cdots,\boldsymbol{e}_p)$,则 $\boldsymbol{P}$ 为一正交矩阵,且有

$$\boldsymbol{P}^{\mathrm{T}}\boldsymbol{\Sigma}\boldsymbol{P}=\boldsymbol{\Lambda}\triangleq\mathrm{diag}(\lambda_1,\lambda_2,\cdots,\lambda_p)$$

其中 $\mathrm{diag}(\lambda_1,\lambda_2,\cdots,\lambda_p)$ 表示对角矩阵.

设 $Y_1=\boldsymbol{l}_1^{\mathrm{T}}\boldsymbol{X}$ 为 $\boldsymbol{X}$ 的第一主成分,其中 $\boldsymbol{l}_1^{\mathrm{T}}\boldsymbol{l}_1=1$. 令

$$\boldsymbol{Z}_1\triangleq\boldsymbol{P}^{\mathrm{T}}\boldsymbol{l}_1\triangleq(Z_{11},Z_{21},\cdots,Z_{p1})^{\mathrm{T}}$$

则

$$\begin{aligned}\mathrm{Var}(Y_1)&=\boldsymbol{l}_1^{\mathrm{T}}\boldsymbol{\Sigma}\boldsymbol{l}_1=\boldsymbol{Z}_1^{\mathrm{T}}\boldsymbol{P}^{\mathrm{T}}\boldsymbol{\Sigma}\boldsymbol{P}\boldsymbol{Z}_1\\ &=\lambda_1Z_{11}^2+\lambda_2Z_{21}^2+\cdots+\lambda_pZ_{p1}^2\leqslant\lambda_1\boldsymbol{Z}_1^{\mathrm{T}}\boldsymbol{Z}_1=\lambda_1\boldsymbol{l}_1^{\mathrm{T}}\boldsymbol{P}\boldsymbol{P}^{\mathrm{T}}\boldsymbol{l}_1=\lambda_1\end{aligned}$$

并且,当 $\boldsymbol{Z}_1=(1,0,\cdots,0)^{\mathrm{T}}$ 时等号成立. 此时

$$\boldsymbol{l}_1=\boldsymbol{P}\boldsymbol{Z}_1=\boldsymbol{e}_1$$

由此可知,在约束条件 $\boldsymbol{l}_1^{\mathrm{T}}\boldsymbol{l}_1=1$ 之下,当 $\boldsymbol{l}_1=\boldsymbol{e}_1$ 时,$\mathrm{Var}(\boldsymbol{Y}_1)$ 达到最大,且

$$\max_{\boldsymbol{l}_1^{\mathrm{T}}\boldsymbol{l}_1=1}\{\mathrm{Var}(Y_1)\}=\mathrm{Var}(\boldsymbol{e}_1^{\mathrm{T}}\boldsymbol{X})=\boldsymbol{e}_1^{\mathrm{T}}\boldsymbol{\Sigma}\boldsymbol{e}_1=\lambda_1$$

为证明一般情况,我们先证明如下结论:若 $\boldsymbol{l}^{\mathrm{T}}\boldsymbol{l}=1$,则

$$\max_{\boldsymbol{l}\perp\{\boldsymbol{e}_1,\cdots,\boldsymbol{e}_{i-1}\}}\{\boldsymbol{l}^{\mathrm{T}}\boldsymbol{\Sigma}\boldsymbol{l}\}=\lambda_i, \quad i=2,3,\cdots,p \tag{7.9}$$

其中 $\boldsymbol{l}\perp\{\boldsymbol{e}_1,\boldsymbol{e}_2,\cdots,\boldsymbol{e}_{i-1}\}$ 表示 $\boldsymbol{l}$ 与 $\boldsymbol{e}_1,\boldsymbol{e}_2,\cdots,\boldsymbol{e}_{i-1}$ 均正交,即

$$\boldsymbol{l}^{\mathrm{T}}\boldsymbol{e}_1=\boldsymbol{l}^{\mathrm{T}}\boldsymbol{e}_2=\cdots=\boldsymbol{l}^{\mathrm{T}}\boldsymbol{e}_{i-1}=0$$

事实上，令 $\boldsymbol{Z} \triangleq \boldsymbol{P}^{\mathrm{T}}\boldsymbol{l} \triangleq (Z_1, Z_2, \cdots, Z_p)^{\mathrm{T}}$，则

$$\boldsymbol{l} = \boldsymbol{P}\boldsymbol{Z} = Z_1\boldsymbol{e}_1 + Z_2\boldsymbol{e}_2 + \cdots + Z_p\boldsymbol{e}_p \tag{7.10}$$

且 $\boldsymbol{Z}^{\mathrm{T}}\boldsymbol{Z} = \boldsymbol{l}^{\mathrm{T}}\boldsymbol{l} = 1$. 由此可得

$$0 = \boldsymbol{l}^{\mathrm{T}}\boldsymbol{e}_k = Z_1\boldsymbol{e}_1^{\mathrm{T}}\boldsymbol{e}_k + Z_2\boldsymbol{e}_2^{\mathrm{T}}\boldsymbol{e}_k + \cdots + Z_p\boldsymbol{e}_p^{\mathrm{T}}\boldsymbol{e}_k = Z_k, \quad k = 1, 2, \cdots, i-1$$

因而

$$\begin{aligned} \boldsymbol{l}^{\mathrm{T}}\boldsymbol{\Sigma}\boldsymbol{l} &= \boldsymbol{Z}^{\mathrm{T}}\boldsymbol{P}^{\mathrm{T}}\boldsymbol{\Sigma}\boldsymbol{P}\boldsymbol{Z} = \lambda_1 Z_1^2 + \cdots + \lambda_{i-1}Z_{i-1}^2 + \lambda_i Z_i^2 + \cdots + \lambda_p Z_p^2 \\ &= \lambda_i Z_i^2 + \cdots + \lambda_p Z_p^2 \leqslant \lambda_i \boldsymbol{Z}^{\mathrm{T}}\boldsymbol{Z} = \lambda_i \end{aligned} \tag{7.11}$$

若取 $\boldsymbol{Z} = (0, \cdots, 0, 1, 0, \cdots, 0)^{\mathrm{T}}$，其中第 i 个元素为 1，其余均为零，这时由式(7.10)和式(7.11)知

$$\boldsymbol{l} = \boldsymbol{e}_i \text{ 且 } \boldsymbol{l}^{\mathrm{T}}\boldsymbol{\Sigma}\boldsymbol{l} = \lambda_i \tag{7.12}$$

因此，当 $\boldsymbol{l} = \boldsymbol{e}_i$ 时，它与 $\boldsymbol{e}_1, \boldsymbol{e}_2, \cdots, \boldsymbol{e}_{i-1}$ 均正交，且使 $\boldsymbol{l}^{\mathrm{T}}\boldsymbol{\Sigma}\boldsymbol{l}$ 达到其最大值 λ_i.

于是，取 $\boldsymbol{l}_i = \boldsymbol{e}_i$，则

$$\boldsymbol{l}_i^{\mathrm{T}}\boldsymbol{l}_i = 1 \text{ 且 } \boldsymbol{l}_i \perp \{\boldsymbol{e}_1, \boldsymbol{e}_2, \cdots, \boldsymbol{e}_{i-1}\}$$

这时 $Y_i = \boldsymbol{e}_i^{\mathrm{T}}\boldsymbol{X}$ 且 $\mathrm{Var}(Y_i) = \boldsymbol{l}_i^{\mathrm{T}}\boldsymbol{\Sigma}\boldsymbol{l}_i$ 达到最大值 $\lambda_i (i = 2, 3, \cdots, p)$，并有

$$\mathrm{Cov}(Y_i, Y_j) = \boldsymbol{e}_i^{\mathrm{T}}\boldsymbol{\Sigma}\boldsymbol{e}_j = 0, \quad i \neq j$$

定理得证. □

由定理 7.1 知，$\boldsymbol{X}$ 的各个主成分可以按以下方法求取：首先，求其协方差矩阵 $\boldsymbol{\Sigma}$ 的各特征值及相应的正交单位化特征向量，然后，以特征值从大到小所对应的特征向量为组合系数所得到的 $X_1, X_2, \cdots, X_p$ 的线性组合分别取作 $\boldsymbol{X}$ 的第一、第二、直至第 p 个主成分，而各主成分的方差等于相应的特征值.

下面进一步讨论 $X_1, X_2, \cdots, X_p$ 的方差与各主成分的方差之间的关系，以确定各主成分所包含的信息占原来变量 $X_1, X_2, \cdots, X_p$ 所包含信息的比重. 易证下面的定理 7.2.

定理 7.2　设 $Y_i = \boldsymbol{e}_i^{\mathrm{T}}\boldsymbol{X} (i = 1, 2, \cdots, p)$ 为 $\boldsymbol{X}$ 的 p 个主成分，则

$$\sum_{i=1}^{p}\mathrm{Var}(X_i) = \sum_{i=1}^{p}\sigma_{ii} = \sum_{i=1}^{p}\lambda_i = \sum_{i=1}^{p}\mathrm{Var}(Y_i) \tag{7.13}$$

证　由定理 7.1 的证明，有

$$\begin{aligned} \sum_{i=1}^{p}\mathrm{Var}(X_i) &= \sum_{i=1}^{p}\sigma_{ii} = \mathrm{tr}(\boldsymbol{\Sigma}) = \mathrm{tr}(\boldsymbol{P}\boldsymbol{\Lambda}\boldsymbol{P}^{\mathrm{T}}) = \mathrm{tr}(\boldsymbol{\Lambda}\boldsymbol{P}^{\mathrm{T}}\boldsymbol{P}) \\ &= \mathrm{tr}(\boldsymbol{\Lambda}) = \sum_{i=1}^{p}\lambda_i = \sum_{i=1}^{p}\mathrm{Var}(Y_i) \end{aligned}$$

其中 $\boldsymbol{\Lambda} = \mathrm{diag}(\lambda_1, \lambda_2, \cdots, \lambda_p)$. 定理得证. □

定理 7.2 说明，$X_1, X_2, \cdots, X_p$ 的方差之和等于其各个主成分的方差之和 $\sum_{i=1}^{p}\lambda_i$，$\lambda_k \Big/ \sum_{i=1}^{p}\lambda_i$ 描述了第 k 个主成分提取的信息占原来变量总信息量的比重.

称 $\lambda_k \Big/ \sum_{i=1}^{p}\lambda_i$ 为第 k 个主成分 Y_k 的贡献率，称 $\sum_{i=1}^{m}\lambda_i \Big/ \sum_{i=1}^{p}\lambda_i$ 为前 m 个主成分 $Y_1, Y_2, \cdots, Y_m$ 的累计贡献率.

累计贡献率表示的是前 m 个主成分提取 $X_1, X_2, \cdots, X_p$ 的总信息量的比重. 在实际应用中，通常选取 $m < p$，使前 m 个主成分的累计贡献率达到一定的比例(如 80%～90%，根据实际

情况确定). 这样，用前 m 个主成分(新变量)代替原来的 p 个变量 $X_1,X_2,\cdots,X_p$，既不至于损失太多的信息，又可达到减少变量个数的目的.

下面我们通过具体例子来说明求总体主成分的方法.

例 7.1　设随机变量 $\boldsymbol{X}=(X_1,X_2,X_3)^{\mathrm{T}}$ 的协方差矩阵为

$$\boldsymbol{\Sigma}=\begin{pmatrix}1 & -2 & 0\\ -2 & 5 & 0\\ 0 & 0 & 2\end{pmatrix}$$

求 $\boldsymbol{X}$ 的各主成分.

解　首先求得 $\boldsymbol{\Sigma}$ 的特征值及相应的正交单位化特征向量分别为

$$\lambda_1=5.83,\quad \boldsymbol{e}_1=(0.383,-0.924,0)^{\mathrm{T}}$$

$$\lambda_2=2.00,\quad \boldsymbol{e}_2=(0,0,1)^{\mathrm{T}}$$

$$\lambda_3=0.17,\quad \boldsymbol{e}_3=(0.924,0.383,0)^{\mathrm{T}}$$

因此，$\boldsymbol{X}$ 的三个主成分分别是

$$Y_1=\boldsymbol{e}_1^{\mathrm{T}}\boldsymbol{X}=0.383X_1-0.924X_2$$

$$Y_2=\boldsymbol{e}_2^{\mathrm{T}}\boldsymbol{X}=X_3$$

$$Y_3=\boldsymbol{e}_3^{\mathrm{T}}\boldsymbol{X}=0.924X_1+0.383X_2$$

这里，X_3 单独构成一个主成分，是因为 X_3 和 X_1、X_2 均不相关(由 $\boldsymbol{\Sigma}$ 可知).

如果我们只取第一主成分，则贡献率为

$$\frac{5.83}{5.83+2.00+0.17}=73\%$$

若取前两个主成分，则累计贡献率为

$$\frac{5.83+2.00}{5.83+2.00+0.17}=98\%$$

因此，用前两个主成分代替原来三个变量，其信息损失是很小的.　□

7.2.3　标准化变量的主成分

在实际问题中，不同的变量(例如身高和体重)往往有不同的量纲，由于不同的量纲会引起各变量取值的分散程度差异较大，这时，总体方差将主要受方差较大的变量的控制. 若用协方差矩阵 $\boldsymbol{\Sigma}$ 求主成分，则优先照顾了方差大的变量，将可能得到不合理的结果. 为了消除由于量纲不同可能带来的影响，我们常采用变量标准化的方法来求主成分，即令

$$X_i^* = \frac{X_i-\mu_i}{\sqrt{\sigma_{ii}}},\quad i=1,2,\cdots,p \tag{7.14}$$

其中：$\mu_i=E(X_i)$，$\sigma_{ii}=\mathrm{Var}(X_i)$. 这时 $\boldsymbol{X}^*=(X_1^*,X_2^*,\cdots,X_p^*)^{\mathrm{T}}$ 的协方差矩阵便是 $\boldsymbol{X}=(X_1,X_2,\cdots,X_p)^{\mathrm{T}}$ 的相关矩阵 $\boldsymbol{\rho}=(\rho_{ij})_{p\times p}$，其中

$$\rho_{ij}=E\left(\frac{X_i-\mu_i}{\sqrt{\sigma_{ii}}}\right)\left(\frac{X_j-\mu_i}{\sqrt{\sigma_{jj}}}\right)=\frac{\mathrm{Cov}(X_i,X_j)}{\sqrt{\sigma_{ii}\sigma_{jj}}}$$

利用 $\boldsymbol{X}$ 的相关矩阵 $\boldsymbol{\rho}$ 作主成分分析，类似于前面的定理 7.1 和定理 7.2，我们有下面的定理 7.3.

定理 7.3　设 $\boldsymbol{X}^*=(X_1^*,X_2^*,\cdots,X_p^*)^{\mathrm{T}}$ 为 $\boldsymbol{X}=(X_1,X_2,\cdots,X_p)^{\mathrm{T}}$ 的标准化随机向量，其协

方差矩阵为 ρ(即 $\boldsymbol{X}$ 的相关矩阵),则 $\boldsymbol{X}^*$ 的第 i 个主成分为

$$Y_i^* = (\boldsymbol{e}_i^*)^{\mathrm{T}}\boldsymbol{X}^* = e_{1i}^*\frac{X_1-\mu_1}{\sqrt{\sigma_{11}}} + e_{2i}^*\frac{X_2-\mu_2}{\sqrt{\sigma_{22}}} + \cdots + e_{pi}^*\frac{X_p-\mu_p}{\sqrt{\sigma_{pp}}}, i=1,2,\cdots,p \tag{7.15}$$

并且,

$$\sum_{i=1}^{p}\mathrm{Var}(Y_i^*) = \sum_{i=1}^{p}\lambda_i^* = \sum_{i=1}^{p}\mathrm{Var}(X_i^*) = p$$

其中 $\lambda_1^* \geqslant \lambda_2^* \geqslant \cdots \geqslant \lambda_p^* \geqslant 0$ 为 ρ 的特征值,$\boldsymbol{e}_1^*, \boldsymbol{e}_2^*, \cdots, \boldsymbol{e}_p^*$ 为相应的正交单位化特征向量. 此时,第 i 个主成分 Y_i^* 的贡献率为

$$\frac{\lambda_i^*}{p}, \quad i = 1,2,\cdots,p$$

前 m 个主成分的累计贡献率为

$$\frac{\sum_{i=1}^{m}\lambda_i^*}{p} \quad \square$$

定理的证明略去.

例 7.2　设 $\boldsymbol{X}=(X_1,X_2)^{\mathrm{T}}$ 的协方差矩阵为

$$\boldsymbol{\Sigma}=\begin{pmatrix}1 & 4\\ 4 & 100\end{pmatrix}$$

对应的相关矩阵为

$$\rho=\begin{pmatrix}1 & 0.4\\ 0.4 & 1\end{pmatrix}$$

试分别从协方差矩阵和相关矩阵出发求主成分并进行比较.

解　首先从协方差矩阵 $\boldsymbol{\Sigma}$ 出发求主成分,易求得其特征值和相应的正交单位化特征向量为

$$\lambda_1=100.16, \qquad \boldsymbol{e}_1=(0.040, 0.999)^{\mathrm{T}}$$
$$\lambda_2=0.84, \qquad \boldsymbol{e}_2=(0.999, -0.040)^{\mathrm{T}}$$

于是,$\boldsymbol{X}$ 的两个主成分分别为

$$Y_1=0.040X_1+0.999X_2$$
$$Y_2=0.999X_1-0.040X_2$$

第一主成分 Y_1 的贡献率为

$$\frac{\lambda_1}{\lambda_1+\lambda_2} = \frac{100.16}{101} = 99.2\%$$

由于 X_2 的方差比较大,它完全控制了第一主成分(X_2 在 Y_1 中的系数为 0.999),而第一主成分提取了 99.2%的信息量,因此 X_2 掩盖了变量 X_1 的作用.

再从 ρ 出发求主成分,可求得其特征值和相应的正交单位化特征向量为

$$\lambda_1^*=1.4, \qquad \boldsymbol{e}_1^*=(0.707, 0.707)^{\mathrm{T}}$$
$$\lambda_2^*=0.6, \qquad \boldsymbol{e}_2^*=(0.707, -0.707)^{\mathrm{T}}$$

$\boldsymbol{X}^*$ 的两个主成分分别为

$$Y_1^* = 0.707X_1^* + 0.707X_2^* = 0.707(X_1-\mu_1) + 0.0707(X_2-\mu_2)$$
$$Y_2^* = 0.707X_1^* - 0.707X_2^* = 0.707(X_1-\mu_1) - 0.0707(X_2-\mu_2)$$

此时，第一个主成分 Y_1^* 的贡献率有所下降，为

$$\frac{\lambda_1^*}{p}=\frac{1.4}{2}=70\% \qquad \square$$

由例 7.2 可知，两种情形中，原变量在第一主成分中的重要性有很大的变化. 在由 $\boldsymbol{\Sigma}$ 出发求得的第一主成分 Y_1 中，X_1 和 X_2 的权重系数分别为 0.040 和 0.999，第一主成分 Y_1 主要由大方差的变量控制. 而在由 $\boldsymbol{\rho}$ 出发所求得的第一主成分 Y_1^* 中，X_1 和 X_2 的权重系数反而为 0.707和 0.070 7，即 X_1 的相对重要性得到提升，这种变化是由变量标准化引起的. 此例也表明，由 $\boldsymbol{\Sigma}$ 和 $\boldsymbol{\rho}$ 出发所求得的主成分一般是不相同的，而且，其中一组主成分也不是另一组主成分的简单函数.

值得注意的是，在实际应用中，当研究对象的各变量变化范围差异较大或者量纲不同时，从相关矩阵出发求主成分比较合理.

7.2.4 样本主成分

前面讨论的实际上是总体的主成分，而在实际问题中，随机变量的协方差矩阵 $\boldsymbol{\Sigma}$(或相关矩阵 $\boldsymbol{\rho}$)通常是未知的，需要通过样本来估计，因此，这一小节讨论样本主成分.

设

$$\boldsymbol{X}_i=(x_{1i},x_{2i},\cdots,x_{pi})^{\mathrm{T}},\quad i=1,2,\cdots,n$$

为取自总体 $\boldsymbol{X}=(X_1,X_2,\cdots,X_p)^{\mathrm{T}}$ 的一个容量为 n 的简单随机样本，则其样本协方差矩阵和样本相关矩阵分别为

$$\boldsymbol{S}\triangleq(s_{ij})_{p\times p}=\frac{1}{n-1}\sum_{k=1}^{n}(\boldsymbol{x}_k-\bar{\boldsymbol{x}})(\boldsymbol{x}_k-\bar{\boldsymbol{x}})^{\mathrm{T}} \tag{7.16}$$

$$\boldsymbol{R}\triangleq(r_{ij})_{p\times p}=\left(\frac{s_{ij}}{\sqrt{s_{ii}s_{jj}}}\right)_{\mathrm{p}\times\mathrm{p}} \tag{7.17}$$

其中 $\bar{\boldsymbol{x}}$ 是样本均值，

$$\bar{\boldsymbol{x}}=(\bar{x}_1,\bar{x}_2,\cdots,\bar{x}_p)^{\mathrm{T}},\quad \bar{x}_i=\frac{1}{n}\sum_{j=1}^{n}x_{ij},\quad i=1,2,\cdots,p$$

s_{ij}是第 i 个变量与第 j 个变量的样本协方差，

$$s_{ij}=\frac{1}{n-1}\sum_{k=1}^{n}(x_{ik}-\bar{x}_i)(x_{jk}-\bar{x}_j),\quad i、j=1,2,\cdots,p$$

分别以 $\boldsymbol{S}$ 和 $\boldsymbol{R}$ 作为 $\boldsymbol{\Sigma}$ 和 $\boldsymbol{\rho}$ 的估计，按前面所述方法求得的主成分称为样本主成分. 具体有如下定理 7.4.

定理 7.4 设 $\boldsymbol{S}=(s_{ij})_{p\times p}$是 $\boldsymbol{X}=(X_1,X_2,\cdots,X_p)^{\mathrm{T}}$ 样本协方差矩阵，其 p 个特征值为 $\hat{\lambda}_1\geqslant\hat{\lambda}_2\geqslant\cdots\geqslant\hat{\lambda}_p\geqslant0$，相应的正交单位化向量为 $\hat{\boldsymbol{e}}_1,\hat{\boldsymbol{e}}_2,\cdots,\hat{\boldsymbol{e}}_p$，则 i 第个样本主成分为

$$y_i=\hat{\boldsymbol{e}}_i^{\mathrm{T}}\boldsymbol{x}=\hat{e}_{1i}x_1+\hat{e}_{2i}x_2+\cdots+\hat{e}_{pi}x_p,\quad i=1,2,\cdots,p \tag{7.18}$$

其中 $\boldsymbol{x}=(x_1,x_2,\cdots,x_p)^{\mathrm{T}}$ 为 $\boldsymbol{X}$ 的任意观测值. 当依次代入 $\boldsymbol{X}$ 的 n 个观测值 $\boldsymbol{x}_k=(x_{1k},x_{2k},\cdots,x_{pk})^{\mathrm{T}}(k=1,2,\cdots,n)$时，便得到第 i 个样本主成分 y_i 的 n 个观测值 $y_{ik}(k=1,2,\cdots,n)$. 这时

$$y_i\text{ 的样本方差}=\hat{\boldsymbol{e}}_i^{\mathrm{T}}\boldsymbol{S}\hat{\boldsymbol{e}}_i=\hat{\lambda}_i,\quad i=1,2,\cdots,p$$

$$y_i\text{ 与 }y_j\text{ 的样本协方差}=\hat{\boldsymbol{e}}_i^{\mathrm{T}}\boldsymbol{S}\hat{\boldsymbol{e}}_j=0,\quad i\neq j$$

$$\text{样本总方差}=\sum_{i=1}^{p}s_{ii}=\sum_{i=1}^{p}\hat{\lambda}_i$$

第 i 个样本主成分的贡献率定义为

$$\frac{\hat{\lambda}_i}{\sum_{i=1}^{p}\hat{\lambda}_i},\quad i=1,2,\cdots,p$$

前 m 个样本主成分的累计率定义为

$$\frac{\sum_{i=1}^{m}\hat{\lambda}_i}{\sum_{i=1}^{p}\hat{\lambda}_i}\qquad\square$$

同样，为了消除量纲的影响，我们可以对样本进行标准化，即令

$$\boldsymbol{x}_i^*=\left(\frac{x_{1i}-\bar{x}_1}{\sqrt{s_{11}}},\frac{x_{2i}-\bar{x}_2}{\sqrt{s_{22}}},\cdots,\frac{x_{pi}-\bar{x}_p}{\sqrt{s_{pp}}}\right)^{\mathrm{T}},\quad i=1,2,\cdots,n$$

则标准化数据的样本协方差矩阵即为原数据的样本相关矩阵 $\boldsymbol{R}$. 由 $\boldsymbol{R}$ 出发所求得的样本主成分称为标准化样本主成分. 只要求出 $\boldsymbol{R}$ 的特征值及相应的正交单位化特征向量，类似上述结果可求得标准化样本主成分. 这时标准化样本的样本总方差为 p.

实际应用中，将样本 $\boldsymbol{x}_i(i=1,2,\cdots,n)$ 代入各主成分中，可得到各样本主成分的观测值 y_{ik} $(k=1,2,\cdots,n;i=1,2,\cdots,p)$. 为了便于理解和比较，可用表格形式列出原始数据及它们的各主成分观测值，如表 7.1 所示.

表 7.1　原始数据及其各主成分观测值

样本序号	原变量				主成分			
	$\boldsymbol{x}_1$	$\boldsymbol{x}_2$	$\cdots$	$\boldsymbol{x}_p$	$\boldsymbol{y}_1$	$\boldsymbol{y}_2$	$\cdots$	$\boldsymbol{y}_p$
1	x_{11}	x_{21}	$\cdots$	x_{p1}	y_{11}	y_{21}	$\cdots$	y_{p1}
2	x_{12}	x_{22}	$\cdots$	x_{p2}	y_{12}	y_{22}	$\cdots$	y_{p2}
$\vdots$	$\vdots$	$\vdots$		$\vdots$	$\vdots$	$\vdots$		$\vdots$
n	x_{1n}	x_{2n}	$\cdots$	x_{pn}	y_{1n}	y_{2n}	$\cdots$	y_{pn}

选取前 $m(m<p)$ 个样本主成分，使其累计贡献率达到一定的要求(如 80%～90%)，将前 m 个样本主成分的观测值代替原始数据做统计分析，这样便可达到降低原始数据维数的目的.

下面是一个利用样本进行主成分分析的经典例题(方开泰，1989；梅长林等，2002).

例 7.3　彩色胶卷的显影色彩很容易受显影液微小变化的影响，为了对显影液进行质量控制，将胶卷在不同情形下曝光，然后通过红、绿、蓝滤色片进行测量. 测量在高、中、低三种密度下进行，故每一胶卷共有 9 个指标，共做了 108 个实验. 根据测量数据(原始数据略)计算得到的样本协方差矩阵 $\boldsymbol{S}$ 见表 7.2(为便于理解，我们写出了 $\boldsymbol{S}$ 各列所对应的指标，各行对应的

表 7.2　样本协方差矩阵

高			中			低		
红	绿	蓝	红	绿	蓝	红	绿	蓝
177	179	95	96	53	32	−7	−4	−3
	419	245	131	181	127	−2	1	4
		302	60	109	142	4	4	11
			153	102	42	4	3	2
				137	96	4	5	6
					128	2	2	8
						34	31	33
							39	39
								48

指标相同,而 $\boldsymbol{S}$ 的对称部分未写出).

求出 $\boldsymbol{S}$ 的特征值并计算出样本主成分的累计贡献率列于表 7.3.

表 7.3 特征值与累计贡献率

i	$\hat{\lambda}_i$	累计贡献率(%)
1	878.52	60.92
2	196.10	74.52
3	128.64	83.44
4	103.43	90.62
5	81.26	96.25
6	37.85	98.88
7	6.98	99.36
8	5.71	99.76
9	3.52	100.00

由表 7.3 可知,前三个样本主成分提取的信息达 83.44%,因此可利用前三个样本主成分来分析问题.

求出特征值相应的正交单位化特征向量,将前三个样本主成分的系数(即特征向量 $\hat{\boldsymbol{e}}_1,\hat{\boldsymbol{e}}_2,\hat{\boldsymbol{e}}_3$ 的分量)列于表 7.4.

表 7.4 前三个主成分的系数

物性		$\hat{\boldsymbol{e}}_1$	$\hat{\boldsymbol{e}}_2$	$\hat{\boldsymbol{e}}_3$
高	红	0.305	−0.485	−0.412
	绿	0.654	−0.150	−0.182
	蓝	0.482	0.587	−0.235
中	红	0.261	−0.491	0.457
	绿	0.323	−0.038	0.495
	蓝	0.271	0.376	0.268
低	红	0.002	0.057	0.256
	绿	0.006	0.053	0.266
	蓝	0.014	0.088	0.282

由表 7.4 可知,第一个样本主成分的信息主要来源于前六个变量,低密度时的三个变量反映很少(系数很小);第二个主成分的信息主要反映了高红、高蓝、中红和中蓝四个变量,注意到红和蓝的系数的符号相反,故第二主成分主要反映了红和蓝的对比;第三个主成分反映了高密度的各变量和中、低密度的对比.

另外,从样本协方差矩阵 $\boldsymbol{S}$ 可知,最后三个变量的样本方差相对于前六个变量的样本方差是比较小的(见表 7.2),因此第一主成分由前六个变量起主导作用.这时,采用样本相关矩阵来求标准化样本主成分将会更加合理(我们将这一分析留作练习).□

我们再来看一个经济学方面的例题(范金城等,2002).

例 7.4 某市为了全面分析机械类企业的经济效益,选择了 8 个不同的利润指标,全市 14 家企业关于这 8 个指标的统计数据如表 7.5 所示.试利用主成分分析对这些企业的经济效益进行分析.

解 本例中的利润指标即是我们进行主成分分析的变量,14 家企业关于 8 个指标的统计数据即是 $\boldsymbol{X}=(X_1,X_2,\cdots,X_8)^{\mathrm{T}}$ 的一个容量为 14 的样本.

(1)由表 7.5 所给原始数据,计算出样本均值向量为

$$\bar{\boldsymbol{x}}=(27.979,10.950,9.100,8.543,11.064,14.614,1.552,14.686)^{\mathrm{T}}$$

样本协方差矩阵为(对称部分未写出)

$$\boldsymbol{S}=\begin{pmatrix} 168.333 & & & & & & & \\ 60.357 & 37.207 & & & & & & \\ 45.757 & 16.825 & 24.843 & & & & & \\ 41.215 & 15.505 & 24.335 & 24.423 & & & & \\ 57.906 & 23.535 & 36.478 & 36.283 & 56.046 & & & \\ 71.672 & 29.029 & 49.278 & 49.146 & 75.404 & 103.018 & & \\ 8.602 & 4.785 & 3.629 & 3.675 & 5.002 & 6.821 & 1.137 & \\ 101.620 & 44.023 & 39.410 & 38.718 & 59.723 & 74.523 & 6.722 & 102.707 \end{pmatrix}$$

表 7.5　14 家企业 8 个指标利润率的统计数据

变量 / 企业序号	净产值利润率(%)	固定资产利润率(%)	总产值利润率(%)	销售收入利润率(%)	产品成本利润率(%)	物耗利润率(%)	人均利润率(%)	流动资金利润率(%)
	x_{i1}	x_{i2}	x_{i3}	x_{i4}	x_{i5}	x_{i6}	x_{i7}	x_{i8}
1	40.4	24.7	7.2	6.1	8.3	8.7	2.442	20.0
2	25.0	12.7	11.2	11.0	12.9	20.2	3.542	9.1
3	13.2	3.3	3.9	4.3	4.4	5.5	0.578	3.6
4	22.3	6.7	5.6	3.7	6.0	7.4	0.176	7.3
5	34.3	11.8	7.1	7.1	8.0	8.9	1.726	27.5
6	35.6	12.5	16.4	16.7	22.8	29.3	3.017	26.6
7	22.0	7.8	9.9	10.2	12.6	17.6	0.847	10.6
8	48.4	13.4	10.9	9.9	10.9	13.9	1.772	17.8
5	34.3	11.8	7.1	7.1	8.0	8.9	1.726	27.5
6	35.6	12.5	16.4	16.7	22.8	29.3	3.017	26.6
7	22.0	7.8	9.9	10.2	12.6	17.6	0.847	10.6
8	48.4	13.4	10.9	9.9	10.9	13.9	1.772	17.8
9	40.6	19.1	19.8	19.0	29.7	39.6	2.449	35.8
10	24.8	8.0	9.8	8.9	11.9	16.2	0.789	13.7
11	12.5	9.7	4.2	4.2	4.6	6.5	0.874	3.9
12	1.8	0.6	0.7	0.7	0.8	1.1	0.056	1.0
13	32.3	13.9	9.4	8.3	9.8	13.3	2.126	17.1
14	38.5	9.1	11.3	9.5	12.2	16.4	1.327	11.6

(2)由于样本协方差矩阵 $\boldsymbol{S}$ 中主对角线元素差异较大,因此,我们从样本相关矩阵 $\boldsymbol{R}$ 出发进行主成分分析.由原始数据计算得样本相关矩阵为(对称部分未写出).

$$R=\begin{pmatrix}1.000 & & & & & & & \\ 0.763 & 1.000 & & & & & & \\ 0.708 & 0.553 & 1.000 & & & & & \\ 0.643 & 0.514 & 0.988 & 1.000 & & & & \\ 0.596 & 0.515 & 0.978 & 00.981 & 1.000 & & & \\ 0.544 & 0.469 & 0.974 & 0.980 & 0.922 & 1.000 & & \\ 0.622 & 0.736 & 0.683 & 0.697 & 0.627 & 0.630 & 1.000 & \\ 0.773 & 0.712 & 0.780 & 0.733 & 0.787 & 0.724 & 0.622 & 1.000\end{pmatrix}$$

求出 $\boldsymbol{R}$ 的特征值 $\hat{\lambda}_i^*$ 及相应的单位正交化特征值向量 $\hat{\boldsymbol{e}}_i^*$，$i=1,2,\cdots,8$，得各标准化主成分的贡献及累计贡献率如表 7.6 所示. 由表可知，前 2 个标准化样本主成分累计贡献率已达到 89.734%，故只需取前 2 个主成分进行分析.

表 7.6　$\boldsymbol{R}$ 的特征值及贡献率

i	$\hat{\lambda}_i$	贡献率(%)	累计贡献率(%)
1	6.136 62	76.708	76.708
2	1.042 13	13.027	89.734
3	0.435 95	5.449	95.184
4	0.220 37	2.755	97.938
5	0.151 91	1.899	99.837
6	0.008 83	0.110	99.948
7	0.002 96	0.037	99.985
8	0.001 22	0.015	100.000

前 2 个标准化样本主成分中各标准化变量

$$x_i^* = \frac{x_i - \bar{x}_i}{\sqrt{s_{ii}}}, \quad i = 1,2,\cdots,8$$

前的系数分别对应于 $\hat{\lambda}_1$ 与 $\hat{\lambda}_2$ 的正交单位化特征向量 $\hat{\boldsymbol{e}}_1^*$ 与 $\hat{\boldsymbol{e}}_2^*$ 的分量，将其列于表 7.7.

由此得前 2 个标准化样本主成分为

表 7.7　标准化特征向量 $\hat{\boldsymbol{e}}_1^*$，$\hat{\boldsymbol{e}}_2^*$ 表

标准化变量	$\hat{\boldsymbol{e}}_1^*$	$\hat{\boldsymbol{e}}_2^*$
x_1^*	0.321 112	0.415 105
x_2^*	0.296 164	0.597 663
x_3^*	0.389 120	−0.229 744
x_4^*	0.384 724	−0.278 693
x_5^*	0.379 551	−0.316 317
x_6^*	0.370 867	−0.371 505
x_7^*	0.319 953	0.278 145
x_8^*	0.355 461	0.156 836

$$y_1 = 0.321\,112x_1^* + 0.296\,164x_2^* + 0.389\,120x_3^* + 0.384\,724x_4^* + 0.379\,551x_5^* + 0.370\,867x_6^* + 0.319\,953x_7^* + 0.355\,461x_8^*$$

$$y_2 = 0.415\,105x_1^* + 0.597\,663x_2^* - 0.229\,744x_3^* - 0.278\,693x_4^* - 0.316\,317x_5^* - 0.371\,505x_6^* - 0.278\,145x_7^* + 0.156\,836x_8^*$$

我们注意到 y_1 近似是 8 个标准化变量 $x_i^*(i=1,2,\cdots,8)$的等权重之和，是反映各企业总效益大小的综合指标，y_1 的值越大，则企业的效益越好. 由于 y_1 的贡献率高达 76.71%，故若用 y_1 的得分值对各企业进行排序，能从整体上大致反映企业之间的效益差别，我们将 $\boldsymbol{S}$ 中 s_{ii} 的值及 $\overline{\boldsymbol{x}}$ 中各 $\overline{x}_i$ 的值以及各企业关于 x_i 的观测值代入 y_1 的表达式中，可求得各企业 y_1 的得分及其按其得分由大到小的排序结果(如表 7.8 所示). 即第 9 号企业的效益最好，第 12 号企业的效益最差.

表 7.8　按第一主成分得分排序

企业序号	y_1 值	排名
9	5.223 85	1
6	3.457 80	2
2	1.006 472	3
8	1.001 116	4
1	0.731 65	5
13	0.399 17	6
14	0.364 40	7
5	0.066 79	8
7	−0.276 69	9
10	−0.302 03	10
4	−2.188 61	11
11	−2.370 05	12
3	−2.824 07	13
12	−4.358 08	14

第二主成分 y_2 的系数表明，它是前后各 2 个效益指标与中间 4 个效益指标的对比，y_2 值的正负代表了企业两种不同的效益类型. □

需要指出的是，关于主成分的实际意义，要结合具体问题和有关专业知识才能给出合理的解释. 虽然利用主成分本身可对所研究的问题在一定程度上做分析，但主成分分析本身往往并不是最终目的，更重要的是利用主成分综合原始变量的信息，达到降低原始变量维数的目的，进而利用由前几个主成分得到的低维数据做进一步分析，如主成分回归分析、聚类分析等等(方开泰，1989).

§7.3　主成分的统计推断

上一节，我们在二阶矩存在的假定下求解(总体和样本)主成分，没有涉及到随机向量 $\boldsymbol{X}$

的分布.本节讨论主成分的统计推断问题,需要假定随机向量 $\boldsymbol{X}$ 服从均值为 μ、协方差矩阵为 $\boldsymbol{\Sigma}$ 的 p 元正态分布,即

$$\boldsymbol{X}\sim N_p(\mu,\boldsymbol{\Sigma}).$$

前一节用样本协方差矩阵 $\boldsymbol{S}$ 代替 $\boldsymbol{\Sigma}$ 来求特征值和特征向量,我们应该考虑:这样求出的特征值和特征向量是否为 $\boldsymbol{\Sigma}$ 的特征向量和特征值在某种意义下的估计?为了下面讨论方便,我们用 $\lambda_1\geqslant\cdots\geqslant\lambda_p$ 表示 $\boldsymbol{\Sigma}$ 的特征值,$\boldsymbol{e}_1,\boldsymbol{e}_2,\cdots,\boldsymbol{e}_p$ 表示相应的单位特征向量;用 $\hat{\boldsymbol{\Sigma}}=\frac{1}{n}\sum_{k=1}^{n}(\boldsymbol{x}_k-\bar{\boldsymbol{x}})\cdot(\boldsymbol{x}_k-\bar{\boldsymbol{x}})^{\mathrm{T}}$ 表示 $\boldsymbol{\Sigma}$ 的极大似然估计,$\hat{\lambda}_1\geqslant\hat{\lambda}_2\geqslant\cdots\geqslant\hat{\lambda}_p$ 表示 $\hat{\boldsymbol{\Sigma}}$ 的特征值,$\hat{\boldsymbol{e}}_1,\hat{\boldsymbol{e}}_2,\cdots,\hat{\boldsymbol{e}}_p$ 表示相应的单位特征向量.由于 $\boldsymbol{e}_i$ 和 $-\boldsymbol{e}_i$ 都是 λ_i 相应的单位特征向量,为了保证惟一性,我们规定 $\boldsymbol{e}_1,\boldsymbol{e}_2,\cdots,\boldsymbol{e}_p,\hat{\boldsymbol{e}}_1,\hat{\boldsymbol{e}}_2,\cdots,\hat{\boldsymbol{e}}_p$ 的第一个分量非负.

定理 7.5　设 $\boldsymbol{X}\sim N_p(\mu,\boldsymbol{\Sigma})$,且 $\boldsymbol{\Sigma}$ 的特征根互不相等,则 $\hat{\lambda}_1,\hat{\lambda}_2,\cdots,\hat{\lambda}_p$ 是 $\lambda_1,\cdots,\lambda_p$ 的极大似然估计,$\hat{\boldsymbol{e}}_1,\hat{\boldsymbol{e}}_2,\cdots,\hat{\boldsymbol{e}}_p$ 是 $\boldsymbol{e}_1,\boldsymbol{e}_2,\cdots,\boldsymbol{e}_p$ 的极大似然估计.

定理证明见方开泰(1989)的《实用多元统计分析》.

当 $\boldsymbol{\Sigma}$ 的特征值有重根时,相应的特征向量不惟一,当然也就谈不上 $\hat{\boldsymbol{\Sigma}}$ 的特征向量是它的极大似然估计了.但在某种意义下仍可看成它的极大似然估计.关于 $\hat{\lambda}_1,\hat{\lambda}_2,\cdots,\hat{\lambda}_p$ 和 $\hat{\boldsymbol{e}}_1,\hat{\boldsymbol{e}}_2,\cdots,\hat{\boldsymbol{e}}_p$ 的分布和渐近分布的详细讨论可以参见有关文献(T. W. Anderson,1984).

上一节讨论主成分取多少个时,是用一种比较直观的方法,即按累计贡献率来决定所取的主成分个数.这个问题也可以从假设检验的角度来考虑.若我们只取前 m 个主成分,它是否合理的问题相当于检验假设

$$H_0:\lambda_{m+1}=\cdots=\lambda_p=0$$

是否成立的问题,或更一般地,

$$H_0:\lambda_{m+1}=\cdots=\lambda_p=\lambda,\quad H_1:\lambda_{i_0}\neq\lambda,\text{至少有一个 } i_0=m+1,\cdots,p$$

可以导出这个假设检验的似然比统计量为[参见有关文献(方开泰,1989)]

$$Q=\Big(\prod_{j=m+1}^{p}\hat{\lambda}_j\Big)\Big/\Big(\sum_{j=m+1}^{p}\hat{\lambda}_j\Big/(p-m)\Big)^{p-m}\tag{7.19}$$

Q 的近似分布已经得到.令

$$\tilde{Q}=-\left\{n-m-\frac{1}{6}[2(p-m)+1+2(p-m)^{-1}]+\hat{\lambda}^2\sum_{i=1}^{m}(\hat{\lambda}_i-\hat{\lambda})^{-2}\right\}\ln Q$$

其中
$$\hat{\lambda}=\sum_{i=m+1}^{p}\hat{\lambda}_i\Big/(p-m)$$

当 H_0 成立时,$\tilde{Q}$ 近似服从 χ_f^2 分布,其中

$$f=\frac{1}{2}(p-m)(p-m+1)-1$$

或者,$-n\ln Q$ 近似服从 χ_g^2 分布,其中

$$g=\frac{1}{2}(p-m-1)(p-m+2)$$

再根据给定的检验水平,利用统计量 $\tilde{Q}$ 或 $-n\ln Q$ 进行假设检验,就可以合理地决定主成分的所取个数.

若用累计贡献率的数值来决定所取主成分的数目,等价于检验

$$\Psi=\frac{\lambda_1+\cdots+\lambda_m}{\lambda_1+\cdots+\lambda_p}$$

是否十分接近于 1. 考虑用统计量

$$\hat{\Psi}=\frac{\hat{\lambda}_1+\hat{\lambda}_2+\cdots+\hat{\lambda}_m}{\hat{\lambda}_1+\hat{\lambda}_2+\cdots+\hat{\lambda}_p} \tag{7.20}$$

作为 Ψ 的估计. 可以证明，当 n 充分大时，$\hat{\Psi}$ 近似服从均值为 Ψ、方差为 τ^2 的正态分布，即

$$\hat{\Psi}\sim N(\Psi,\tau^2)$$

其中

$$\begin{aligned}\tau^2&=\frac{2}{(n-1)(\mathrm{tr}\boldsymbol{\Sigma})^2}\{(1-\Psi)^2(\lambda_1^2+\cdots+\lambda_m^2)+\Psi_2(\lambda_{m+1}^2+\cdots+\lambda_p^2)\}\\&=\frac{2\mathrm{tr}\boldsymbol{\Sigma}^2}{(n-1)(\mathrm{tr}\boldsymbol{\Sigma})^2}(\Psi^2-2\alpha\Psi+\alpha^2)\end{aligned}$$

这里

$$\alpha=(\lambda_1^2+\lambda_2^2+\cdots+\lambda_m^2)\Big/(\lambda_1^2+\lambda_2^2+\cdots+\lambda_p^2)$$

根据给定的检验水平，利用统计量 $\hat{\Psi}$ 进行假设检验，同样可以合理地决定主成分的所取个数. 在实际计算中，α 和 τ^2 可用 $\hat{\alpha}$ 与 $\hat{\tau}^2$ 来代替，后者是用 $\hat{\lambda}_1,\hat{\lambda}_2,\cdots,\hat{\lambda}_p$ 代替表达式中的 $\lambda_1,\lambda_2,\cdots,\lambda_p$ 而得到的.

§7.4 典型相关分析

典型相关分析是一种研究两组随机变量之间相关关系的多元统计分析方法，是两个随机变量之间的相关分析在两组变量情形下的推广.

7.4.1 典型相关分析的基本思想

在许多实际问题中，需要研究两个变量组之间的相关性. 例如，工厂对原料的主要质量指标 $(X_1,X_2,\cdots,X_p)$ 进行测量，然后对产品的主要质量指标 $(Y_1,Y_2,\cdots,Y_q)$ 也进行测量，一般而言，两组指标 $(X_1,X_2,\cdots,X_p)$ 与 $(Y_1,Y_2,\cdots,Y_q)$ 之间存在一定的相关性，工厂的技术管理人员希望了解这种相关性以提高产品质量. 又如，在生物科学中，某生物种群状况[用一组变量 $(X_1,X_2,\cdots,X_p)$ 描述]与其生活环境[用另一组变量 $(Y_1,Y_2,\cdots,Y_q)$ 描述]之间存在相关关系，了解这种相关性对于保持物种的生态平衡有指导意义.

一般地，设 $\boldsymbol{X}=(X_1,X_2,\cdots,X_p)^{\mathrm{T}}$ 和 $\boldsymbol{Y}=(Y_1,Y_2,\cdots,Y_q)^{\mathrm{T}}$ 是两个相互关联的随机向量，我们的目的是要研究 $\boldsymbol{X}$ 和 $\boldsymbol{Y}$ 之间整体的相关关系.

当 $p=q=1$ 时，即是要研究两个随机变量 X_1 和 Y_1 之间的相关关系. 此时，X_1 和 Y_1 的相关性可用它们的相关系数 ρ_{X_1,Y_1} 来度量，即

$$\rho_{X_1,Y_1}=\frac{\mathrm{Cov}(X_1,Y_1)}{\sqrt{\mathrm{Var}(X_1)\cdot\mathrm{Var}(Y_1)}}$$

当 $p>1$ 或 $q>1$ 时，虽然 $\boldsymbol{X}$ 的每个分量 $X_i(i=1,2,\cdots,p)$ 与 $\boldsymbol{Y}$ 的每个分量 $Y_i(i=1,2,\cdots,q)$ 的相关性可以用它们的相关系数 ρ_{X_i,Y_j} 来刻画，但它们只能孤立地反映各对分量 (X_i,Y_j) 的相关性，不能反映 $\boldsymbol{X}$ 和 $\boldsymbol{Y}$ 之间整体的相关关系.

利用主成分分析的思想，我们可以把两组变量的相关性转化为两个变量的相关性来考虑，即考察 $\boldsymbol{X}$ 的分量的线性组合

$$U_1=a_1X_1+a_2X_2+\cdots+a_pX_p\triangleq\boldsymbol{a}^{\mathrm{T}}\boldsymbol{X}$$

与 $\boldsymbol{Y}$ 的分量的线性组合

$$V_1 = b_1Y_1 + b_2Y_2 + \cdots + b_qY_q \triangleq \boldsymbol{b}^{\mathrm{T}}\boldsymbol{Y}$$

的相关性. 我们仍然在单位方差的要求下来考虑 U_1 和 V_1，为了最大可能地提取 $X_1, X_2, \cdots, X_p$ 与 $Y_1, Y_2, \cdots, Y_q$ 之间的相关性，需要找 $\boldsymbol{a}_1$ 和 $\boldsymbol{b}_1$，使 U_1 和 V_1 之间有最大的相关系数，即

$$\begin{cases}\rho(\boldsymbol{a}_1^{\mathrm{T}}\boldsymbol{X}, \boldsymbol{b}_1^{\mathrm{T}}\boldsymbol{Y}) = \max\rho(\boldsymbol{a}^{\mathrm{T}}\boldsymbol{X}, \boldsymbol{b}^{\mathrm{T}}\boldsymbol{Y}) \\ \mathrm{Var}(\boldsymbol{a}^{\mathrm{T}}\boldsymbol{X}) = \mathrm{Var}(\boldsymbol{b}^{\mathrm{T}}\boldsymbol{Y}) = 1\end{cases}$$

称这样求出的 $U_1=\boldsymbol{a}_1^{\mathrm{T}}\boldsymbol{X}$ 和 $\boldsymbol{V}_1=\boldsymbol{b}_1^{\mathrm{T}}\boldsymbol{Y}$ 为第一对典型相关变量.

进一步，在求出第一对典型相关变量之后，可以类似地求出第二对、第三对、……典型相关变量，并使各对典型变量之间互不相关（即相关性不会被重复提取）. 这些典型相关变量就反映了 $\boldsymbol{X}$ 和 $\boldsymbol{Y}$ 之间的线性相关关系. 并且，我们可以根据相关系数的值来对典型相关变量对进行排序，以确定各对典型相关变量反映原来两个变量组的相关性的程度；也可以检验各对典型相关变量相关系数是否为零，以确定具有代表性的典型相关变量对. 这样，我们就可以将两组变量之间整体相关性的研究转化为少数几个典型相关变量对之间的相关性的研究，通过对几对主要（相关性较大）典型相关变量的研究来了解原来两组变量之间的整体相关关系，从而发现问题的本质，分析出较为深刻的结果.

7.4.2　总体典型相关与样本典型相关

一、总体的典型相关

设随机向量 $\boldsymbol{X}=(X_1, X_2, \cdots, X_p)^{\mathrm{T}}$ 和 $\boldsymbol{Y}=(Y_1, Y_2, \cdots, Y_q)^{\mathrm{T}}$ 的二阶矩存在，不失一般性，可设 $p\leqslant q$，令

$$\mathrm{Var}(\boldsymbol{X})=E[\boldsymbol{X}-E(\boldsymbol{X})][\boldsymbol{X}-E(\boldsymbol{X})]^{\mathrm{T}}\triangleq\boldsymbol{\Sigma}_{11}$$
$$\mathrm{Var}(\boldsymbol{Y})=E[\boldsymbol{Y}-E(\boldsymbol{Y})][\boldsymbol{Y}-E(\boldsymbol{Y})]^{\mathrm{T}}\triangleq\boldsymbol{\Sigma}_{22}$$
$$\mathrm{Cov}(\boldsymbol{X},\boldsymbol{Y})=E[\boldsymbol{X}-E(\boldsymbol{X})][\boldsymbol{Y}-E(\boldsymbol{Y})]^{\mathrm{T}}\triangleq\boldsymbol{\Sigma}_{12}$$
$$\mathrm{Cov}(\boldsymbol{Y},\boldsymbol{X})=E[\boldsymbol{Y}-E(\boldsymbol{Y})][\boldsymbol{X}-E(\boldsymbol{X})]^{\mathrm{T}}\triangleq\boldsymbol{\Sigma}_{21}$$

则有 $\boldsymbol{\Sigma}_{12}=\boldsymbol{\Sigma}_{21}^{\mathrm{T}}$. 进一步假定 $\boldsymbol{\Sigma}_{11}$ 和 $\boldsymbol{\Sigma}_{22}$ 是满秩阵（从而是正定矩阵），且令

$$\boldsymbol{\Sigma}=\mathrm{Var}\begin{pmatrix}\boldsymbol{X}\\ \boldsymbol{Y}\end{pmatrix}=\begin{bmatrix}\boldsymbol{\Sigma}_{11} & \boldsymbol{\Sigma}_{12}\\ \boldsymbol{\Sigma}_{21} & \boldsymbol{\Sigma}_{22}\end{bmatrix}$$

为研究 $\boldsymbol{X}$ 和 $\boldsymbol{Y}$ 之间的相关关系，考虑它们分量的线性组合

$$\begin{cases}U\triangleq\boldsymbol{a}^{\mathrm{T}}\boldsymbol{X}=a_1X_1+a_2X_2+\cdots+a_pX_p\\ V\triangleq\boldsymbol{b}^{\mathrm{T}}\boldsymbol{Y}=b_1Y_1+b_2Y_2+\cdots+b_qY_q\end{cases}$$

其中 $\boldsymbol{a}=(a_1, a_2, \cdots, a_p)^{\mathrm{T}}$，$\boldsymbol{b}=(b_1, b_2, \cdots, b_q)^{\mathrm{T}}$ 为任意非零常数向量. 我们希望在 $\boldsymbol{\Sigma}$ 给定的条件下，选取 $\boldsymbol{a}$ 和 $\boldsymbol{b}$ 使 U 和 V 之间的相关系数

$$\rho_{U,V}=\frac{\mathrm{Cov}(\boldsymbol{a}^{\mathrm{T}}\boldsymbol{X}, \boldsymbol{b}^{\mathrm{T}}\boldsymbol{Y})}{\sqrt{\mathrm{Var}(\boldsymbol{a}^{\mathrm{T}}\boldsymbol{X})}\sqrt{\mathrm{Var}(\boldsymbol{b}^{\mathrm{T}}\boldsymbol{Y})}}=\frac{\boldsymbol{a}^{\mathrm{T}}\boldsymbol{\Sigma}_{12}\boldsymbol{b}}{\sqrt{\boldsymbol{a}^{\mathrm{T}}\boldsymbol{\Sigma}_{11}\boldsymbol{a}}\sqrt{\boldsymbol{b}^{\mathrm{T}}\boldsymbol{\Sigma}_{22}\boldsymbol{b}}} \tag{7.21}$$

达到最大.

由相关系数的性质可知，对任何非零常数 C，有

$$\rho_{CU,CV}=\frac{\mathrm{Cov}(CU,CV)}{\sqrt{\mathrm{Var}(CU)}\ \sqrt{\mathrm{Var}(CV)}}=\frac{C^2\mathrm{Cov}(U,V)}{\sqrt{C^2\mathrm{Var}(U)}\ \sqrt{C^2\mathrm{Var}(V)}}=\rho_{U,V}$$

即 U 和 V 同时乘以非零常数并不改变它们之间的相关关系，故可对 U 和 V 加以适当约束，以

保证其惟一性.不妨规定取标准化的随机变量 U 和 V,也就是规定 U 和 V 具有单位方差,即

$$\begin{cases}\mathrm{Var}(U)=\boldsymbol{a}^{\mathrm{T}}\boldsymbol{\Sigma}_{11}\boldsymbol{a}=1\\ \mathrm{Var}(V)=\boldsymbol{b}^{\mathrm{T}}\boldsymbol{\Sigma}_{22}\boldsymbol{b}=1\end{cases}\tag{7.22}$$

在这个限制下,

$$\rho_{U,V}=\mathrm{Cov}(\boldsymbol{a}^{\mathrm{T}}\boldsymbol{X},\boldsymbol{b}^{\mathrm{T}}\boldsymbol{Y})=\boldsymbol{a}^{\mathrm{T}}\boldsymbol{\Sigma}_{12}\boldsymbol{b}\tag{7.23}$$

因此,典型相关分析是在约束条件(7.22)之下,确定 $\boldsymbol{a}\in\boldsymbol{R}^p$ 和 $\boldsymbol{b}\in\boldsymbol{R}^q$,使 $\rho_{U,V}$ 达到最大.称这样求得的 U 和 V 为一对典型相关变量.若只用一对变量 U 和 V 还不足以反映 $\boldsymbol{X}$ 和 $\boldsymbol{Y}$ 之间的相关性,则可进一步构成与 U 和 V 互不相关的另外一对典型相关变量,如此等等.具体地,各对典型相关变量的定义如下:

第一对典型相关变量为 $U_1=\boldsymbol{a}_1^{\mathrm{T}}\boldsymbol{X}$ 和 $V_1=\boldsymbol{b}_1^{\mathrm{T}}\boldsymbol{Y}$,其中 U_1 和 V_1 具有单位方差且 U_1 和 V_1 的相关系数达到最大.

第二对典型相关变量为 $U_2=\boldsymbol{a}_2^{\mathrm{T}}\boldsymbol{X}$ 和 $V_2=\boldsymbol{b}_2^{\mathrm{T}}\boldsymbol{Y}$,其中 U_2 和 V_2 具有单位方差且 U_2 和 V_2 及 U_1 和 V_1 均不相关,即

$$\mathrm{Cov}(U_2,U_1)=\mathrm{Cov}(U_2,V_1)=\mathrm{Cov}(V_2,U_1)=\mathrm{Cov}(V_2,V_1)=0$$

在上述约束条件下 U_2 和 V_2 的相关系数达到最大.

一般地,第 k 对($k\leqslant p\leqslant q$)典型相关变量为 $U_k=\boldsymbol{a}_k^{\mathrm{T}}\boldsymbol{X}$ 和 $V_k=\boldsymbol{b}_k^{\mathrm{T}}\boldsymbol{Y}$,其中 U_k、V_k 具有单位方差,且与前 $k-1$ 对典型变量中的每个 U_i、V_i($i=1,2,\cdots,k-1$)均不相关,在此约束条件下 U_k 和 V_k 的相关系数达到最大.

第 k 对典型相关变量的相关系数称为第 k 个典型相关系数.

为了讨论各对典型相关变量和典型相关系数的求法,我们需要以下关于正定矩阵的平方根矩阵的概念及其简单性质.

设 $\boldsymbol{A}$ 为 p 阶对称正定矩阵,$\lambda_i(i=1,2,\cdots,p)$ 为 $\boldsymbol{A}$ 的 p 个特征值,则 $\lambda_i>0(i=1,2,\cdots,p)$.又设 $\boldsymbol{e}_i(i=1,2,\cdots,p)$ 为 $\boldsymbol{A}$ 的 p 个正交单位化特征向量,$\boldsymbol{P}\triangleq(\boldsymbol{e}_1,\boldsymbol{e}_2,\cdots,\boldsymbol{e}_p)$,显然,$\boldsymbol{P}$ 为正交矩阵且

$$\boldsymbol{A}=\boldsymbol{P\Lambda P}^{\mathrm{T}}$$

其中 $\boldsymbol{\Lambda}=\mathrm{diag}(\lambda_1,\lambda_2,\cdots,\lambda_p)$.令

$$\boldsymbol{\Lambda}^{\frac{1}{2}}\triangleq\mathrm{diag}\left(\sqrt{\lambda_1},\sqrt{\lambda_2},\cdots,\sqrt{\lambda_p}\right)=\begin{pmatrix}\sqrt{\lambda_1}&0&\cdots&0\\0&\sqrt{\lambda_2}&\cdots&0\\\vdots&\vdots&&\vdots\\0&0&\cdots&\sqrt{\lambda_p}\end{pmatrix}$$

则 $\boldsymbol{A}$ 的平方根矩阵定义为

$$\boldsymbol{A}^{\frac{1}{2}}\triangleq\boldsymbol{P\Lambda}^{\frac{1}{2}}\boldsymbol{P}^{\mathrm{T}}$$

由线性代数知识易知 $\boldsymbol{A}^{\frac{1}{2}}$ 有下列性质:

1° $\boldsymbol{A}^{\frac{1}{2}}$ 是对称矩阵,即 $(\boldsymbol{A}^{\frac{1}{2}})^{\mathrm{T}}=\boldsymbol{A}^{\frac{1}{2}}$;

2° $\boldsymbol{A}^{\frac{1}{2}}\boldsymbol{A}^{\frac{1}{2}}=\boldsymbol{P\Lambda P}^{\mathrm{T}}=\boldsymbol{A}$;

3° $\boldsymbol{A}^{-\frac{1}{2}}\triangleq(\boldsymbol{A}^{\frac{1}{2}})^{-1}=\boldsymbol{P\Lambda}^{-\frac{1}{2}}\boldsymbol{P}^{\mathrm{T}}$,其中

$$\Lambda^{-\frac{1}{2}} \triangleq (\Lambda^{\frac{1}{2}})^{-1} = \mathrm{diag}\left(\frac{1}{\sqrt{\lambda_1}}, \frac{1}{\sqrt{\lambda_2}}, \cdots, \frac{1}{\sqrt{\lambda_p}}\right)$$

4°　$\boldsymbol{A}^{-\frac{1}{2}}\boldsymbol{A}^{-\frac{1}{2}} = \boldsymbol{A}^{-1}$.

有了矩阵平方根的概念，我们就可以将总体典型相关分析的主要结果叙述如下：[详细证明见孙文爽等(1994)《多元统计分析》第十一章]

定理 7.6　设 $\boldsymbol{X}=(X_1,X_2,\cdots,X_p)^{\mathrm{T}}$，$\boldsymbol{Y}=(Y_1,Y_2,\cdots,Y_q)^{\mathrm{T}}$，且 $p\leqslant q$，$\boldsymbol{\Sigma}_{11}=\mathrm{Var}(\boldsymbol{X})$ 和 $\boldsymbol{\Sigma}_{22}=\mathrm{Var}(\boldsymbol{Y})$ 是满秩矩阵，$\boldsymbol{\Sigma}_{12}=\mathrm{Cov}(\boldsymbol{X},\boldsymbol{Y})$，$\boldsymbol{\Sigma}_{21}=\mathrm{Cov}(\boldsymbol{Y},\boldsymbol{X})$，则 $\boldsymbol{X}$、$\boldsymbol{Y}$ 的第 k 对典型相关变量为

$$U_k=\boldsymbol{e}_k^{\mathrm{T}}\boldsymbol{\Sigma}_{11}^{-\frac{1}{2}}\boldsymbol{X},\quad V_k=\boldsymbol{f}_k^{\mathrm{T}}\boldsymbol{\Sigma}_{22}^{-\frac{1}{2}}\boldsymbol{Y} \tag{7.24}$$

其典型相关系数为

$$\rho_{U_k,V_k}=\rho_k,\quad k=1,2,\cdots,p \tag{7.25}$$

其中 $\rho_1^2\geqslant\rho_2^2\geqslant\cdots\geqslant\rho_p^2$ 为 p 阶矩阵

$$\boldsymbol{A}\triangleq\boldsymbol{\Sigma}_{11}^{-\frac{1}{2}}\boldsymbol{\Sigma}_{12}\boldsymbol{\Sigma}_{22}^{-1}\boldsymbol{\Sigma}_{21}\boldsymbol{\Sigma}_{11}^{-\frac{1}{2}} \tag{7.26}$$

的特征值，$\boldsymbol{e}_1,\boldsymbol{e}_2,\cdots,\boldsymbol{e}_p$ 为相应的正交单位化特征向量，$\boldsymbol{f}_1,\boldsymbol{f}_2,\cdots,\boldsymbol{f}_p$ 为 q 阶矩阵

$$\boldsymbol{B}\triangleq\boldsymbol{\Sigma}_{22}^{-\frac{1}{2}}\boldsymbol{\Sigma}_{21}\boldsymbol{\Sigma}_{11}^{-1}\boldsymbol{\Sigma}_{12}\boldsymbol{\Sigma}_{22}^{-\frac{1}{2}} \tag{7.27}$$

的对应于前 p 个最大特征值(按由大到小的次序排列)的正交单位化特征向量. 并且，典型相关变量 U_k 和 $V_k(k=1,2,\cdots,p)$ 有如下性质：

$$\begin{aligned}
&\mathrm{Var}(U_k)=\mathrm{Var}(V_k)=1, && k=1,2,\cdots,p\\
&\mathrm{Cov}(U_k,U_l)=0, && k\neq l\\
&\mathrm{Cov}(V_k,V_l)=0, && k\neq l\\
&\mathrm{Cov}(U_k,V_l)=0, && k\neq l
\end{aligned}$$

□

利用线性代数知识可知，定理 7.6 中的 $\boldsymbol{A}$ 和 $\boldsymbol{B}$ 有相同的非零特征值，因此 $\boldsymbol{f}_1,\boldsymbol{f}_2,\cdots,\boldsymbol{f}_p$ 是对应于 $\boldsymbol{B}$ 的前 p 个最大特征值 $\rho_1^2\geqslant\rho_2^2\geqslant\cdots\geqslant\rho_p^2$ 的正交单位化特征向量.

若对 $\boldsymbol{X}$ 和 $\boldsymbol{Y}$ 的各分量进行标准化，得到

$$\boldsymbol{X}^*=(X_1^*,X_2^*,\cdots,X_p^*)^{\mathrm{T}},\quad \boldsymbol{Y}^*=(Y_1^*,Y_2^*,\cdots,Y_q^*)^{\mathrm{T}}$$

其中

$$X_i^*=\frac{X_i-E(X_i)}{\sqrt{\mathrm{Var}(X_i)}},\quad i=1,2,\cdots,p$$

$$Y_j^*=\frac{Y_j-E(Y_j)}{\sqrt{\mathrm{Var}(Y_j)}},\quad j=1,2,\cdots,q$$

则有

$$\mathrm{Var}(\boldsymbol{X}^*)=\boldsymbol{\rho}_{11},\quad \mathrm{Var}(\boldsymbol{Y}^*)=\boldsymbol{\rho}_{22},\quad \mathrm{Cov}(\boldsymbol{X}^*,\boldsymbol{Y}^*)=\boldsymbol{\rho}_{12}=\boldsymbol{\rho}_{21}^{\mathrm{T}}$$

其中 $\boldsymbol{\rho}_{11}$、$\boldsymbol{\rho}_{22}$，分别为 $\boldsymbol{X}$ 和 $\boldsymbol{Y}$ 的相关矩阵，而

$$\boldsymbol{\rho}=\begin{pmatrix}\boldsymbol{\rho}_{11} & \boldsymbol{\rho}_{12}\\ \boldsymbol{\rho}_{21} & \boldsymbol{\rho}_{22}\end{pmatrix}$$

为 $(X_1,X_2,\cdots,X_p,Y_1,Y_2,\cdots,Y_q)^{\mathrm{T}}$ 的相关矩阵.

从相关矩阵 $\boldsymbol{\rho}$ 出发做典型相关分析，也有类似于前述的结果，即第 k 对典型相关变量为

$$U_k^*=(\boldsymbol{e}_k^*)^{\mathrm{T}}\boldsymbol{\rho}_{11}^{-\frac{1}{2}}\boldsymbol{X}^*,\quad V_k^*=(\boldsymbol{f}_k^*)^{\mathrm{T}}\boldsymbol{\rho}_{22}^{-\frac{1}{2}}\boldsymbol{Y}^*$$

其典型相关系数为

$$\rho_{U_k^*,V_k^*}=\rho_k^*,\quad k=1,2,\cdots,p$$

其中 $\rho_1^{*2}\geqslant\rho_2^{*2}\geqslant\cdots\geqslant\rho_p^{*2}$ 是矩阵 $\boldsymbol{A}^*=\rho_{11}^{-\frac{1}{2}}\rho_{12}\rho_{22}^{-1}\rho_{21}\rho_{11}^{-\frac{1}{2}}$ 的 p 个特征值(从而也是矩阵 $\boldsymbol{B}^*=\rho_{22}^{-\frac{1}{2}}\rho_{21}\rho_{11}^{-1}\rho_{12}\rho_{22}^{-\frac{1}{2}}$ 的前 p 个最大特征值)，$\boldsymbol{e}_i^*$ 和 $\boldsymbol{f}_i^*$ 分别为 $\boldsymbol{A}^*$ 和 $\boldsymbol{B}^*$ 的对应于 ρ_i^{*2} 的正交单位化特征向量.

例 7.5 设 $\boldsymbol{X}^*=(X_1^*,X_2^*)^{\mathrm{T}}$ 和 $\boldsymbol{Y}^*=(Y_1^*,Y_2^*)^{\mathrm{T}}$ 是两组标准化的随机变量，已知 $(X_1^*,X_2^*,Y_1^*,Y_2^*)^{\mathrm{T}}$ 的相关矩阵为

$$\rho=\begin{pmatrix}\rho_{11} & \rho_{12}\\ \rho_{21} & \rho_{22}\end{pmatrix}=\left(\begin{array}{cc:cc}1.0 & 0.4 & 0.5 & 0.6\\ 0.4 & 1.0 & 0.3 & 0.4\\ \hdashline 0.5 & 0.3 & 1.0 & 0.2\\ 0.6 & 0.4 & 0.2 & 1.0\end{array}\right)$$

试求 $\boldsymbol{X}^*$ 和 $\boldsymbol{Y}^*$ 的典型相关变量和典型相关系数.

解 根据所给相关矩阵可计算出

$$\rho_{11}^{-\frac{1}{2}}=\begin{pmatrix}1.068\,1 & -0.222\,9\\ -0.222\,9 & 1.068\,1\end{pmatrix},\quad \rho_{22}^{-1}=\begin{pmatrix}1.041\,7 & -0.208\,3\\ -0.208\,3 & 1.041\,7\end{pmatrix}$$

$$\boldsymbol{A}=\rho_{11}^{-\frac{1}{2}}\rho_{12}\rho_{22}^{-1}\rho_{21}\rho_{11}^{-\frac{1}{2}}=\begin{pmatrix}0.437\,1 & 0.217\,8\\ 0.217\,8 & 0.109\,6\end{pmatrix}$$

由

$$|\boldsymbol{A}-\lambda\boldsymbol{E}|=\lambda^2-0.546\,7\lambda+0.000\,5=0$$

可求得矩阵 $\boldsymbol{A}$ 的特征值为

$$\lambda_1=\rho_1^{*2}=0.545\,8,\quad \lambda_2=\rho_2^{*2}=0.000\,9$$

解方程组

$$\boldsymbol{A}\boldsymbol{e}^*=0.545\,8\boldsymbol{e}^*$$

可求得相应于 $\lambda_1=\rho_1^{*2}=0.545\,8$ 的单位化特征向量为

$$\boldsymbol{e}_1^*=(0.894\,7,0.446\,6)^{\mathrm{T}}$$

从而

$$\boldsymbol{a}_1^*=\rho_{11}^{-\frac{1}{2}}\boldsymbol{e}_1^*=(0.856\,1,0.277\,6)^{\mathrm{T}}$$

同理可求得

$$\boldsymbol{b}_1^*=(0.544\,8,0.736\,6)^{\mathrm{T}}$$

于是，第一对典型相关变量为

$$\begin{cases}U_1=(\boldsymbol{a}_1^*)^{\mathrm{T}}\boldsymbol{X}^*=0.856\,1X_1^*+0.277\,6X_2^*\\ V_1=(\boldsymbol{b}_1^*)^{\mathrm{T}}\boldsymbol{Y}^*=0.544\,8Y_1^*+0.736\,6Y_2^*\end{cases}$$

其典型相关系数为

$$\rho_1^*=\sqrt{\rho_1^{*2}}=\sqrt{0.545\,8}=0.74$$

类似地，可求出第二对典型相关变量 U_2 和 V_2，其典型相关系数为

$$\rho_2^*=\sqrt{0.000\,9}=0.03$$

由于 ρ_2^* 非常小，因此，第二对典型相关变量只提供第一对典型相关变量所提取的 $\boldsymbol{X}^*$ 和 $\boldsymbol{Y}^*$ 相

关性信息以外的很小一部分相关信息,它对于分析 X^* 与 Y^* 之间的相关性可以认为是不重要的.□

二、样本的典型相关

设 $\begin{pmatrix} x_i \\ y_i \end{pmatrix}(i=1,2,\cdots,n)$ 为来自总体 $\begin{pmatrix} X \\ Y \end{pmatrix}$ 的一个容量为 n 的样本,其中 $x_i=(x_{1i},x_{2i},\cdots,x_{pi})^{\mathrm{T}}$, $y_i=(y_{1i},y_{2i},\cdots,y_{qi})^{\mathrm{T}}(i=1,2,\cdots,n)$,则样本协方差矩阵为

$$S_{(p+q)\times(p+q)}=\begin{pmatrix} \underset{(p\times p)}{S_{11}} & \underset{(p\times q)}{S_{12}} \\ \underset{(q\times p)}{S_{21}} & \underset{(q\times q)}{S_{22}} \end{pmatrix} \tag{7.28}$$

其中

$$\begin{cases} S_{11}=\dfrac{1}{n-1}\sum\limits_{i=1}^{n}(x_i-\bar{x})(x_i-\bar{x})^{\mathrm{T}},\bar{x}=\dfrac{1}{n}\sum\limits_{i=1}^{n}x_i \\ S_{22}=\dfrac{1}{n-1}\sum\limits_{i=1}^{n}(y_i-\bar{y})(y_i-\bar{y})^{\mathrm{T}},\bar{y}=\dfrac{1}{n}\sum\limits_{i=1}^{n}y_i \\ S_{12}=\dfrac{1}{n-1}\sum\limits_{i=1}^{n}(x_i-\bar{x})(y_i-\bar{y})^{\mathrm{T}}=S_{21}^{\mathrm{T}} \end{cases} \tag{7.29}$$

用 S_{11}、S_{12}、S_{22}、S_{21}分别代替定理 7.6 中的 Σ_{11}、Σ_{12}、Σ_{22}、Σ_{21}而求得的典型相关变量称为样本典型相关变量,相应的典型相关系数称为样本典型相关系数.具体而言,样本典型相关变量为

$$\begin{cases} \hat{U}_k\triangleq\hat{a}_k^{\mathrm{T}}x=\hat{e}_k^{\mathrm{T}}S_{11}^{-\frac{1}{2}}x; \\ \hat{V}_k\triangleq\hat{b}_k^{\mathrm{T}}y=\hat{f}_k^{\mathrm{T}}S_{12}^{-\frac{1}{2}}y, \end{cases} \quad k=1,2,\cdots,p \tag{7.30}$$

样本典型相关系数为

$$\rho_{\hat{U}_k,\hat{V}_k}=\hat{\rho}_k,\quad k=1,2,\cdots,p$$

其中 $\hat{\rho}_1^2\geqslant\hat{\rho}_2^2\geqslant\cdots\geqslant\hat{\rho}_p^2$ 是 $\hat{A}=S_{11}^{-\frac{1}{2}}S_{12}S_{22}^{-1}S_{21}S_{11}^{-\frac{1}{2}}$的特征值,$\hat{e}_1,\hat{e}_2,\cdots,\hat{e}_p$ 为相应的正交单位化特征向量,$\hat{f}_1,\hat{f}_2,\cdots,\hat{f}_p$ 为 $\hat{B}=S_{22}^{-\frac{1}{2}}S_{21}S_{11}^{-1}S_{12}S_{22}^{-\frac{1}{2}}$的相应于特征值 $\hat{\rho}_1^2\geqslant\hat{\rho}_2^2\geqslant\cdots\geqslant\hat{\rho}_p^2$ 的正交单位化特征向量.

为了消除量纲的影响,可以对样本观测值进行标准化,即令

$$\begin{cases} x_{ki}^*=\dfrac{x_{ki}-\bar{x}_k}{\sqrt{s_{kk}^{(1)}}},\quad i=1,2,\cdots,n;k=1,2,\cdots,p \\ y_{ki}^*=\dfrac{y_{ki}-\bar{y}_k}{\sqrt{s_{kk}^{(2)}}},\quad i=1,2,\cdots,n;k=1,2,\cdots,q \end{cases}$$

其中 $s_{kk}^{(1)}$ 和 $s_{kk}^{(2)}$分别为 S_{11}和 S_{22}的主角线上的第 k 个元素,$\bar{x}_k$ 和 $\bar{y}_k$ 分别为 $\bar{x}$ 和 $\bar{y}$ 的第 k 个分量.标准化样本是

$$\begin{pmatrix} x_i^* \\ y_i^* \end{pmatrix},\quad i=1,2,\cdots,n.$$

其中

$$x_i^*=(x_{1i}^*,x_{2i}^*,\cdots,x_{pi}^*)^{\mathrm{T}},\quad y_i^*=(y_{1i}^*,y_{2i}^*,\cdots,y_{qi}^*)^{\mathrm{T}}$$

它们的样本协方差矩阵就是原来样本的相关矩阵 R. 令

$$R_{(p+q)\times(p+q)}=\begin{pmatrix} \underset{(p\times p)}{R_{11}} & \underset{(p\times q)}{R_{12}} \\ \underset{(q\times p)}{R_{21}} & \underset{(q\times q)}{R_{22}} \end{pmatrix} \tag{7.31}$$

以 $\boldsymbol{R}_{11}$、$\boldsymbol{R}_{12}$、$\boldsymbol{R}_{21}$、$\boldsymbol{R}_{22}$代替式(7.28)中的 $\boldsymbol{S}_{11}$、$\boldsymbol{S}_{12}$、$\boldsymbol{S}_{21}$和 $\boldsymbol{S}_{22}$进行典型相关分析，则可得到标准化样本的典型相关变量和典型相关系数.

在实际应用中，为使典型相关变量易于解释，通常从样本相关矩阵 $\boldsymbol{R}$ 出发求标准化样本的典型相关变量，选择样本典型相关系数较大的少数几对样本典型相关变量，来分析原来两组变量之间的相关关系. 那么，样本典型相关系数多大时，才可认为对应的一对典型相关变量之间存在显著相关性呢？我们将在下面讨论这个问题.

7.4.3 典型相关系数的显著性检验

在这一小节，我们假定总体$\begin{pmatrix} \boldsymbol{X} \\ \boldsymbol{Y} \end{pmatrix}$服从 $p+q$ 维正态分布 $N_{p+q}(\boldsymbol{\mu},\boldsymbol{\Sigma})$，其中 $p\leqslant q$，且

$$\boldsymbol{\mu}=\begin{pmatrix} \boldsymbol{\mu}_1 \\ \boldsymbol{\mu}_2 \end{pmatrix}=\begin{pmatrix} E(\boldsymbol{X}) \\ E(\boldsymbol{Y}) \end{pmatrix},\boldsymbol{\Sigma}=\begin{pmatrix} \boldsymbol{\Sigma}_{11} & \boldsymbol{\Sigma}_{12} \\ \boldsymbol{\Sigma}_{21} & \boldsymbol{\Sigma}_{22} \end{pmatrix} \tag{7.32}$$

如果 $\boldsymbol{X}$ 和 $\boldsymbol{Y}$ 互不相关，则有 $\boldsymbol{\Sigma}_{12}=0$，由定理 7.6 可知，典型相关系数 $\rho_k=0(k=1,2,\cdots,p)$；反之也有 $\boldsymbol{\Sigma}_{12}=0$. 因此，通过检验 $\rho_1=\rho_2=\cdots=\rho_p=0$，便可判断 $\boldsymbol{X}$ 与 $\boldsymbol{Y}$ 是否显著相关. 由于 $\rho_1^2\geqslant\rho_2^2\geqslant\cdots\geqslant\rho_p^2\geqslant0$，这等价于检验 ρ_1 是否为零. 因此，我们检验假设

$$H_0^{(1)}:\rho_1=0,\quad H_1^{(1)}:\rho_1\neq0 \tag{7.33}$$

当接受 $H_0^{(1)}$ 时，即认为 $\boldsymbol{X}$ 与 $\boldsymbol{Y}$ 不相关，这时相关分析便无意义. 当拒绝 $H_0^{(1)}$ 时，再进一步检验假设

$$H_0^{(2)}:\rho_1\neq0,\rho_2=0,\quad H_1^{(2)}:\rho_2\neq0 \tag{7.34}$$

若接受 $H_0^{(2)}$，则认为除第一对典型相关变量显著相关以外，其余各对典型相关变量的相关性不显著，可以只考虑第一对典型相关变量，以其反映 $\boldsymbol{X}$ 与 $\boldsymbol{Y}$ 的相关性. 若拒绝 $H_0^{(2)}$，则需进一步检验 ρ_3 是否为零. 依次类推，若假设 $H_0^{(k-1)}:\rho_1\neq0,\cdots,\rho_{k-2}\neq2,\rho_{k-1}=0$ 被拒绝，则需进一步检验假设

$$H_0^{(k)}:\rho_1\neq0,\cdots,\rho_{k-1}\neq0,\rho_k=0,H_1^{(k)}:\rho_k\neq0 \tag{7.35}$$

若接受 $H_0^{(k)}$，则只需要用前 $k-1$ 对典型相关变量来反映 $\boldsymbol{X}$、$\boldsymbol{Y}$ 的相关关系. 若拒绝 $H_0^{(k)}$，则需继续检验 ρ_{k+1}是否为零，等等.

上述假设的 Bartlett 检验方法如下：在$\begin{pmatrix} \boldsymbol{X} \\ \boldsymbol{Y} \end{pmatrix}\sim N_{p+q}(\boldsymbol{\mu},\boldsymbol{\Sigma})$条件下，为检验 $H_0^{(1)}$，令

$$W_1=\prod_{i=1}^{p}(1-\hat{\rho}_i^2) \tag{7.36}$$

当 $H_0^{(1)}$ 为真且 n 充分大时，统计量

$$T_1=-\left[n-1-\frac{1}{2}(p+q+1)\right]\ln W_1 \tag{7.37}$$

渐近服从自由度为 pq 的 χ^2 分布. 给定显著性检验水平 α，以 $\chi_\alpha^2(pq)$记自由度为 pq 的 χ^2 分布的上侧 α 分位数，则当 $T_1\geqslant\chi_\alpha^2(pq)$时，拒绝 $H_0^{(1)}$，需要继续检验 $H_0^{(2)}$. 否则接受 $H_0^{(1)}$，检验结束，即认为 $\boldsymbol{X}$ 和 $\boldsymbol{Y}$ 不相关.

当拒绝 $H_0^{(1)}$ 后，为检验 $H_0^{(2)}$，令

$$W_2 = \prod_{i=2}^{p}(1-\hat{\rho}_i^2) \tag{7.38}$$

当 $H_0^{(2)}$ 为真且 n 充分大时，统计量

$$T_2 = -\left[n-2-\frac{1}{2}(p+q+1)\right]\ln W_2 \tag{7.39}$$

渐近服从自由度为 $(p-1)(q-1)$ 的 χ^2 分布. 若 $T_2 \geqslant \chi_\alpha^2[(p-1)(q-1)]$，拒绝 $H_0^{(2)}$，还要继续检验 $H_0^{(3)}$. 否则接受 $H_0^{(2)}$，即认为只有第一对典型相关变量显著相关.

一般地，若第 $k-1$ 步检验拒绝 $H_0^{(k-1)}$，则需检验 $H_0^{(k)}$，令

$$W_k = \prod_{i=k}^{p}(1-\hat{\rho}_i^2) \tag{7.40}$$

当 $H_0^{(k)}$ 为真且 n 充分大时，统计量

$$T_k = -\left[n-k-\frac{1}{2}(p+q+1)\right]\ln W_k \tag{7.41}$$

渐近服从自由度为 $(p-k+1)(q-k+1)$ 的 χ^2 分布.

当 $T_k \geqslant \chi_\alpha^2[(p-k+1)(q-k+1)]$ 时拒绝 $H_0^{(k)}$，需要继续检验假设 $H_0^{(k+1)}$. 否则接受 $H_0^{(k)}$，检验结束，即认为只有前 $k-1$ 对典型相关变量显著相关. 这时，只需考虑用前 $k-1$ 对典型相关变量来研究 $\boldsymbol{X}$ 与 $\boldsymbol{Y}$ 之间的相关关系.

对标准化样本，检验方法完全相同，只是将其中的 $\hat{\rho}_i^2$ 代之以矩阵 $\boldsymbol{R}_{11}^{-\frac{1}{2}}\boldsymbol{R}_{12}\boldsymbol{R}_{22}^{-1}\boldsymbol{R}_{21}\boldsymbol{R}_{11}^{-\frac{1}{2}}$ 的特征值即可.

典型相关系数的假设检验为在实际应用中典型相关变量对的选取提供了一个统计学上的参考准则. 下面是一个说明典型相关分析方法与应用的例题（梅长林等，2002）.

例 7.6　课程设置的典型相关分析.

"数学与应用数学"本科专业通常要开设下列课程：数学分析（x_1）、高等代数（x_2）、解析几何（x_3）、普通物理（x_4）、常微分方程（y_1）、抽象代数（y_2）、复变函数（y_3）、概率统计（y_4）、实变函数（y_5）、偏微分方程（y_6）、泛函分析（y_7）. 前四门课程（x_1,x_2,x_3,x_4）称为基础课，后七门课程（$y_1,y_2,\cdots,y_7$）称为专业课. 这两组课程之间有一定的相关关系，下面以学生学习这些课程的学业成绩为样本进行相关分析.

解　令

$$\boldsymbol{X}=(x_1,x_2,x_3,x_4)^{\mathrm{T}}$$
$$\boldsymbol{Y}=(y_1,y_2,y_3,y_4,y_5,y_6,y_7)^{\mathrm{T}}$$

根据某校"数学与应用数学"专业 $n=75$ 名学生的学业成绩，计算其样本相关矩阵（即标准化样本数据的样本协方差矩阵）为

$$\boldsymbol{R}_{11\times 11}=\begin{pmatrix} \underset{(4\times 4)}{\boldsymbol{R}_{11}} & \underset{(4\times 7)}{\boldsymbol{R}_{12}} \\ \underset{(7\times 4)}{\boldsymbol{R}_{21}} & \underset{(7\times 7)}{\boldsymbol{R}_{22}} \end{pmatrix}=$$

$$
\left(\begin{array}{cccc:ccccccc}
1.000 & & & & & & & & & & \\
0.454 & 1.000 & & & & & & & & & \\
0.466 & 0.376 & 1.000 & & & & & & & & \\
0.543 & 0.204 & 0.414 & 1.000 & & & & & & & \\
\hdashline
0.523 & 0.396 & 0.375 & 0.464 & 1.000 & & & & & & \\
0.509 & 0.353 & 0.529 & 0.561 & 0.591 & 1.000 & & & & & \\
0.382 & 0.302 & 0.529 & 0.561 & 0.529 & 0.657 & 1.000 & & & & \\
0.562 & 0.403 & 0.391 & 0.427 & 0.509 & 0.615 & 0.610 & 1.000 & & & \\
0.477 & 0.321 & 0.324 & 0.455 & 0.477 & 0.566 & 0.510 & 0.547 & 1.000 & & \\
0.514 & 0.370 & 0.412 & 0.401 & 0.507 & 0.631 & 0.620 & 0.039 & 0.527 & 1.000 & \\
0.473 & 0.274 & 0.375 & 0.504 & 0.393 & 0.532 & 0.040 & 0.483 & 0.440 & 0.660 & 1.000
\end{array}\right)
$$

其中 $\boldsymbol{R}_{12}=\boldsymbol{R}_{21}^{\mathrm{T}}$，未写出部分与相应左下角部分对称.

求得矩阵 $\boldsymbol{R}_{11}^{-\frac{1}{2}}\boldsymbol{R}_{12}\boldsymbol{R}_{22}^{-1}\boldsymbol{R}_{21}\boldsymbol{R}_{11}^{-\frac{1}{2}}$ 的四个特征值为

$$\hat{\rho}_1^2=0.953,\hat{\rho}_2^2=0.151,\hat{\rho}_3^2=0.114,\hat{\rho}_4^2=0.042$$

进一步，求得相应于各 $\hat{\rho}_i^2(i=1,2,3,4)$ 的典型相关变量对的线性组合系数分别为

$$\begin{cases}\hat{\boldsymbol{a}}_1=(0.743,0.251,0.336,0.521)^{\mathrm{T}}\\ \hat{\boldsymbol{b}}_1=(0.131,0.877,0.378,0.010,0.216,-0.055,-0.185)^{\mathrm{T}}\end{cases}$$

$$\begin{cases}\hat{\boldsymbol{a}}_2=(-0.198,0.612,-0.664,-0.143)^{\mathrm{T}}\\ \hat{\boldsymbol{b}}_2=(0.504,0.593,-0.509,0.534,0.019,0.306,-0.279)^{\mathrm{T}}\end{cases}$$

$$\begin{cases}\hat{\boldsymbol{a}}_3=(-0.666,0.002,0.987,-0.010)^{\mathrm{T}}\\ \hat{\boldsymbol{b}}_3=(-0.399,0.843,0.302,-0.361,0.675,-0.385,-0.056)^{\mathrm{T}}\end{cases}$$

$$\begin{cases}\hat{\boldsymbol{a}}_4=(-0.605,0.048,-0.481,0.107)^{\mathrm{T}}\\ \hat{\boldsymbol{b}}_4=(0.234,0.985,-0.036,-0.639,-0.263,-0.149,0.190)^{\mathrm{T}}\end{cases}$$

下面利用 Bartlett 检验来判断各对典型相关变量相关的显著性. 取 $\alpha=0.10$，将检验统计量的观测值及 χ^2 分布的上侧 α 分位数(临界值) $\chi_\alpha^2(f)$ 及检验的结论列于表 7.9.

由于 $H_0^{(2)}$ 被接受，故除第一对典型相关变量显著相关外，其余各对的相关性均不显著. 因此只需考虑第一对样本典型变量

$$\hat{U}_1=\hat{\boldsymbol{a}}_1^{\mathrm{T}}\boldsymbol{x}^*=0.743x_1^*+0.251x_2^*+0.336x_3^*+0.521x_4^*$$

$$\hat{V}_1=\hat{\boldsymbol{b}}_1^{\mathrm{T}}\boldsymbol{y}^*=0.131y_1^*+0.877y_2^*+0.378y_3^*+0.010y_4^*+0.216y_5^*-0.055y_6^*-0.185y_7^*$$

其中 $x_i^*(i=1,2,3,4)$ 和 $y_j^*(j=1,2,\cdots,7)$ 为相应的样本标准化变量.

表 7.9　典型相关性检验的结果

i	$\hat{\rho}_i$	W_i	T_i	自由度 f	临界值 $\chi_\alpha^2(f)$	结　论
1	0.976	0.034	229.93	28	37.92	拒绝 $H_0^{(1)}$
2	0.389	0.720	22.34	18	25.99	接受 $H_0^{(2)}$
3	0.338	0.849	11.13	10	15.99	
4	0.205	0.958	2.92	4	7.78	

下面对$(\hat{U}_1,\hat{V}_1)$的实际意义给予解释.由于$\rho_{\hat{U}_1,\hat{V}_1}=0.976$,即$\hat{U}_1$与$\hat{V}_1$具有高度正相关关系,而$\hat{U}_1$和$\hat{V}_1$中各变量的权系数大部分为正(尤其是绝对值较大的权系数),因此一般说来,学好基础课对学好专业课具有促进作用,即基础课成绩较好者,他们的专业课成绩一般也较好.进一步,$\hat{U}_1$中x_1^*(数学分析)的权系数最大,其次是x_4^*(普通物理)的权系数大,(这主要是因为普通物理是以数学分析为基础的物理课程,这两门课程本身具有较高的相关性,这也可由$\boldsymbol{R}_{11}$中反映x_1^*与x_4^*的相关系数较大看出)因此,基础课对专业课的促进作用主要体现在数学分析课程上.$\hat{V}_1$中权系数最大的是y_2^*(抽象代数),其次是y_3^*(复变函数)和y_5^*(实变函数),因此,$(\hat{U}_1,\hat{V}_1)$主要反映了"数学分析——函数论"这条主线,它代表了数学专业所设置课程的主要特征.□

思考与练习

1.设总体$\boldsymbol{X}=(x_1,x_2)^{\mathrm{T}}$的协方差矩阵为

$$\boldsymbol{\Sigma}=\begin{pmatrix}5 & 2\\ 2 & 2\end{pmatrix}$$

求$\boldsymbol{X}$的主成分y_1和y_2并计算第一主成分y_1的贡献率.

2.由第1题的协方差矩阵求相关矩阵$\boldsymbol{\rho}$,然后从$\boldsymbol{\rho}$出发,

(1)求其标准化变量的主成分y_1^*和y_2^*及第一主成分y_1^*的贡献率;

(2)与第1题中的结果作比较有什么差异?

(3)计算y_1^*与x_1^*、y_1^*与x_2^*及y_2^*与x_1^*之间的相关系数,其中x_1^*与x_2^*为x_1^*与x_2^*的标准化变量,这些量有何统计意义?

3.设$-1<\rho<1$,总体$\boldsymbol{X}=(x_1,x_2,x_3)^{\mathrm{T}}$的相关矩阵为

$$\boldsymbol{\rho}=\begin{pmatrix}1 & \rho & \rho\\ \rho & 1 & \rho\\ \rho & \rho & 1\end{pmatrix}$$

(1)求$\boldsymbol{X}$的标准化变量的主成分及各主成分的贡献率和累计贡献率.

(2)将上述结果推广到p维情形.

4.下表是某地10家企业在某时期内的销售额x_1和利润x_2的数据(单位:亿元):

企业序号	销售额 x_1	利润 x_2
1	126 974	4 224
2	96 933	3 835
3	96 656	3 510
4	63 438	3 758
5	55 264	3 939
6	50 976	1 809
7	39 069	2 946
8	36 156	359
9	35 209	2 480
10	32 146	2 413

(1)求 x_1、x_2 的样本主成分 y_1 和 y_2 及主成分的样本方差，计算各样本主成分的贡献率.

(2)求第一样本主成分 y_1 的观测值并予以排序，它是否基本上反映了原数据的特性？

5. 求第 4 题中的样本相关矩阵 $\boldsymbol{R}$，然后，

(1)求标准化样本的主成分及其样本方差、各主成分的贡献率，它与第 4 题(1)中的结果相比有何变化？

(2)求标准化样本的第一主成分的观测值并排序，它和第 4 题(2)中的结果相比有何变化？

(3)就所给的数据，你认为从样本协方差矩阵出发求主成分合理呢，还是从样本相关矩阵出发主成分合理？

6. 将例 7.3 中的样本协方差矩阵换为样本相关矩阵做主成分分析，与例 7.3 的结果相比，有何变化？

7. 下表是某城市在 42 天中的中午 12 点空气污染数据，试分别利用样本协方差矩阵和样本相关矩阵进行主成分分析，二者的结果有何差异？原始数据的变化可否由三个或者更少的主成分反映，你能否给所选取的主成分做出解释？

风速 (x_1)	太阳辐射 (x_2)	CO (x_3)	NO (x_4)	NO_2 (x_5)	O_3 (x_6)	HC (x_7)
8	98	7	2	12	8	2
7	107	4	3	9	5	3
7	103	4	3	5	6	3
10	88	5	2	8	15	4
6	91	4	2	8	10	3
8	90	5	2	12	12	4
9	84	7	4	12	15	5
5	72	6	4	21	14	4
7	82	5	1	11	11	3
8	64	5	2	13	9	4
6	71	5	4	10	3	3
6	91	4	2	12	7	3
7	72	7	4	18	10	3
10	70	4	2	11	7	3
10	72	4	1	8	10	3
9	77	4	1	9	10	3
8	76	4	1	7	7	3
8	71	5	3	16	4	4
9	67	4	2	13	2	3
9	69	3	3	9	5	3
10	62	5	3	14	4	4
9	88	4	2	7	6	3
8	80	4	2	13	11	4
5	30	3	3	5	2	3

续表

风速	太阳辐射	CO	NO	NO_2	O_3	HC
(x_1)	(x_2)	(x_3)	(x_4)	(x_5)	(x_6)	(x_7)
6	83	5	1	10	23	4
8	84	3	2	7	6	3
6	78	4	2	11	11	3
8	79	2	1	7	10	3
6	62	4	3	9	8	3
10	37	3	1	7	2	3
8	71	4	1	10	7	3
7	52	4	1	12	8	4
5	48	6	5	8	4	3
6	75	4	1	10	24	3
10	35	4	1	6	9	2
8	85	4	1	9	10	2
5	86	3	1	6	12	2
5	86	7	2	13	18	2
7	79	7	4	9	25	3
7	79	5	2	8	6	2
6	68	6	2	11	14	3
8	40	4	3	6	5	2

8. 设 λ 和 $\boldsymbol{e}$ 是矩阵 $\boldsymbol{\Sigma}_{11}^{-\frac{1}{2}}\boldsymbol{\Sigma}_{12}\boldsymbol{\Sigma}_{22}^{-1}\boldsymbol{\Sigma}_{21}\boldsymbol{\Sigma}_{11}^{-\frac{1}{2}}$ 的一个特征值和相应的特征向量，证明 λ 也是 $\boldsymbol{\Sigma}_{11}^{-1}\boldsymbol{\Sigma}_{12}\boldsymbol{\Sigma}_{22}^{-1}\boldsymbol{\Sigma}_{21}$ 的特征值，且相应的特征向量为 $\boldsymbol{\Sigma}_{11}^{-\frac{1}{2}}\boldsymbol{e}$.

9. 设 $\boldsymbol{X}=(x_1,x_2)^{\mathrm{T}}$ 和 $\boldsymbol{Y}=(y_1,y_2)^{\mathrm{T}}$ 的联合协方差矩阵为

$$\boldsymbol{\Sigma}=\begin{pmatrix}\boldsymbol{\Sigma}_{11} & \boldsymbol{\Sigma}_{12}\\ \boldsymbol{\Sigma}_{21} & \boldsymbol{\Sigma}_{22}\end{pmatrix}=\left(\begin{array}{cc|cc}100 & 0 & 0 & 0\\ 0 & 1 & 0.95 & 0\\ \hline 0 & 0.95 & 1 & 0\\ 0 & 0 & 0 & 100\end{array}\right)$$

(1)证明 $\boldsymbol{X},\boldsymbol{Y}$ 的第一对典型变量是 $U_1=x_1, V_1=y_1$，其典型相关系数为 0.95；

(2)求 $\boldsymbol{\Sigma}_{11}^{-1}\boldsymbol{\Sigma}_{12}\boldsymbol{\Sigma}_{22}^{-1}\boldsymbol{\Sigma}_{21}$ 的特征值，它与 $\boldsymbol{\Sigma}_{11}^{-\frac{1}{2}}\boldsymbol{\Sigma}_{12}\boldsymbol{\Sigma}_{22}^{-1}\boldsymbol{\Sigma}_{21}\boldsymbol{\Sigma}_{11}^{-\frac{1}{2}}$ 的特征值是否相同？

10. 设 $\boldsymbol{X}=(x_1,x_2)^{\mathrm{T}}$ 和 $\boldsymbol{Y}=(y_1,y_2)^{\mathrm{T}}$ 的联合相关矩阵为

$$\boldsymbol{\rho}=\begin{pmatrix}\boldsymbol{\rho}_{11} & \boldsymbol{\rho}_{12}\\ \boldsymbol{\rho}_{21} & \boldsymbol{\rho}_{22}\end{pmatrix}=\left(\begin{array}{cc|cc}1 & \rho & \rho & \rho\\ \rho & 1 & \rho & \rho\\ \hline \rho & \rho & 1 & \rho\\ \rho & \rho & \rho & 1\end{array}\right)$$

(1)求对应于非零典型相关系数的典型相关变量对；

(2)能将上述结果推广到 $\boldsymbol{X}$ 为 p 维，$\boldsymbol{Y}$ 为 $q(\geqslant p)$ 维的一般情况吗？

（提示：$\boldsymbol{\rho}_{12}=\rho\mathbf{1}_p\mathbf{1}_q^{\mathrm{T}}$，其中 $\mathbf{1}_p$ 是元素全为 1 的 p 维列向量，$\mathbf{1}_q^{\mathrm{T}}$ 是元素全为 1 的 q 维行向量，$\boldsymbol{\rho}_{11}\mathbf{1}_p=[1+(p-1)\rho]\mathbf{1}_p$，故 $\boldsymbol{\rho}_{11}^{-\frac{1}{2}}\mathbf{1}_p=[1+(p-1)\rho]^{-\frac{1}{2}}\mathbf{1}_p$.）

11. 从某校初一年级随机选取了 140 名学生，考察阅读速度(x_1)、阅读理解能力(x_2)与计算速度(y_1)、计算正确程度(y_2)的相关性. 根据观测数据求得$(x_1,x_2,y_1,y_2)^{\mathrm{T}}$的样本相关矩阵为

$$\boldsymbol{R}=\begin{pmatrix}\boldsymbol{R}_{11} & \boldsymbol{R}_{12}\\ \boldsymbol{R}_{21} & \boldsymbol{R}_{22}\end{pmatrix}=\left(\begin{array}{cc:cc}1.00 & 0.63 & 0.24 & 0.06\\ 0.63 & 1.00 & -0.06 & 0.07\\ \hdashline 0.24 & -0.06 & 1.00 & 0.42\\ 0.06 & 0.07 & 0.42 & 1.00\end{array}\right)$$

(1)求各对样本典型相关变量和样本典型相关系数；

(2)给定 $\alpha=0.05$，检验各对典型相关变量的相关性是否显著；

(3)利用(2)所得显著相关的典型相关变量对解释描述阅读能力的变量 $\boldsymbol{X}=(x_1,x_2)^{\mathrm{T}}$ 和描述计算能力的变量 $\boldsymbol{Y}=(y_1,y_2)^{\mathrm{T}}$ 之间的关系.

12. 随机抽取 70 个家庭，考察两个“消费”变量 x_1(一个家庭每年进餐馆就餐的次数)、x_2(一个家庭每年去电影院看电影的次数)和三个“人口统计学”变量 y_1(家长的年龄)、y_2(家庭年收入)、y_3(家长受教育的程度)之间的关系. 由调查数据求得的样本相关矩阵为

$$\boldsymbol{R}=\begin{pmatrix}\boldsymbol{R}_{11} & \boldsymbol{R}_{12}\\ \boldsymbol{R}_{21} & \boldsymbol{R}_{22}\end{pmatrix}=\left(\begin{array}{cc:ccc}1.00 & 0.80 & 0.26 & 0.67 & 0.34\\ 0.80 & 1.00 & 0.33 & 0.59 & 0.34\\ \hdashline 0.26 & 0.33 & 1.00 & 0.37 & 0.21\\ 0.67 & 0.59 & 0.37 & 1.00 & 0.35\\ 0.34 & 0.34 & 0.21 & 0.35 & 1.00\end{array}\right)$$

(1)求各典型相关变量对的典型相关系数，并检验其相关的显著性($\alpha=0.05$)；

(2)求显著相关的典型变量对；

(3)利用(2)中典型相关变量对的系数解释“消费”变量与“人口统计学”变量之间的关系.

第八章　因子分析与对应分析

因子分析(Factor Analysis)是主成分分析的推广，它也是利用降维的思想，从研究原始变量相关矩阵内部结构出发，把一些具有错综复杂关系的变量归结为少数几个综合因子的一种多元统计分析方法. 对应分析(Correspondence Analysis)是因子分析的进一步推广，它是 R 型和 Q 型因子分析的结合.

本章主要介绍因子分析和对应分析的基本理论和方法.

§8.1　因子分析的基本思想与模型

因子分析的基本思想是根据相关性大小将变量分组，使得同组内的变量之间相关性较高，不同组的变量相关性较低. 每组变量代表一个基本结构，用一个不可观测的综合变量表示，这个基本结构称为公共因子. 对于所研究的问题就可用最少个数的不可观测的所谓公共因子的线性函数与特殊因子之和来描述原来观测的每一分量.

在实际问题的研究中，描述某一问题(或过程)的指标很多，有时多到几十个. 例如，为了充分了解中学生的知识和能力，常常需要设计大量的问题让学生作答. 这些问题涉及面很广，但相互之间存在一定的联系，一般来说，可归结为文字表达、计算推导、艺术修养、史地知识和生活常识五个方面，我们称每个方面为一个因子. 我们的目的也就是要从一些相互关联的问题的回答中找出这少数几个主要因子，每一个主要因子可以帮助我们对学生的知识和能力进行分析和解释.

因子分析的另一个作用是对变量(或样品)进行分类处理. 我们可以根据因子得分值，在因子轴所构成的空间中把变量(或样品)点画出来，形象直观地达到分类的目的.

通常将研究变量之间相互关系的因子分析称为 R 型因子分析，而将研究样品之间相互关系的因子分析称为 Q 型因子分析. 下面主要介绍 R 型因子分析.

为了给出因子分析模型，我们先看下面的两个例子.

例 8.1　某企业招聘人才，对每位应聘者进行外貌、申请书的形式、专业能力、讨人喜欢的能力、自信心、洞察力、诚信、推销本领、经验、工作态度、抱负、理解能力、潜在能力、实际能力、适应性的 15 个方面考核. 这 15 个方面可归结为应聘者的表现力、亲和力、实践经验、专业能力 4 个方面，每一方面称为一个公共因子. 企业可根据这 4 个公共因子的情况来衡量应聘者的综合水平.

例 8.2　在企业经济效益的评价中，经济效益的指标体系有八项：固定资产利税率、资金利税率、销售收入利税率、资金利润率、固定资产产值率、流动资金周转天数、万元产值能耗、全员劳动生产率. 这八项指标可概括为赢利能力、资金和人力利用、产值能耗三个方面. 这三个方面在企业的生产经营活动中为主要因子，起着支配作用，企业要提高经济效益就要在这三个公共因子方面下功夫.

综合上面的例子,我们给出因子分析的一般模型.

设有 n 个样品,每个样品观测 p 个变量. 为了对变量进行比较,并消除由于观测量纲的差异及数量级不同所造成的影响,将样品观测值进行标准化处理,使标准化后的变量的均值为0,方差为1. 为了方便,我们将原始观测值和变换后的新变量均用 $\boldsymbol{x}$ 表示. 设原公共因子变量为 $y_1,y_2,\cdots,y_m$,经标准化后的公共因子变量记为 $F_1,F_2,\cdots,F_m(m<p)$. 如果,

(1) $\boldsymbol{x}=(x_1,x_2,\cdots,x_p)^{\mathrm{T}}$ 是可观测随机向量,且均值向量 $E(\boldsymbol{x})=\boldsymbol{0}$,协方差矩阵 $\mathrm{Cov}(\boldsymbol{x})=\boldsymbol{\Sigma}$,且协方差矩阵 $\boldsymbol{\Sigma}$ 与相关矩阵 $\boldsymbol{R}$ 相等;

(2) $\boldsymbol{F}=(F_1,F_2,\cdots,F_m)^{\mathrm{T}}(m<p)$ 是不可观测向量,其均值向量 $E(\boldsymbol{F})=\boldsymbol{0}$,协方差矩阵 $\mathrm{Cov}(\boldsymbol{F})=\boldsymbol{I}$,即向量 $\boldsymbol{F}$ 的各分量是相互独立的;

(3) $\boldsymbol{\varepsilon}=(\varepsilon_1,\varepsilon_2,\cdots,\varepsilon_p)^{\mathrm{T}}$ 与 $\boldsymbol{F}$ 相互独立,且 $E(\boldsymbol{\varepsilon})=\boldsymbol{0}$,$\boldsymbol{\varepsilon}$ 的协方差矩阵 $\boldsymbol{\Sigma}_\varepsilon$ 是对角阵,即

$$\mathrm{Cov}(\varepsilon)=\boldsymbol{\Sigma}_\varepsilon=\begin{pmatrix}\sigma_{11}^2 & & 0\\ & \sigma_{22}^2 & \\ & & \ddots & \\ 0 & & & \sigma_{pp}^2\end{pmatrix}$$

或者说,$\boldsymbol{\varepsilon}$ 的各分量之间也是相互独立的,则模型

$$\begin{cases}x_1=a_{11}F_1+a_{12}F_2+\cdots+a_{1m}F_m+\varepsilon_1\\ x_2=a_{21}F_1+a_{22}F_2+\cdots+a_{2m}F_m+\varepsilon_2\\ \cdots\cdots\cdots\cdots\cdots\cdots\\ x_p=a_{p1}F_1+a_{p2}F_2+\cdots+a_{pm}F_m+\varepsilon_p\end{cases} \tag{8.1}$$

称为因子模型. 模型(8.1)的矩阵形式为

$$\boldsymbol{x}=\boldsymbol{AF}+\boldsymbol{\varepsilon} \tag{8.2}$$

其中 $\boldsymbol{x}=(x_1,x_2,\cdots,x_p)^{\mathrm{T}}$,$\boldsymbol{F}=(F_1,F_2,\cdots,F_m)^{\mathrm{T}}$,$\boldsymbol{\varepsilon}=(\varepsilon_1,\varepsilon_2,\cdots,\varepsilon_p)^{\mathrm{T}}$

$$\boldsymbol{A}=\begin{bmatrix}a_{11} & a_{12} & \cdots & a_{1m}\\ a_{21} & a_{22} & \cdots & a_{2m}\\ \vdots & \vdots & & \vdots\\ a_{p1} & a_{p2} & \cdots & a_{pm}\end{bmatrix} \tag{8.3}$$

此时

$$\mathrm{Cov}(\boldsymbol{x})=\boldsymbol{AA}^{\mathrm{T}}+\boldsymbol{\Sigma}_\varepsilon=\boldsymbol{\Sigma} \tag{8.4}$$

模型(8.1)中的 $F_1,F_2,\cdots,F_m$ 称为公共因子(也称为主因子),它们是在各个原观测变量的表达式中都共同出现的因子,是相互独立的不可观测的理论变量. 公共因子的含义,必须结合具体问题的实际意义而定. 而 $\varepsilon_1,\varepsilon_2,\cdots,\varepsilon_p$ 称为特殊因子,是向量 $\boldsymbol{x}$ 的分量 $x_i(i=1,2,\cdots,p)$ 所特有的因子,各特殊因子之间以及特殊因子与所有公共因子之间都是相互独立的.

式(8.2)的矩阵 $\boldsymbol{A}=(a_{ij})$ 中的元素 a_{ij} 称为因子载荷,a_{ij} 的绝对值越大($|a_{ij}|\leqslant 1$),表明 x_i 与 F_j 的相依程度越大,或称公共因子 F_j 对于 x_i 的载荷量大,故 a_{ij} 称为公共因子载荷量,简称因子载荷. 矩阵 $\boldsymbol{A}$ 称为因子载荷矩阵.

§8.2 参数估计

为了讨论因子模型的参数估计方法,我们需要了解因子载荷矩阵 $\boldsymbol{A}$ 的统计意义,这对于

解释因子分析的结果也是十分重要的.

8.2.1 因子载荷的统计意义

一、因子载荷 a_{ij} 的统计意义

由式(8.1)知

$$x_i = a_{i1}F_1 + a_{i2}F_2 + \cdots + a_{im}F_m + \varepsilon_i, \quad i = 1,2,\cdots,p \tag{8.5}$$

所以 x_i 与 F_j 的协方差为

$$\begin{aligned}\mathrm{Cov}(x_i, F_j) &= \mathrm{Cov}\left(\sum_{j=1}^{m} a_{ij}F_j + \varepsilon_i, F_j\right) \\ &= \mathrm{Cov}\left(\sum_{j=1}^{m} a_{ij}F_j, F_j\right) + \mathrm{Cov}(\varepsilon_i, F_j) \\ &= a_{ij}\end{aligned} \tag{8.6}$$

即 a_{ij} 是 x_i 与 F_j 的协方差. 另一方面, x_i 与 F_j 的相关系数为

$$\rho_{x_i,F_j} = \frac{\mathrm{Cov}(x_i, F_j)}{\sqrt{\mathrm{Var}(x_i)}\ \sqrt{\mathrm{Var}(F_j)}} = \mathrm{Cov}(x_i, F_j) = a_{ij} \tag{8.7}$$

因此, a_{ij} 也是 x_i 与 F_j 的相关系数, 它表示 x_i 依赖 F_j 的程度, 反映了第 i 个变量 x_i 对第 j 个公共因子 F_j 的相对重要性, 也就是变量 x_i 与公共因子 F_j 间的密切程度, 同时也可将 a_{ij} 看作第 i 个变量在第 j 个公共因子上的权.

二、变量共同度的统计意义

如果将因子载荷矩阵 $\boldsymbol{A}$ 中第 i 行元素的平方和记为 h_i^2, 即因子载荷矩阵中各行元素的平方和为

$$\begin{cases} h_1^2 = a_{11}^2 + a_{12}^2 + \cdots + a_{1m}^2 \\ h_2^2 = a_{21}^2 + a_{22}^2 + \cdots + a_{2m}^2 \\ \cdots\cdots\cdots\cdots\cdots\cdots\cdots\cdots \\ h_p^2 = a_{p1}^2 + a_{p2}^2 + \cdots + a_{pm}^2 \end{cases} \tag{8.8}$$

称它为变量 $x_1, x_2, \cdots, x_p$ 的共同度. 因为已将假设原始变量 x_i 和主因子、特殊因子都进行了标准化处理, 所以

$$\begin{aligned} 1 = \mathrm{Var}(x_i) &= \mathrm{Var}\left(\sum_{j=1}^{m} a_{ij}F_j + \varepsilon_i\right) \\ &= \sum_{j=1}^{m} a_{ij}^2 + \sigma_{ii}^2 = h_i^2 + \sigma_{ii}^2 \end{aligned} \tag{8.9}$$

式(8.9)表明变量 x_i 的方差 $\mathrm{Var}(x_i)$ 由两部分组成, 第一部分是 h_i^2, 它反映了全部公共因子对变量 x_i 的影响, 是全部公共因子对 x_i 的方差贡献. 若全部公共因子对 x_i 的方差贡献接近于 1, 则表明该变量的几乎全部原始信息都被选取的公共因子说明了. 第二部分是特殊因子 ε_i 的方差, 仅与变量 x_i 本身的变化有关, 称为剩余方差. 由式(8.9)知, h_i^2 增大则 σ_{ii}^2 必减小, 因此 h_i^2 的值表示 $\boldsymbol{x}$ 的第 i 个分量 x_i 对于 $\boldsymbol{F}$ 的每一分量 $F_1, F_2, \cdots, F_m$ 的共同依赖程度, 故 h_i^2 为变量 x_i 的共同度.

三、公共因子 F_i 的方差贡献的统计意义

如果将因子载荷矩阵 $\boldsymbol{A}$ 的第 $j(j=1,2,\cdots,m)$ 列的各元素的平方和记为 g_j^2, 即

$$\begin{cases} g_1^2 = a_{11}^2 + a_{21}^2 + \cdots + a_{p1}^2 \\ g_2^2 = a_{21}^2 + a_{22}^2 + \cdots + a_{p2}^2 \\ \cdots\cdots\cdots\cdots\cdots\cdots \\ g_m^2 = a_{1m}^2 + a_{2m}^2 + \cdots + a_{pm}^2 \end{cases} \tag{8.10}$$

则 g_j^2 表示第 j 个公共因子 F_j 对于 $\boldsymbol{x}$ 的每个分量 $x_i(i=1,2,\cdots,p)$ 所提供方差的总和，称为公共因子 F_j 对 $\boldsymbol{x}$ 的方差贡献，它是衡量公共因子相对重要性的指标，g_j^2 越大，表明公共因子 F_j 对 $\boldsymbol{x}$ 的贡献越大，或者说对 $\boldsymbol{x}$ 的影响和作用就越大. 如果将因子载荷矩阵 $\boldsymbol{A}$ 的所有 $g_j^2(j=1,2,\cdots,m)$ 都计算出来，使其按大小排序，就可以依此提取最有影响的公共因子.

8.2.2 因子载荷矩阵的求解

要建立一个实际问题的因子分析模型，重要的是进行因子模型参数的估计，其中最关键的是要根据样品数据矩阵估计载荷矩阵 $\boldsymbol{A}$. 下面介绍两种常用的载荷矩阵 $\boldsymbol{A}$ 的估计方法.

一、主成分法

设随机向量 $\boldsymbol{x}=(x_1,x_2,\cdots,x_p)^{\mathrm{T}}$ 的均值为 μ，协方差矩阵为 $\boldsymbol{\Sigma}$，$\lambda_1\geqslant\lambda_2\geqslant\cdots\geqslant\lambda_p\geqslant 0$ 为 $\boldsymbol{\Sigma}$ 的特征值，$\boldsymbol{e}_1,\boldsymbol{e}_2,\cdots,\boldsymbol{e}_p$ 为对应的标准正交化特征向量，则 $\boldsymbol{\Sigma}$ 可以分解为

$$\begin{aligned} \boldsymbol{\Sigma} &= \lambda_1\boldsymbol{e}_1\boldsymbol{e}_1^{\mathrm{T}}+\lambda_2\boldsymbol{e}_2\boldsymbol{e}_2^{\mathrm{T}}+\cdots+\lambda_p\boldsymbol{e}_p\boldsymbol{e}_p^{\mathrm{T}} \\ &= \left(\sqrt{\lambda_1}\boldsymbol{e}_1,\sqrt{\lambda_2}\boldsymbol{e}_2,\cdots,\sqrt{\lambda_p}\boldsymbol{e}_p\right)\begin{pmatrix}\sqrt{\lambda_1}\boldsymbol{e}_1^{\mathrm{T}} \\ \sqrt{\lambda_2}\boldsymbol{e}_2^{\mathrm{T}} \\ \vdots \\ \sqrt{\lambda_p}\boldsymbol{e}_p^{\mathrm{T}}\end{pmatrix} \end{aligned} \tag{8.11}$$

上面的分解是公共因子与变量个数一样多的因子模型的协方差矩阵结构，特殊因子的方差为 0，载荷矩阵的第 j 列为 $\sqrt{\lambda_j}\boldsymbol{e}_j$. 因此

$$\boldsymbol{\Sigma}=\boldsymbol{A}\boldsymbol{A}^{\mathrm{T}} \tag{8.12}$$

除了常数因子 $\sqrt{\lambda_j}$ 之外，在第 j 个因子上的载荷就是第 j 个总体主成分的系数 $\boldsymbol{e}_j$.

与式(8.4)比较，式(8.12)给出的 $\boldsymbol{\Sigma}$ 表达式是精确的，但它并无实用价值，因为我们的目的是寻求用少数几个公共因子解释协方差结构的因子模型. 我们通常略去式(8.11)中 $p-m$ 项后 $\lambda_{m+1}\boldsymbol{e}_{m+1}\boldsymbol{e}_{m+1}^{\mathrm{T}}+\cdots+\lambda_p\boldsymbol{e}_p\boldsymbol{e}_p^{\mathrm{T}}$ 对 $\boldsymbol{\Sigma}$ 的贡献，于是得到

$$\boldsymbol{\Sigma}\approx\left(\sqrt{\lambda_1}\boldsymbol{e}_1,\sqrt{\lambda_2}\boldsymbol{e}_2,\cdots,\sqrt{\lambda_m}\boldsymbol{e}_m\right)\begin{pmatrix}\sqrt{\lambda_1}\boldsymbol{e}_1^{\mathrm{T}} \\ \sqrt{\lambda_2}\boldsymbol{e}_2^{\mathrm{T}} \\ \vdots \\ \sqrt{\lambda_m}\boldsymbol{e}_m^{\mathrm{T}}\end{pmatrix}\triangleq\boldsymbol{A}\boldsymbol{A}^{\mathrm{T}} \tag{8.13}$$

式(8.13)是假定了因子模型中的特殊因子是不重要的，因而从 $\boldsymbol{\Sigma}$ 的分解中忽略掉特殊因子的方差.

若考虑特殊因子，则协方差矩阵为

$$\Sigma \approx AA^{\mathrm{T}}+\Sigma_{\varepsilon}$$

$$=\left(\sqrt{\lambda_1}\boldsymbol{e}_1,\sqrt{\lambda_2}\boldsymbol{e}_2,\cdots,\sqrt{\lambda_m}\boldsymbol{e}_m\right)\begin{pmatrix}\sqrt{\lambda_1}\boldsymbol{e}_1^{\mathrm{T}}\\ \sqrt{\lambda_2}\boldsymbol{e}_2^{\mathrm{T}}\\ \vdots\\ \sqrt{\lambda_m}\boldsymbol{e}_m^{\mathrm{T}}\end{pmatrix}+\begin{pmatrix}\sigma_{11}^2 & & & 0\\ & \sigma_{22}^2 & & \\ & & \ddots & \\ 0 & & & \sigma_{mm}^2\end{pmatrix} \tag{8.14}$$

设 $\boldsymbol{S}$ 为样本协方差矩阵，经过标准化处理后，变量的协方差矩阵就等于样本相关矩阵 $\boldsymbol{R}$. 对样本协方差矩阵 $\boldsymbol{S}$ 或相关矩阵 $\boldsymbol{R}$ 作类似式(8.14)的分解，就可得到 $\boldsymbol{A}$ 和 $\boldsymbol{\Sigma}_{\varepsilon}$ 的一个解. 因为因子载荷矩阵 $\boldsymbol{A}$ 是前 m 个主成分系数的倍数，所以称由这种分解得到的解为主成分解.

一般地，设 $\hat{\lambda}_1\geqslant\hat{\lambda}_2\geqslant\cdots\geqslant\hat{\lambda}_p$ 为样本相关矩阵 $\boldsymbol{R}$ 的特征根，$\hat{\boldsymbol{e}}_1,\hat{\boldsymbol{e}}_2,\cdots,\hat{\boldsymbol{e}}_p$ 为对应的标准正交化特征向量. 设 $m<p$，则因子载荷矩阵为

$$\hat{\boldsymbol{A}}=\left(\sqrt{\hat{\lambda}_1}\boldsymbol{e}_1,\sqrt{\hat{\lambda}_2}\boldsymbol{e}_2,\cdots,\sqrt{\hat{\lambda}_m}\boldsymbol{e}_m\right) \tag{8.15}$$

共同度的估计为

$$\hat{h}_i^2=\hat{a}_{i1}^2+\hat{a}_{i2}^2+\cdots+\hat{a}_{im}^2 \tag{8.16}$$

如何选取公共因子的个数 m 呢？通常有两种方法. 一是根据具体问题的专业知识来确定，二是采用主成分分析中选取主成分个数的方法. 例如，我们按所选取的公共因子的信息量的和占总体消息量达到一个适当比例为止，我们可以从少到多逐步增加模型中公共因子个数 m，使所选的主因子对样本方差的贡献累计达到 85%以上. 这个比例是可以根据具体问题调整的，关键是要有利于因子模型的解释.

例 8.3 根据原始数据(表 8.1)对企业经济效益指标体系的八项指标建立因子分析模型(何晓群，2003).

表 8.1　全国重点水泥厂主要经济效益指标

厂家编号	固定资产利税率(%)	资金利税率(%)	销售收入利税率(%)	资金利润率(%)	固定资产产值率(%)	流动资金周转天数(d)	万元产值能耗(t)	全员劳动生产率[万元/(人·a)]
1	16.68	26.75	31.84	18.40	53.25	55	28.83	1.75
2	19.70	27.56	32.94	19.20	59.82	55	32.92	2.87
3	15.20	23.40	32.98	16.24	46.78	65	41.69	1.53
4	7.29	8.97	21.30	4.76	34.39	62	39.28	1.63
5	29.45	56.49	40.74	43.68	75.32	69	26.68	2.14
6	32.93	42.78	47.98	33.87	66.46	50	32.87	2.60
7	25.39	37.85	36.76	27.56	68.18	63	35.79	2.43
8	15.05	19.49	27.21	14.21	56.13	76	35.76	1.75
9	19.82	28.78	33.41	20.17	59.25	71	39.13	1.83
10	21.13	35.20	39.16	26.52	52.47	62	35.08	1.73
11	16.75	28.72	29.62	19.23	55.76	58	30.08	1.52
12	15.83	28.03	26.40	17.43	61.19	61	32.75	1.60
13	16.53	29.73	32.49	20.63	50.41	69	37.57	1.31
14	2.224	54.59	31.05	37.00	67.95	63	32.33	1.57
15	12.92	20.82	25.12	12.54	51.07	66	39.18	1.83

解　设 x_1 为固定资产利税率；x_2 为资金利税率；x_3 为销售收入利税率；x_4 为资金利润率；x_5 为固定资产产值率；x_6 为流动资金周转天数；x_7 为万元产值能耗；x_8 为全员劳动生产率.

由原始数据计算出相关矩阵为(对称部分未写出)

$$\boldsymbol{R}=\begin{pmatrix} 1 & 0.849 & 0.925 & 0.902 & 0.850 & 0.325 & 0.491 & 0.586 \\ & 1 & 0.693 & 0.988 & 0.860 & 0.117 & 0.610 & 0.252 \\ & & 1 & 0.776 & 0.615 & 0.367 & 0.349 & 0.522 \\ & & & 1 & 0.856 & 0.129 & 0.607 & 0.317 \\ & & & & 1 & 0.099 & 0.620 & 0.476 \\ & & & & & 1 & 0.284 & 0.504 \\ & & & & & & 1 & 0.194 \\ & & & & & & & 1 \end{pmatrix}$$

计算相关矩阵 $\boldsymbol{R}$ 的特征值，前三个特征值为 $\hat{\lambda}_1=5.098$，$\hat{\lambda}_2=1.207$，$\hat{\lambda}_3=0.812$. 它们对样本方差的累积贡献率为 $(\hat{\lambda}_1+\hat{\lambda}_2+\hat{\lambda}_3)/8=0.897$，于是我们选 $m=3$. 因子载荷和共同度的估计列于表 8.2 中.

表 8.2　因子载荷与共同度的估计

变量	因　　子			共同度
	F_1	F_2	F_3	
	载　荷　量			
x_1	0.969 8	−0.013 6	0.226 8	0.992 1
x_2	0.916 8	0.295 5	−0.111 3	0.940 2
x_3	0.843 4	−0.117 9	0.367 6	0.860 3
x_4	0.946 2	0.262 5	−0.030 5	0.965 2
x_5	0.900 3	0.216 2	−0.069 8	0.862 2
x_6	−0.307 9	0.864 3	0.190 6	0.878 1
x_7	−0.668 9	0.100 5	0.649 5	0.879 3
x_8	0.573 7	−0.467 0	0.273 4	0.621 9
特征值	5.098	1.270	0.812	
累计贡献	0.637	0.796	0.897	

由表 8.2 可得出企业经济效益指标体系的因子分析模型(特殊因子忽略不计)如下：

$$\begin{aligned} x_1 &= 0.9698F_1-0.0136F_2+0.2268F_3 \\ x_2 &= 0.9168F_1+0.2955F_2-0.1113F_3 \\ x_3 &= 0.8434F_1-0.1179F_2+0.3676F_3 \\ x_4 &= 0.9462F_1+0.2625F_2-0.0305F_3 \\ x_5 &= 0.9003F_1+0.2162F_2-0.0698F_3 \\ x_6 &= -0.3079F_1+0.8643F_2+0.1906F_3 \\ x_7 &= -0.6689F_1+0.1005F_2+0.6495F_3 \\ x_8 &= 0.5737F_1-0.4670F_2+0.2734F_3 \end{aligned}$$

由因子分析模型可知，第一个主因子 F_1 主要由固定资产利税率、资金利税率、销售收入利税率、资金利润率、固定资产产值率这五个指标所决定，这五个指标在主因子 F_1 上的载荷均在 0.8 以上，它代表着企业经济活动中的赢利能力，而且主因子 F_1 对 x_i 的方差贡献已达 63%之多，所以更说明 F_1 是企业经济效益指标体系中的重要方面. 企业要提高经济效益，就要在这个主因子方面下功夫.

第二个主因子 F_2 主要由流动资金周转天数 x_6 所决定，说明企业经济活动中流动资金的周转快慢对企业的经济效益影响也很大，而流动资金的周转快慢与企业的生产经营及市场信息相关. 企业要提高经济效益就要在产品结构的调整上想办法，要生产适销对路的产品，提高本企业产品的市场占有率.

第三个主因子 F_3 主要由万元产值能耗 x_7 和全员劳动生产率 x_8 所决定.这个主因子主要反映了企业的产值和能耗方面，产值和能耗反映的是投入与产出的关系.企业要提高经济效益就不能忽视降低生产成本、提高劳动生产率这些重要问题.□

例 8.4 研究纽约股票市场上五种股票(Allied Chemical，Dupont，Union Carbide，Exxon 和 Texaco)的周回升率(何晓群,2003).这里,周回升率=(本星期五市场收盘价－上星期五市场收盘价)/上星期五市场收盘价.原始资料见王学仁等(1990)《实用多元统计分析》,这组资料是对五种股票从 1975 年 1 月到 1976 年 12 月的独立观测值.

解 设 $x_1,x_2,\cdots,x_5$ 分别为上述五种股票的周回升率，则从原始数据计算得到

$$\bar{\boldsymbol{x}}=(0.0054,0.0048,0.0057,0.0063,0.0037)^{\mathrm{T}}$$

$$\boldsymbol{R}=\begin{pmatrix}1.000 & 0.577 & 0.509 & 0.387 & 0.462\\ 0.577 & 1.000 & 0.599 & 0.389 & 0.322\\ 0.509 & 0.599 & 1.000 & 0.436 & 0.426\\ 0.387 & 0.389 & 0.436 & 1.000 & 0.523\\ 0.462 & 0.322 & 0.426 & 0.523 & 1.000\end{pmatrix}$$

我们考虑样本相关矩阵 $\boldsymbol{R}$ 的前两个主成分，即 $m=2$，因子分析的主成分解列于表 8.3.由表 8.3 可知，第一主因子 F_1 代表了一般经济条件，称为市场因子，所有股票在这个因子上的载荷都比较大，且大致相等.第二个主因子 F_2 是化学股票(前三个都是化学工业公司)和石油股票(后两个是石油公司)的一个"对照"，两者分别有比较大的负、正载荷，F_2 使不同工业部门的股票产生差异，通常称为工业因子.归纳起来，可得如下结论：股票回升率由一般经济条件、工业部门活动和各公司本身特殊活动三部分决定.

表 8.3　因子载荷与共同度的估计

变量	因子 F_1 载荷量	因子 F_2 载荷量	共同度
x_1 Allied Chemical	0.783	−0.217	0.66
x_2 Dupont	0.773	−0.458	0.81
x_3 Union Carbide	0.794	−0.234	0.69
x_4 Exxon	0.713	0.472	0.73
x_5 Texaco	0.712	0.524	0.78
特征值	2.857	0.809	
累计贡献	0.571	0.733	

二、极大似然法

如果假定公共因子 F 和特殊因子 ε 服从正态分布，那么我们能够得到因子载荷和特殊因子方差的极大似然估计.设 $\boldsymbol{x}_1,\boldsymbol{x}_2,\cdots,\boldsymbol{x}_n$ 为来自正态总体 $N_p(\mu,\boldsymbol{\Sigma})$ 的随机样本，这里 $\boldsymbol{\Sigma}=\boldsymbol{A}\boldsymbol{A}^{\mathrm{T}}+\boldsymbol{\Sigma}_\varepsilon$，且 F_j 与 ε_j 有联合正态分布.由似然函数的理论知

$$L(\mu,\boldsymbol{\Sigma})=\frac{1}{(2\pi)^{np/2}|\boldsymbol{\Sigma}|^{n/2}}\times\exp\left\{-\frac{1}{2}\mathrm{tr}\left[\boldsymbol{\Sigma}^{-1}\left(\sum_{j=1}^{n}(\boldsymbol{x}_j-\bar{\boldsymbol{x}})(\boldsymbol{x}_j-\bar{\boldsymbol{x}})^{\mathrm{T}}+n(\bar{\boldsymbol{x}}-\mu)(\bar{\boldsymbol{x}}-\mu)^{\mathrm{T}}\right)\right]\right\} \tag{8.17}$$

它通过 $\boldsymbol{\Sigma}$ 依赖于 $\boldsymbol{A}$ 和 $\boldsymbol{\Sigma}_\varepsilon$.式(8.17)并不能惟一确定 $\boldsymbol{A}$，为此，可添加惟一性条件

$$\boldsymbol{A}^{\mathrm{T}}\boldsymbol{\Sigma}_\varepsilon^{-1}\boldsymbol{A}=\boldsymbol{\Lambda} \tag{8.18}$$

这里 Λ 是一个对角阵. 用数值极大化方法可以得到极大似然估计 $\hat{A}$ 和 $\hat{\Sigma}_\varepsilon$. 极大似然估计 $\hat{A}$、$\hat{\Sigma}_\varepsilon$ 和 $\hat{\mu}=\bar{x}$ 将使 $\hat{A}^{\mathrm{T}}\hat{\Sigma}_\varepsilon^{-1}\hat{A}$ 为对角矩阵,且使式(8.17)达到最大.

共同度的极大似然估计为

$$\hat{h}_i^2 = \hat{a}_{i1}^2 + \hat{a}_{i2}^2 + \cdots + \hat{a}_{im}^2, \quad i = 1,2,\cdots,p \tag{8.19}$$

第 j 个因子对总体样本方差的贡献为

$$\frac{\hat{a}_{1j}^2 + \hat{a}_{2j}^2 + \cdots + \hat{a}_{pj}^2}{s_{11} + s_{22} + \cdots + s_{pp}}, \quad i = 1,2,\cdots,p \tag{8.20}$$

其中 s_{ii}为第 i 个变量的方差.

关于极大似然估计方法的理论推导和证明可参见张尧庭等(1997)《多元统计分析引论》.

例 8.5 (续例 8.4)取 $m=2$,对股票价格数据应用极大似然法做因子载荷的估计.

解 用极大似然法和主成分法估计的因子载荷列于表 8.4. 由表中数值可知,主成分法的公共因子对总体样本方差的贡献比极大似然法要大,这是因为主成分因子分析与主成分相联系,而极大似然法具有方差极大化性质. 极大似然法得到的主因子 F_1 可解释为市场因子,这是因为所有变量在 F_1 上都有较大的正载荷,这与例 8.4 的情况一致. 第二个主因子的意义并不像主成分法那么清楚. 载荷的符号虽然也形成化学股票和石油股票的一个对照,但有一些绝对值很小,因此可以把它看成仅仅是 Dupont 化学公司和 Texaco 石油公司之间的一个对比.

表 8.4 基于极大似然法和主成分法的因子载荷估计

变量		极大似然估计			主成分估计		
		F_1	F_2	共同度	F_1	F_2	共同度
x_1	Allied Chemical	0.684	0.189	0.50	0.783	−0.217	0.66
x_2	Dupont	0.694	0.517	0.75	0.773	−0.458	0.81
x_3	Union Carbide	0.681	0.248	0.53	0.794	−0.234	0.69
x_4	Exxon	0.621	−0.073	0.39	0.713	0.472	0.73
x_5	Texaco	0.792	−0.442	0.82	0.712	0.524	0.78
累计贡献		0.485	0.598		0.571	0.733	

§8.3 因子旋转

建立因子分析模型的目的不仅是找出主因子,更重要的是知道每个主因子的明确意义,以便对实际问题进行深入分析. 然而用上一节介绍的方法求出的主因子解,各主因子代表的变量并不很突出,容易使因子的意义含糊不清,不便于对实际问题进行分析. 由线性代数知道:一个正交变换对应坐标系的旋转,而且主因子的任一解均可由上述已求得的 A 经过旋转(右乘一正交阵)得到. 经过旋转后,公共因子对 x_i 的贡献 h_i^2 并不改变,但公共因子本身可能有较大变化,即 g_j^2 不再与原来的值相同,从而可通过适当的旋转来得到我们比较满意的公共因子. 这种变换因子载荷矩阵的方法称为因子旋转. 因子旋转有方差最大正交旋转法和斜交旋转法等,本节只介绍方差最大正交旋转方法.

先考虑两个因子的平面正交旋转. 设因子载荷矩阵为

$$A = \begin{pmatrix} a_{11} & a_{12} \\ a_{21} & a_{22} \\ \vdots & \vdots \\ a_{p1} & a_{p2} \end{pmatrix} \tag{8.21}$$

取 $\boldsymbol{\Gamma}$ 为正交矩阵

$$\boldsymbol{\Gamma}=\begin{pmatrix} \cos\varphi & -\sin\varphi \\ \sin\varphi & \cos\varphi \end{pmatrix}$$

令

$$\boldsymbol{B} \triangleq \boldsymbol{A\Gamma} = \begin{bmatrix} a_{11}\cos\varphi + a_{12}\sin\varphi & -a_{11}\sin\varphi + a_{12}\cos\varphi \\ \vdots & \vdots \\ a_{p1}\cos\varphi + a_{p2}\sin\varphi & -a_{p1}\sin\varphi + a_{p2}\cos\varphi \end{bmatrix} \triangleq \begin{pmatrix} b_{11} & b_{12} \\ \vdots & \vdots \\ b_{p1} & b_{p2} \end{pmatrix} \tag{8.22}$$

这样做的目的是希望所得结果使载荷矩阵的每一列元素按其平方值尽可能大或者尽可能小，即向 1 和 0 两极分化，也就是说因子的贡献越分散越好. 这实际上是希望将变量 $x_1, x_2, \cdots, x_p$ 分成两部分，一部分主要与第一因子有关，另一部分主要与第二因子有关，这也就是要求 $(b_{11}^2, \cdots, b_{p1}^2)$ 和 $(b_{12}^2, \cdots, b_{p2}^2)$ 这两组数据的方差要尽可能的大，考虑各列的相对方差

$$\begin{aligned} V_a &= \frac{1}{p}\sum_{i=1}^{p}\left(\frac{b_{ia}^2}{h_i^2}\right)^2 - \left(\frac{1}{p}\sum_{i=1}^{p}\frac{b_{ia}^2}{h_i^2}\right)^2 \\ &= \frac{1}{p^2}\left[p\sum_{i=1}^{p}\left(\frac{b_{ia}^2}{h_i^2}\right)^2 - \left(\sum_{i=1}^{p}\frac{b_{ia}^2}{h_i^2}\right)^2\right], \quad a = 1,2 \end{aligned} \tag{8.23}$$

这里取 b_{ia}^2 是为了消除 b_{ia} 符号不同的影响，除以 h_i^2 是为了消除各个变量对公共因子依赖程度不同的影响. 现在要求总的方差达到最大，即要求使

$$G = V_1 + V_2$$

达到最大值，于是考虑 G 对 φ 的导数，利用式(8.22)、式(8.23)，经过一些计算，可知要使 $\dfrac{\partial G}{\partial \varphi} = 0$，就要取 φ 满足

$$\tan 4\varphi = \frac{D - 2AB/p}{C - (A^2 - B^2)/p} \tag{8.24}$$

其中

$$A = \sum_{j=1}^{p}\mu_j, B = \sum_{j=1}^{p}\upsilon_j, C = \sum_{j=1}^{p}(\mu_j^2 - \upsilon_j^2), D = 2\sum_{j=1}^{p}\mu_j\upsilon_j,$$

$$\mu_j = \left(\frac{a_{j1}}{h_j}\right)^2 - \left(\frac{a_{j2}}{h_j}\right)^2, \upsilon_j = \frac{2a_{j1}a_{j2}}{h_j^2}.$$

这一公式的详细理论证明参见张尧庭等(1997)《多元统计分析引论》.

当公共因子数 $m>2$ 时，可以每次取 2 个，全部配对旋转，旋转时总是对 $\boldsymbol{A}$ 阵中第 α、β 两列进行，此时在公式(8.24)中，只需将

$$a_{j1} \to a_{j\alpha}, \quad a_{j2} \to a_{j\beta}$$

就行了. 因此共需进行 $C_m^2 = \dfrac{m(m+1)}{2}$ 次旋转，但是旋转完毕后，并不能认为就已经达到目的，还可以重新开始，进行第二轮 C_m^2 次配对旋转. 于是每经过一次旋转，$\boldsymbol{A}$ 矩阵就发生变化，即

$$\boldsymbol{A} \xrightarrow[\text{旋转}]{\text{第一次}} \boldsymbol{A}^{(1)} \xrightarrow[\text{旋转}]{\text{第二次}} \boldsymbol{A}^{(2)} \to \cdots \to \boldsymbol{A}^{(i)} \to \boldsymbol{A}^{(i+1)} \to \cdots.$$

从 $\boldsymbol{A}^{(i)} \to \boldsymbol{A}^{(i+1)}$，$\boldsymbol{A}^{(i+1)}$ 的各列相应的相对方差之和只会比 $\boldsymbol{A}^{(i)}$ 的大，记 $G^{(i)}$ 为 $\boldsymbol{A}^{(i)}$ 各列方差之和，

则有 $G^{(1)} \leqslant G^{(2)} \leqslant \cdots \leqslant G^{(i)} \leqslant G^{(i+1)} \leqslant \cdots$，这是一个单调上升的序列，而它又是有界的，因此它一定会收敛到某一极限. 经过若干次旋转后，它的总方差的变化不大了，就可停止旋转.

例 8.6　(续例 8.5)对股票价格问题，用极大似然法给出的初始因子载荷和方差极大旋转因子载荷($m=2$)都列在表 8.5 中.

表 8.5　旋转前后的因子载荷

变　量	因子载荷极大似然估计		旋转因子的载荷估计		共同度
	F_1	F_2	F_1^*	F_2^*	
x_1 Allied Chemical	0.684	0.189	0.601	0.377	0.50
x_2 Dupont	0.694	0.517	0.850	0.164	0.75
x_3 Union Carbide	0.681	0.248	0.643	0.335	0.53
x_4 Exxon	0.621	−0.073	0.365	0.507	0.39
x_5 Texaco	0.792	−0.442	0.208	0.883	0.82
累计贡献	0.485	0.598	0.335	0.598	

旋转因子载荷表明，化学股票(Allied Chemical, Dupont 和 Union Carbide)的载荷主要在第一因子上，石油股票(Exxon 和 Texaco)的载荷主要在第二因子上. 两个因子显示了化学工业与石油工业的差别，旋转后的载荷估计比极大似然估计的经济意义更加明显. □

§8.4　因子得分

因子模型建立后，我们应当反过来考察每一个样本. 例如，在企业经济效益的因子模型建立之后，我们希望知道每个企业经济效益的优劣，将各企业划分归类，如哪些企业是优等，哪些企业是中等，哪些企业是差等. 要解决这个问题，在统计模型上就需要将公共因子 F 用变量的线性组合来表示.

设公共因子 F_j 由变量 $\boldsymbol{x}$ 表示的线性组合为

$$F_j = \beta_{j1}x_1 + \beta_{j2}x_2 + \cdots + \beta_{jp}x_p, \quad j = 1,2,\cdots,m \tag{8.25}$$

式(8.25)称为因子得分函数，由它可以计算每个样品的公共因子得分. 如果取 $m=2$，则将每个样品的 p 个变量代入式(8.25)中，即可算出每个样品的因子得分 F_1 和 F_2. 这样就可以在二维平面上做出因子得分的散点图，进而对样品进行分类或对实际问题进行更深入的研究.

由于式(8.25)中方程的个数少于变量个数，因此只能在最小二乘意义下对因子得分进行估计.

设因子可以对 p 个变量做回归，即建立回归方程

$$\hat{F}_j = b_{j0} + b_{j1}x_1 + b_{j2}x_2 + \cdots + b_{jp}x_p, \quad j = 1,2,\cdots,m \tag{8.26}$$

因为变量和主因子均已标准化，所以有 $b_{j0}=0$. 根据最小二乘估计得

$$\hat{\boldsymbol{F}} = \boldsymbol{A}^{\mathrm{T}}\boldsymbol{R}^{-1}\boldsymbol{x} \tag{8.27}$$

其中 $\hat{\boldsymbol{F}}=(\hat{F}_1,\hat{F}_2,\cdots,\hat{F}_m)^{\mathrm{T}}$，$\boldsymbol{x}=(x_1,x_2,\cdots,x_p)^{\mathrm{T}}$，

$$R=\begin{pmatrix} 1 & r_{12} & \cdots & r_{1p} \\ r_{21} & 1 & \cdots & r_{2p} \\ \vdots & \vdots & & \vdots \\ r_{p1} & r_{p2} & \cdots & 1 \end{pmatrix}$$

为原变量的相关系数矩阵，$\boldsymbol{A}^{\mathrm{T}}=(a_{ji})_{m\times p}$.

下面的例 8.7 是利用因子分析综合评价中心城市发展水平的一个应用案例(何晓群，2003).

例 8.7　中心城市的综合发展是带动周边地区经济发展的重要动力，在我国经济发展进程中，各个中心城市一直是该地区经济和社会发展的"引路者". 因而，分析评价全国 35 个中心城市的综合发展水平，无论是对城市自身的发展，还是对周边地区的进步，都具有十分重要的意义. 下面应用因子分析模型，选取反映城市综合发展水平的 15 个指标作为原始变量，对全国 35 个中心的综合发展水平做分析评价.

(1)原始数据及指标解释. 选取反映城市综合发展水平 15 个指标，其中 9 个社会经济指标分别为：x_1 为非农业人口(万人)；x_2 为工业总产值(万元)；x_3 为货运总量(万吨)；x_4 为批发零售业贸易餐饮业网点数(个)；x_5 为批发零售业贸易餐饮业从业人数(万人)；x_6 为地方财政预算内收入(万元)；x_7 为城市居民年底储蓄余额(万元)；x_8 为职工人数(万人)；x_9 为工资总额(万元).

6 个城市公共设施水平的指标分别为：x_{10}为人均居住面积(m^2)；x_{11}为城市煤气普及率(%)；x_{12}为每万人拥有公交车辆数(台)；x_{13}为人均拥有铺装道路面积(m^2)；x_{14}为人均公共绿地面积(m^2)；x_{15}为每万人拥有公共厕所数(个).

指标的选取参考了《中国统计年鉴》中统计指标的设置. 数据来源于《中国统计年鉴(1997)》，见表 8.6 和表 8.7.

表 8.6　中心城市社会经济指标

城市序号	x_1	x_2	x_3	x_4	x_5	x_6	x_7	x_8	x_9
1	710.00	18 533 430	12 896	257 089	1 145 076	1 509 030	17 069 786	461	4 423 882
2	513.00	25 224 200	23 659	186 855	583 859	1 285 729	7 240 011	284	2 120 496
3	186.00	10 965 776	4 077	152 722	468 234	234 915	4 236 977	115	650 743
4	187.00	3 901 907	13 456	43 433	228 819	220 286	2 571 193	115	679 795
5	83.00	1 060 061	2 884	20 565	103 914	58 789	853 145	48	217 747
6	420.00	10 212 166	13 874	158 290	674 088	399 348	5 806 769	219	1 137 898
7	267.00	6 066 793	9 363	147 685	430 674	231 116	3 318 786	132	832 837
8	420.00	7 176 086	8 154	159 315	668 274	315 000	4 187 342	222	1 025 435
9	932.00	50 459 098	40 213	196 406	1 456 699	2 884 986	18 680 000	457	4 927 045
10	265.00	12 247 400	12 711	70 042	282 190	361 643	3 589 993	146	1 172 621
11	197.00	14 792 192	1 551	118 551	335 424	268 438	4 638 459	122	973 592
12	125.00	4 053 269	566	55 571	227 228	124 339	1 041 589	63	363 090

续表 8.6

城市序号	x_1	x_2	x_3	x_4	x_5	x_6	x_7	x_8	x_9
13	145.00	7 169 556	8 465	82 436	252 404	301 576	3 197 445	90	560 623
14	157.00	3 176 138	3 050	53 325	216 878	120 605	1 732 110	89	455 265
15	230.00	8 344 464	10 964	160 547	474 534	243 335	2 886 000	100	700 636
16	191.00	7 919 257	11 063	75 503	260 990	228 619	3 237 011	102	615 494
17	416.00	10 126 592	12 450	130 384	625 070	362 123	3 395 860	210	1 223 885
18	167.00	5 015 680	7 113	128 256	489 928	255 191	2 181 953	89	512 648
19	403.00	20 685 796	22 638	260 188	1 259 607	852 406	12 932 258	203	2 395 597
20	107.00	1 578 373	4 715	61 085	176 583	129 718	1 439 865	47	281 810
21	41.00	642 262	2 248	17 332	144 248	48 054	1 301 500	25	197 218
22	310.00	9 542 987	13 074	226 238	707 004	379 021	4 339 490	165	1 034 811
23	135.00	2 188 705	4 228	58 081	142 696	113 499	1 164 121	69	368 379
24	160.00	4 653 436	14 513	63 002	167 908	325 537	2 285 116	93	679 215
25	261.00	5 473 938	10 577	100 504	583 808	237 753	3 940 163	141	756 364
26	148.00	3 372 639	3 558	62 558	245 296	119 925	1 733 203	85	540 594
27	67.00	715 525	168	21 499	59 615	31 043	549 532	35	211 705
28	49.00	740 956	1 105	13 021	47 079	38 126	560 206	26	139 675
29	122.00	1 819 076	5 807	36 431	125 090	180 306	1 554 034	65	490 230
30	254.00	12 978 993	19 175	113 919	440 872	503 910	5 294 278	127	936 097
31	120.00	17 374 730	10 312	122 969	305 319	320 426	2 840 023	79	660 757
32	55.00	4 325 007	2 189	28 226	100 300	271 788	1 611 054	48	512 892
33	255.00	11 173 672	12 500	126 933	376 914	379 674	3 499 219	118	782 257
34	79.00	14 276 969	3 652	85 491	398 965	1 317 490	5 822 300	89	1 284 558
35	415.00	9 768 220	19 088	229 411	719 411	398 425	3 731 863	212	1 128 892

表 8.7 中心城市公共设施水平

城市序号	x_{10}	x_{11}	x_{12}	x_{13}	x_{14}	x_{15}
1	9.17	91.71	15.10	5.50	6.80	11.30
2	7.73	92.20	5.40	7.40	3.20	6.60
3	8.50	95.00	7.60	6.10	4.30	3.40
4	8.20	84.00	7.20	5.80	3.80	4.30
5	7.70	54.40	4.50	4.20	3.10	5.00
6	6.90	94.10	8.80	9.20	5.40	10.70
7	7.30	82.20	10.10	5.00	4.00	4.40
8	7.00	91.30	8.20	4.50	4.40	1.00
9	8.66	90.10	14.20	3.90	1.50	1.20
10	8.10	92.40	10.20	5.60	8.00	4.10

续表 8.7

城市序号	x_{10}	x_{11}	x_{12}	x_{13}	x_{14}	x_{15}
11	8.50	81.20	10.30	5.60	5.40	3.70
12	8.00	56.30	8.80	9.10	7.40	3.30
13	9.30	65.30	4.90	6.80	5.00	3.70
14	8.00	73.50	7.90	4.60	4.80	2.30
15	8.10	79.60	7.00	10.50	5.00	4.10
16	7.90	82.90	5.60	5.20	3.20	3.00
17	7.20	65.00	11.80	4.10	6.90	3.70
18	7.40	61.20	15.10	5.80	6.60	4.00
19	8.50	86.60	12.80	6.30	4.70	4.80
20	7.10	86.40	5.10	6.00	6.50	2.80
21	10.10	99.80	14.70	11.70	8.30	3.40
22	8.70	85.20	7.60	4.50	2.20	3.10
23	7.60	50.40	11.40	4.80	8.50	11.70
24	9.20	91.10	12.30	6.20	5.70	3.20
25	7.70	55.70	6.60	4.70	3.80	2.00
26	7.30	76.20	6.60	6.20	3.40	2.30
27	5.90	46.50	11.30	4.60	3.00	3.80
28	8.60	84.00	8.50	6.30	3.60	3.00
29	8.00	99.70	17.30	8.00	4.00	3.90
30	7.80	95.00	13.80	5.50	5.60	0.90
31	8.80	93.90	16.40	8.80	2.80	3.50
32	9.00	80.50	13.20	11.70	8.00	2.40
33	8.10	78.90	14.60	8.00	5.30	4.40
34	9.90	51.70	57.20	11.70	11.70	2.70
35	7.00	71.00	8.00	4.50	2.00	8.00

(2)根据原始数据进行计算.按照特征值大于 1 的原则，选取四个公共因子，其特征值、方差贡献率、累计方差贡献率分别如表 8.8.

表 8.8　数据表

公共因子	特征根	方差贡献率(%)	累计方差贡献率(%)
1	7.848 16	52.3	52.3
2	2.590 25	17.3	69.6
3	1.370 29	9.1	78.7
4	1.057 00	7.0	85.7

由于公共因子 F_3、F_4 在原始变量上的载荷值(原始变量载荷矩阵略)不太好解释，用方差最大化正交旋转进行六次旋转后，得载荷矩阵如下：

	因子 1	因子 2	因子 3	因子 4
x_1	0.937 51	−0.218 69	0.079 45	0.144 69
x_2	0.916 88	0.066 68	0.097 75	−0.192 92
x_3	0.838 74	−0.199 04	0.200 12	−0.108 72
x_4	0.770 18	−0.158 13	0.150 39	0.298 02
x_5	0.930 79	−0.092 44	0.040 51	0.109 92
x_6	0.929 31	0.222 41	−0.049 71	−0.144 35
x_7	0.957 01	0.096 53	0.082 43	0.064 51
x_8	0.937 08	−0.126 11	0.072 78	0.202 55
x_9	0.965 63	0.069 82	0.045 21	0.072 49
x_{10}	0.135 09	0.734 39	0.352 12	−0.207 81
x_{11}	0.238 11	0.017 02	0.905 46	−0.045 60
x_{12}	0.170 40	0.801 98	−0.353 23	−0.136 11
x_{13}	−0.243 51	0.779 31	0.294 12	0.055 75
x_{14}	−0.197 29	0.782 75	−0.246 75	0.248 96
x_{15}	0.150 64	0.006 58	−0.050 00	0.934 84

最后，由回归法估计出因子得分，以各因子的方差贡献率占四个因子总方差贡献率的比重作为权重进行加权汇总，得出各城市的综合得分 F，即：

$$F = (52.3 \times F_1 + 17.3 \times F_2 + 9.1 \times F_3 + 7 \times F_4)/85.7$$

所得结果列于表 8.9.

表 8.9 因子得分表

城市序号	因子 1 得分	因子 2 得分	因子 3 得分	因子 4 得分	综合得分	城市序号	因子 1 得分	因子 2 得分	因子 3 得分	因子 4 得分	综合得分
1	2.325 79	0.880 65	0.268 32	2.738 80	1.85	19	1.523 79	0.116 99	0.411 10	0.305 85	1.02
2	1.210 44	−0.405 42	0.879 18	0.520 76	0.79	20	−0.824 48	−0.418 14	0.158 51	−0.077 90	−0.58
3	−0.194 93	−0.155 12	1.052 31	−0.082 03	−0.05	21	−1.097 87	1.965 43	1.888 39	−0.007 86	−0.07
4	−0.409 79	−0.432 16	0.484 43	−0.232 28	−0.31	22	0.367 60	−0.757 42	0.680 56	−0.301 66	0.12
5	−0.857 06	−0.950 63	−1.122 14	−0.116 31	−0.85	23	−0.688 01	0.173 98	−1.752 59	2.464 15	−0.37
6	0.269 99	−0.059 28	0.904 11	2.631 43	0.46	24	−0.379 23	0.391 11	0.850 31	−0.570 63	−0.11
7	−0.090 35	−0.731 51	−0.042 49	0.260 72	−0.19	25	0.018 45	−0.856 94	−1.160 17	−0.683 98	−0.34
8	0.270 75	−0.991 35	0.147 30	−0.431 91	−0.05	26	−0.625 87	−0.730 61	−0.115 41	−0.546 63	−0.59
9	3.917 52	−0.330 92	−0.222 14	−2.343 52	2.11	27	−0.888 97	−1.254 35	−2.241 93	−0.317 80	−1.06
10	−0.044 56	0.257 31	0.359 38	0.084 65	0.07	28	−1.058 69	−0.124 52	0.575 73	−0.667 94	−0.67
11	−0.113 30	0.091 94	0.099 03	−0.139 48	−0.05	29	−0.752 72	0.261 38	1.015 28	−0.244 64	−0.32
12	−0.752 57	0.541 52	−0.841 79	0.103 77	−0.43	30	0.245 87	−0.148 31	0.427 60	−1.141 65	0.07
13	−0.376 91	0.176 41	0.027 75	−0.331 99	−0.22	31	−0.192 48	0.421 22	1.230 29	−0.668 810	0.04
14	−0.597 02	−0.482 40	−0.381 79	−0.618 56	−0.55	32	−0.864 96	1.536 55	0.654 35	−0.300 30	−0.17
15	−0.230 57	0.284 82	0.816 98	0.418 37	0.04	33	−0.020 80	0.300 89	0.128 37	0.088 37	0.07
16	−0.320 09	−0.745 94	0.349 21	−0.611 88	−0.36	34	0.498 23	4.074 28	−2.523 11	−0.895 74	0.79
17	0.405 60	−0.489 84	−1.342 67	0.201 72	0.02	35	0.555 40	−1.346 93	−0.371 32	1.306 54	0.13
18	−0.228 20	−0.044 68	−1.290 92	0.207 65	−0.27						

若以公共因子 F_1、F_2 作为坐标轴，可以绘制出各城市的因子得分图，这作为练习留给读者.

(3)结果分析. 由旋转后的因子载荷阵可以看出，公共因子 F_1 在 x_1(非农业人口)、x_2(工业总产值)、x_3(货运总量)、x_4(批发零售业贸易餐饮业网点数)、x_5(批发零售业贸易餐饮业从业人数)、x_6(地方财政预算内收入)、x_7(城市居民年底储蓄余额)、x_8(职工人数)、x_9(工资总额)上的载荷值都很大. x_1、x_8、x_9 是反映城市规模的指标，x_2、x_3 反映城市工业发展规模，x_4、x_5 反映城市第三产业的发展规模，x_6(地方财政预算内收入)是政府作为国家的管理者和国有资产的所有者而获得的收入，x_7(城市居民年底储蓄余额)则在一定程度上反映了居民的收入水平，而在我国现今的收入分配格局下，政府和居民是再分配收入的获得大户，因而 x_6、x_7 则在一定程度上反映了城市的国民收入水平. 因此，F_1 为反映城市规模及经济发展水平的公共因子，在这个因子上的得分越高，城市经济发展水平越高，城市规模越大. 公共因子 F_2 由于在 x_{10}(人均居住面积)、x_{12}(每万人拥有公交车辆数)、x_{13}(人均拥有铺装道路面积)、x_{14}(人均公共绿地面积)上的载荷较大，是反映城市基础设施水平的公共因子，在此因子上的得分则反映了一个城市的基础设施水平. 公共因子 F_3 仅在 x_{11}(城市煤气普及率)上有较大的载荷，可命名为“煤气”因子. 公共因子 F_4 在 x_{15}(每万人拥有公共厕所数)上的载荷较大，是反映城市公共卫生情况的公共因子.

有了各个公共因子合理的解释，结合各个城市在四个公共因子上的得分和综合得分，就可对各中心城市的综合发展水平进行评价. 在城市经济规模因子 F_1 上得分最高的前五个城市依次是城市 9、1、19、2 和 35，其中城市 9 的得分约为 3.92，远远高于其他城市，这就是说，就城市规模而言，城市 9 是我国最大的城市，且其规模远大于其他城市. 城市规模较小、经济发展相对较慢的有城市 27 和 28，而城市 21 由于城市规模小，在 F_1 上的得分也较低. 城市 34、21 和 32 在因子 F_2 上的得分较高，而城市 35、27、8 得分较低，说明城市 34、21 和 32 的城市基础设施在全国是较好的，而城市 35 等的基础设施相对较差，还需下大力气进行改善. 城市 1、6、23、35 在公共因子 F_4 上的得分较高，城市公共卫生做的较好，而城市 30 和 10 在 F_4 上的得分最低.

将各城市在四个因子上的得分进行加权综合，就得到了综合得分. 根据综合得分就可综合评价城市的发展水平. 综合得分前五名的城市依次是城市 9、1、19、2、34，综合得分最低的五个城市依次是城市 27、5、28、26、20. 再结合各因子得分进行分析，城市 1、19 不仅综合得分最高，而且在各因子上的得分均位于前列，城市的各方面均衡，为以后的发展奠定了良好的基础. 城市 9 虽然综合得分最高，但其城市基础设施上的得分较低，需加强改善力度. 而综合得分较低的城市在经济发展水平上的得分较低，在城市发展战略上应把经济的发展放在首位，只有经济发展了，城市设施水平及其他方面才能搞上去. 若结合经济理论，还可对各城市的发展做进一步深入的分析，这里不多做讨论. □

因子分析是多元统计分析中遗留问题较多的一个模型，许多问题需要进一步发展和完善.

§8.5　对应分析

对应分析是因子分析的进一步推广，它是多元统计分析中同时对变量和样品进行分析研究的重要方法. 本节主要介绍对应分析的基本理论和方法.

8.5.1 对应分析的基本思想

在实际数据的统计分析中，经常要处理三种关系，即变量(指标)之间的关系、样品之间的关系以及变量(指标)和样品之间的关系. 如对某一行业所属的各个企业进行经济效益评价时，不仅要研究经济效益指标间的关系，还要将企业按经济效益的好坏进行分类，研究哪些企业与哪些经济效益指标的关系密切一些，为各级领导部门正确指导企业的生产经营活动提供更多的信息. 这就需要有一种统计方法，将指标和企业放在一起进行综合分析，以便做经济学上的解释. 对应分析就是研究这类问题的统计方法.

本章前几节讨论了因子分析方法，对应分析是在 R 型和 Q 型因子分析基础上发展起来的一种多元统计分析方法. 由前几节的分析可知，因子分析可以用最少的几个公共因子去提取研究对象的绝大部分信息，既减少了因子的数目，还把握住了研究对象之间的相互关系. 但因子分析也有不足的地方，当我们研究的对象是变量时，通常做 R 型因子分析，倘若研究的对象是样品时，则采用 Q 型因子分析，而且把 R 型和 Q 型看成两种分离的概念. 由于因子分析方法的局限性，无法使 R 型和 Q 型因子分析同时进行，将 R 型和 Q 型分离开后就损失了很多有用的信息. 例如，对某一行业的经济效益进行综合评价，要研究三个方面的关系，即企业与企业之间的关系、指标与指标之间的内部结构、企业与各效益指标之间的内在联系，这三方面本质上是一个联系密切、不可分割的整体. 但选用因子分析时，要研究指标的内部结构就单独做 R 型因子分析，要研究企业之间的关系单独做 Q 型因子分析，而对于企业与变量之间的内在联系，因子分析就无法同时进行. 由于 R 型因子分析和 Q 型因子分析都反映了一个整体的不同侧面，因此有必要探求两种因子分析的内在联系，在此基础上建立起一种新的统计方法，将二者有机地结合起来.

因子分析的另一个不足之处是，在某一问题的原始资料矩阵中，往往样品的个数远大于变量(指标)的个数，这样给 Q 型因子分析的计算带来了极大的困难. 例如某省建材行业有 77 个企业，每个企业考核 12 项经济效益指标，R 型因子分析仅计算一个 12×12 阶相关矩阵的特征值和特征向量；而做 Q 型因子分析时，就要计算一个 77×77 阶相似系数矩阵的特征值和特征向量，这就大大增加了计算的复杂程度，甚至在某些情况下无法完成计算.

此外，我们在处理数据时，为了将不同量纲和数量级相差很大的变量进行比较，通常是先将变量进行标准化处理. 然而这种标准化处理对样品就不好进行了. 换句话说，标准化处理对于变量和样品是非对等的，这又给寻找 R 型和 Q 型之间的联系带来了困难.

为了克服因子分析的不足之处，在因子分析的基础上发展了一种新的多元分析方法——对应分析. 对应分析可以寻找出 R 型与 Q 型分析间的内在联系，由 R 型分析的结果可以方便地得到 Q 型分析结果，克服了做 Q 型分析样品容量 n 很大时计算上的困难. 同时，对应分析把 R 型和 Q 型因子分析统一起来，把变量和样品同时反映到相同坐标轴(因子轴)的一张图形上借以解释变量和样品间的如下对应关系：

(1)图形上邻近的变量点表示变量间密切相关；

(2)图形上邻近的样品点具有相似性质，可解释为同一过程所产生的结果，或者说这些邻近的点属于同一类型；

(3)在某变量上计量较高的样品，图示在代表该变量的点旁. 或者说，属于同一类型的样品点，可由与样品点群靠近的变量点所表征. 这有助于解释样品类型，并通过样品在空间的分布了解过程的空间关系.

8.5.2　对应分析方法的原理

一、原始数据的规格化

在处理一个实际问题时，我们总是先得到 n 个样品，每个样品有 p 个变量的原始数据矩阵，用 $n\times p$ 矩阵 $\boldsymbol{X}$ 表示，它的离差矩阵通常记为

$$\boldsymbol{S}=(s_{ij})_{p\times p},\quad s_{ij}=\sum_{k=1}^{n}(x_{ki}-\bar{x}_i)(x_{kj}-\bar{x}_j)\tag{8.28}$$

或

$$\boldsymbol{S}=\boldsymbol{X}^{\mathrm{T}}\boldsymbol{D}_n\boldsymbol{X},\boldsymbol{D}_n=\boldsymbol{I}_n-\frac{1}{n}\mathbf{1}_n\mathbf{1}_n^{\mathrm{T}}\tag{8.29}$$

而将样品看成变量时，它的离差矩阵为

$$\boldsymbol{S}^*=(s_{ij}^*)_{n\times n}=\boldsymbol{X}\boldsymbol{D}_p\boldsymbol{X}^{\mathrm{T}}\tag{8.30}$$

其中

$$\boldsymbol{D}_p=\boldsymbol{I}_p-\frac{1}{n}\mathbf{1}_p\mathbf{1}_p^{\mathrm{T}}$$

一般情况下 $\boldsymbol{S}$ 和 $\boldsymbol{S}^*$ 的非零特征值并不一样. 能否对数据矩阵 $\boldsymbol{X}$ 做一变换变为 $\boldsymbol{Z}$，使得 $\boldsymbol{Z}^{\mathrm{T}}\boldsymbol{Z}$ 和 $\boldsymbol{Z}\boldsymbol{Z}^{\mathrm{T}}$ 能起到 $\boldsymbol{S}$ 和 $\boldsymbol{S}^*$ 的作用呢？由于 $\boldsymbol{Z}^{\mathrm{T}}\boldsymbol{Z}$ 和 $\boldsymbol{Z}\boldsymbol{Z}^{\mathrm{T}}$ 有相同的非零特征值，它们相应的特征向量也有密切的关系，这样使计算变得简便多了. 1970 年，法国统计学家 J. P. Beozecri 提出了求解上述 $\boldsymbol{Z}$ 的方法. 下面介绍如何将原始数据矩阵 $\boldsymbol{X}$ 变换成 $\boldsymbol{Z}$ 矩阵.

假设 $\boldsymbol{X}$ 的元素 $x_{ij}>0$，否则，对所有的数据同加上一个正数，便可满足这个要求. $\boldsymbol{X}$ 的行和、列和与总和分别用 $x_{i\cdot}$、$x_{\cdot j}$ 和 $x_{\cdot\cdot}$ 表示，即

$$\begin{array}{cccc|c}
x_{11} & x_{12} & \cdots & x_{1p} & x_{1\cdot}\\
x_{21} & x_{22} & \cdots & x_{2p} & x_{2\cdot}\\
\vdots & \vdots & & \vdots & \vdots\\
x_{n1} & x_{n2} & \cdots & x_{np} & x_{n\cdot}\\
\hline
x_{\cdot1} & x_{\cdot2} & \cdots & x_{\cdot p} & x_{\cdot\cdot}
\end{array}$$

其中

$$x_{i\cdot}=\sum_{j=1}^{p}x_{ij},x_{\cdot j}=\sum_{i=1}^{n}x_{ij},x_{\cdot\cdot}=\sum_{i=1}^{n}\sum_{j=1}^{p}x_{ij}\tag{8.31}$$

$x_{\cdot\cdot}$ 为 $n\times p$ 个数据 x_{ij} 的总和，用它去除数据矩阵 $\boldsymbol{X}$ 中的每一个元素，使变量与样品具有相同比例大小，即得原始数据规格化的概率矩阵

$$\boldsymbol{P}_{n\times p}=\frac{1}{x_{\cdot\cdot}}\boldsymbol{X}\triangleq(p_{ij})$$

其中 $p_{ij}=\dfrac{x_{ij}}{x_{\cdot\cdot}}(i=1,2,\cdots,n;j=1,2,\cdots,p)$. 显然，$0<p_{ij}<1$，且

$$\sum_{i=1}^{n}\sum_{j=1}^{p}p_{ij}=1$$

这样 $\boldsymbol{P}$ 可表示成如下的一个列联表：

$$
\begin{array}{cccc|c}
p_{11} & p_{12} & \cdots & p_{1p} & p_{1\cdot} \\
p_{21} & p_{22} & \cdots & p_{2p} & p_{\cdot} \\
\vdots & \vdots & & \vdots & \vdots \\
p_{n1} & p_{n2} & \cdots & p_{np} & p_{n\cdot} \\
\hline
p_{\cdot 1} & p_{\cdot 2} & \cdots & p_{\cdot p} & 1
\end{array}
$$

其中

$$p_{i\cdot} = \sum_{j=1}^{p} p_{ij}, \quad p_{\cdot j} = \sum_{i=1}^{n} p_{ij}$$

因此，p_{ij}可解释为每个元素 x_{ij}出现的“概率”，“概率”矩阵 $\boldsymbol{P}$ 的行和 $p_{i\cdot}$ 称为样品 i 的“边缘概率”，列和 $p_{\cdot j}$称为变量 j 的“边缘概率”.

为了将数组表示在 p 维欧氏空间中，我们把 p 维欧氏空间中的 n 个样品点用坐标为 $\left(\frac{p_{i1}}{p_{i\cdot}},\frac{p_{i2}}{p_{i\cdot}},\cdots,\frac{p_{ip}}{p_{i\cdot}}\right)$ $(i=1,2,\cdots,n)$ 的 n 个点来表示，并称之为 n 个样品点. 由此可看出，每一个样品点的坐标是各个变量在该样品中的相对比例，这样对 n 个样品的分析研究就归结为对 n 个样品点的相对关系的研究，任意两个样品间的接近程度，可用两个样品点的距离来刻画. 为此，引入普通的欧氏距离，即任两个样品点 R 与 l 之间的欧氏距离为

$$D^2(k,l) = \sum_{j=1}^{p}\left(\frac{p_{kj}}{p_{k\cdot}} - \frac{p_{lj}}{p_{l\cdot}}\right)^2 \tag{8.32}$$

由于各个变量的尺度有差异，各个变量客观上在全部样品中所占的比例不一样，这样当用公式(8.32)计算距离时，若第 j 个变量的数量级较大，则该变量的作用就被抬高了，而在实际问题中，我们所关心的是各个变量的相对作用. 因此，若用系数 $\frac{1}{p_{\cdot j}}$ 去乘距离公式(8.32)的每一项. 则可消除各个变量尺度差异的影响，这样就得到加权的距离公式

$$D^2(k,l) = \sum_{j=1}^{p}\left[\frac{p_{kj}}{\sqrt{p_{\cdot j}}\,p_{k\cdot}} - \frac{p_{lj}}{\sqrt{p_{\cdot j}}\,p_{l\cdot}}\right]^2 \tag{8.33}$$

换句话说，(8.33)式是坐标为

$$\left[\frac{p_{i1}}{\sqrt{p_{\cdot 1}}\,p_{i\cdot}},\frac{p_{i2}}{\sqrt{p_{\cdot 2}}\,p_{i\cdot}},\cdots,\frac{p_{ip}}{\sqrt{p_{\cdot p}}\,p_{i\cdot}}\right], \quad i=1,2,\cdots,n \tag{8.34}$$

的 n 个样品点中任意两个样品点 k 与 l 之间的欧氏距离.

二、协方差矩阵

通过以上的数据变换，引入距离定义后，可以直接计算两个变量或两个样品之间的距离，用距离的长短来反映两个样品间的接近程度，同类型的样品的距离应短，据此可以分类. 但这样做不能用图形直观地表示变量与样品之间的关系. 因此不计算距离，代之以求协方差矩阵，进行因子分析，提取主成分，用主成分所定义的坐标轴作为参照系，而保持变量间的距离不变.

将空间 R^p 中的 n 个样品点按概率 $p_{i\cdot}$ 进行加权平均，由(8.34)式可知，第 j 个变量的均值为

$$\sum_{i=1}^{n}\frac{p_{ij}}{\sqrt{p_{\cdot j}}\,p_{i\cdot}}p_{i\cdot} = \frac{1}{\sqrt{p_{\cdot j}}}\sum_{i=1}^{n}p_{ij} = \frac{p_{\cdot j}}{\sqrt{p_{\cdot j}}} = \sqrt{p_{\cdot j}}$$

第 i 个变量与第 j 个变量的协方差为

$$a_{ij}=\sum_{\alpha=1}^{n}\left(\frac{p_{\alpha i}}{\sqrt{p_{\cdot i}\,p_{\alpha\cdot}}}-\sqrt{p_{\cdot i}}\right)\left(\frac{p_{\alpha j}}{\sqrt{p_{\cdot j}\,p_{\alpha\cdot}}}-\sqrt{p_{\cdot j}}\right)p_{\alpha\cdot}$$

$$=\sum_{\alpha=1}^{n}\left(\frac{p_{\alpha i}-p_{\cdot i}p_{\alpha\cdot}}{\sqrt{p_{\cdot i}p_{\alpha\cdot}}}\right)\left(\frac{p_{\alpha j}-p_{\cdot j}p_{\alpha\cdot}}{\sqrt{p_{\cdot j}p_{\alpha\cdot}}}\right)\triangleq\sum_{\alpha=1}^{n}z_{\alpha i}z_{\alpha j} \tag{8.35}$$

其中

$$z_{\alpha i}=\frac{p_{\alpha i}-p_{\cdot i}p_{\alpha\cdot}}{\sqrt{p_{\cdot i}p_{\alpha\cdot}}}=\frac{x_{\alpha i}-x_{\cdot i}x_{\alpha\cdot}/x_{\cdot\cdot}}{\sqrt{x_{\cdot i}x_{\alpha\cdot}}},\quad \alpha=1,2,\cdots,n;\quad i=1,2,\cdots,p$$

若令　$\boldsymbol{Z}\triangleq(z_{ij})_{n\times p}$，$\boldsymbol{A}\triangleq(a_{ij})_{p\times p}$，则有

$$\boldsymbol{A}=\boldsymbol{Z}^{\mathrm{T}}\boldsymbol{Z} \tag{8.36}$$

即变量的协方差矩阵可以表示成 $\boldsymbol{Z}^{\mathrm{T}}\boldsymbol{Z}$ 的形式.

类似于上面的讨论，可求出样品的协方差矩阵. 仿式(8.34)的作法，可得到 n 维空间中 p 个变量点的概率加权的坐标向量为

$$\left(\frac{p_{1i}}{\sqrt{p_{1\cdot}\,p_{\cdot i}}},\frac{p_{2i}}{\sqrt{p_{2\cdot}\,p_{\cdot i}}},\cdots,\frac{p_{ni}}{\sqrt{p_{n\cdot}\,p_{\cdot i}}}\right),\quad i=1,2,\cdots,p \tag{8.37}$$

类似地，第 k 个样品与第 l 个样品的协方差为

$$b_{kl}=\sum_{\beta=1}^{p}\left(\frac{p_{k\beta}}{\sqrt{p_{k\cdot}\,p_{\cdot\beta}}}-\sqrt{p_{k\cdot}}\right)\left(\frac{p_{l\beta}}{\sqrt{p_{l\cdot}\,p_{\cdot\beta}}}-\sqrt{p_{l\cdot}}\right)p_{\cdot\beta}$$

$$=\sum_{\beta=1}^{p}\left(\frac{p_{k\beta}-p_{\cdot\beta}p_{k\cdot}}{\sqrt{p_{\cdot\beta}p_{k\cdot}}}\right)\left(\frac{p_{l\beta}-p_{\cdot\beta}p_{l\cdot}}{\sqrt{p_{\cdot\beta}p_{l\cdot}}}\right)=\sum_{\beta=1}^{p}z_{k\beta}z_{l\beta}$$

于是，样品的协方差矩阵 $\boldsymbol{B}=(b_{kl})_{n\times n}$为

$$\boldsymbol{B}=\boldsymbol{Z}\boldsymbol{Z}^{\mathrm{T}} \tag{8.38}$$

三、基于 Z 矩阵的分析方法

由式(8.36)和式(8.38)可知，两个协方差矩阵 $\boldsymbol{A}$ 与 $\boldsymbol{B}$ 存在对应关系，将原始数据 x_{ij}变换成 z_{ij}以后，z_{ij}对变量和样品具有对等性.

由线性代数可知，$\boldsymbol{A}=\boldsymbol{Z}^{\mathrm{T}}\boldsymbol{Z}$ 和 $\boldsymbol{B}=\boldsymbol{Z}\boldsymbol{Z}^{\mathrm{T}}$ 有相同的非零特征值，记作 $\lambda_1>\lambda_2>\cdots>\lambda_r$，$0<r<\min\{p,n\}$，设 $\mu_1,\mu_2,\cdots,\mu_r$ 为 $\boldsymbol{A}$ 的相应于特征值 $\lambda_1,\lambda_2,\cdots,\lambda_r$ 的特征向量，则有

$$\boldsymbol{A}\mu_j=\boldsymbol{Z}^{\mathrm{T}}\boldsymbol{Z}\mu_j=\lambda_j\mu_j \tag{8.39}$$

上式两边左乘 $\boldsymbol{Z}$ 矩阵得到

$$\boldsymbol{Z}\boldsymbol{Z}^{\mathrm{T}}(\boldsymbol{Z}\mu_j)=\lambda_j(\boldsymbol{Z}\mu_j)$$

即

$$\boldsymbol{B}(\boldsymbol{Z}\mu_j)=\lambda_j(\boldsymbol{Z}\mu_j) \tag{8.40}$$

这说明 $\boldsymbol{Z}\mu_j$ 为 $\boldsymbol{B}$ 的相应于特征值 λ_j 的特征向量. 或者说，当 μ_j 为 $\boldsymbol{A}$ 的相应于 λ_j 的特征向量时，则 $\boldsymbol{Z}\mu_j$ 就是 $\boldsymbol{B}$ 的相应于 λ_j 的特征向量. 这就建立了因子分析中 R 型与 Q 型的关系.

综上所述，若将原始数据矩阵 $\boldsymbol{X}$ 变换成 $\boldsymbol{Z}$，则变量和样品的协方差分别可表示为 $\boldsymbol{A}=\boldsymbol{Z}^{\mathrm{T}}\boldsymbol{Z}$ 和 $\boldsymbol{B}=\boldsymbol{Z}\boldsymbol{Z}^{\mathrm{T}}$，$\boldsymbol{A}$ 和 $\boldsymbol{B}$ 具有相同的非零特征值，相应的特征向量有很密切的关系. 基于以上结论，我们可以方便地从 R 型因子分析出发，直接得到 Q 型因子分析的结果，克服了大样本时做 Q 型因子分析计算上的困难. 又由于 $\boldsymbol{A}$ 和 $\boldsymbol{B}$ 具有相同的非零特征值，而这些特征值正是各个因子所提供的方差，那么在 p 维变量空间 R^p 中的第一主因子、第二主因子、……、直到第 r 个主

因子与 n 维样品空间 R^n 中相应的各个主因子在总方差中所占的百分比就完全相同.这样就可用相同的因子轴去同时表示变量和样品,把变量和样品同时反映在具有相同坐标轴的因子平面上.

四、对应分析的具体步骤

(1)由数据矩阵 X 出发计算概率矩阵 $P_{n\times p}=\frac{1}{x_{..}}X=(p_{ij})$

(2)计算矩阵 $Z\triangleq(z_{ij})_{n\times p}$.

(3)进行因子分析.

①R 型因子分析.

第一,计算矩阵 Z^TZ 的特征值 $\lambda_1\geqslant\lambda_2\geqslant\cdots\geqslant\lambda_r$,求相应的特征向量 $\mu_1,\mu_2,\cdots,\mu_r$ 并使之单位化.按其累计贡献率的大小,确定因子个数 k(一般取 $k=2$),从而得到因子载荷矩阵

$$F=\begin{pmatrix}\mu_{11}\sqrt{\lambda_1} & \mu_{12}\sqrt{\lambda_2}\\ \mu_{21}\sqrt{\lambda_1} & \mu_{22}\sqrt{\lambda_2}\\ \vdots & \vdots\\ \mu_{p1}\sqrt{\lambda_1} & \mu_{p2}\sqrt{\lambda_2}\end{pmatrix}$$

第二,在因子轴 F_1 与 F_2 构成的平面上做变量点图.若 $k>2$,则在两两因子轴 F_i 与 F_j 的平面上做变量点图.

②Q 型因子分析.

第一,对 R 型因子分析所得 r 个特征值,计算对应矩阵 ZZ^T 的特征向量

$$\upsilon_1=Z\mu_1,\upsilon_2=Z\mu_2,\cdots,\upsilon_r=Z\mu_r$$

将特征向量单位化,得 Q 型因子载荷矩阵

$$G=\begin{pmatrix}\upsilon_{11}\sqrt{\lambda_1} & \upsilon_{12}\sqrt{\lambda_2} & \cdots & \upsilon_{1r}\sqrt{\lambda_r}\\ \upsilon_{21}\sqrt{\lambda_1} & \upsilon_{22}\sqrt{\lambda_2} & \cdots & \upsilon_{2r}\sqrt{\lambda_r}\\ \vdots & \vdots & & \vdots\\ \upsilon_{n1}\sqrt{\lambda_1} & \upsilon_{n2}\sqrt{\lambda_2} & \cdots & \upsilon_{nr}\sqrt{\lambda_r}\end{pmatrix}$$

此时,根据特征值累计贡献率选取的因子个数与 R 型因子分析是一致的,一般取 $k=2$.

第二,在与 R 型因子分析相应的因子平面上做样品点图,因子轴记为 G_1 和 G_2.

由于因子平面 $F_1—F_2$ 与因子平面 $G_1—G_2$ 的坐标轴重合,这样就在一个平面上同时显示了变量与样品间的相互联系.需要注意的是,因子平面 $F_1—F_2$、$G_1—G_2$ 上的变量点和样品点,实际上是两个多维空间的二维投影.在某些特殊情况下,两个相隔很远的点,在二维平面上的投影却很接近.为了防止这种特殊情形,我们可以计算每一个体对于某一因子的贡献.

8.5.3 对应分析的计算与应用

我们通过一个具体的例子来看对应分析的过程(何晓群,2003).

例 8.8 按现行统计报表制度,农民家庭纯收入是指农村常住居民家庭总收入中扣除从事生产和非生产经营费用支出、税款和上交承包集体任务金额以后剩余的、可直接用于进行生产性和非生产性建设投资、生产性消费的那一部分收入.主要由四个方面构成,既包括货币收

入，又包括自产自用的实物收入．表 8.10 列出了 1989 年 30 个省、市、自治区农民家庭纯收入的数据．试进行对应分析，揭示全国农民人均纯收入的特征以及各省、市、自治区与各收入变量间的关系．

解 第 1 步，按行、列分别求和，得行和 $x_{i.}$，列和 $x_{.j}$ 及总和 $x_{..}$，结果见表 8.10．

第 2 步，计算数据规格化的概率矩阵 $\boldsymbol{P}$．由表 8.10，用公式

$$p_{ij}=\frac{x_{ij}}{x_{..}}$$

计算概率矩阵 $\boldsymbol{P}$，例如 $p_{11}=\dfrac{468.79}{18\ 960.46}=0.024\ 7$，将计算结果列于表 8.11．

表 8.10　1989 年中国部分农民家庭人均纯收入调查结果　　单位：元

序号	省、市	集体统一经营中得到的收入 x_1	经济联合体得到的收入 x_2	家庭经营收入 x_3	其他非生产性收入 x_4	行和
1	北京	468.79	3.79	579.18	178.80	1 230.56
2	天津	319.00	6.61	610.08	84.55	1 020.24
3	河北	58.30	13.96	472.35	44.78	589.39
4	山西	66.89	1.86	388.26	56.87	513.88
5	内蒙古	11.94	0.32	448.38	16.87	477.51
6	辽宁	108.46	1.87	563.16	66.73	740.22
7	吉林	25.59	0.43	561.01	36.98	624.01
8	黑龙江	26.46	0.19	485.64	22.89	535.18
9	上海	715.03	3.67	475.62	185.55	1 379.87
10	江苏	205.84	0.87	609.17	59.82	875.70
11	浙江	184.35	20.70	731.82	73.84	1 010.71
12	安徽	27.35	1.83	456.10	30.37	515.65
13	福建	35.52	11.32	602.31	48.18	697.33
14	江西	22.56	1.13	501.26	33.70	558.65
15	山东	84.01	3.01	502.90	40.64	630.56
16	河南	23.22	3.03	393.28	37.52	457.05
17	湖北	34.88	1.34	509.65	25.96	571.83
18	湖南	21.93	1.96	504.56	29.89	558.34
19	广东	70.41	6.22	797.66	80.73	955.02
20	广西	3.64	2.35	442.88	34.18	483.05
21	海南	5.07	6.63	587.80	74.76	674.26
22	四川	23.88	1.08	432.07	37.04	496.07
23	贵州	5.98	0.79	392.62	30.94	430.33
24	云南	11.31	0.66	424.53	41.40	477.90
25	西藏	0.44	0	372.50	24.31	397.25
26	陕西	10.85	0.14	380.47	42.21	433.67
27	甘肃	12.59	0.71	325.15	27.44	365.89
28	青海	6.13	0.34	415.81	35.24	457.52
29	宁夏	9.86	1.17	471.20	39.67	521.90
30	新疆	13.45	0	498.75	33.42	545.62
列和		2 517.21	96.43	14 821.40	1 525.42	18 960.46

资料来源：《中国统计年鉴(1990)》．

表 8.11　数据规格化的概率矩阵 $P_{30\times 4}$

序号	p_{ij}				行　和	序号	p_{ij}				行　和
1	0.024 7	0.000 2	0.030 1	0.009 3	0.064 3	16	0.001 2	0.000 2	0.020 5	0.002 0	0.023 8
2	0.016 6	0.000 3	0.031 7	0.004 4	0.053 0	17	0.001 8	0.000 1	0.026 5	0.001 4	0.029 7
3	0.003 0	0.000 7	0.024 6	0.002 3	0.030 7	18	0.001 1	0.000 1	0.026 2	0.001 6	0.029 0
4	0.003 5	0.000 1	0.020 2	0.003 0	0.026 7	19	0.003 7	0.000 3	0.041 5	0.004 2	0.049 7
5	0.000 6	0.000 0	0.023 3	0.000 9	0.024 8	20	0.000 2	0.000 1	0.023 0	0.001 8	0.025 1
6	0.005 6	0.000 1	0.029 3	0.003 5	0.038 5	21	0.000 3	0.000 3	0.030 6	0.003 9	0.035 1
7	0.001 3	0.000 0	0.029 2	0.001 9	0.032 5	22	0.001 2	0.000 1	0.022 5	0.001 9	0.025 7
8	0.001 4	0.000 0	0.025 3	0.001 2	0.027 8	23	0.000 3	0.000 0	0.020 4	0.001 6	0.022 4
9	0.037 2	0.000 2	0.024 7	0.009 7	0.071 8	24	0.000 6	0.000 0	0.022 1	0.002 2	0.024 9
10	0.010 7	0.000 0	0.031 7	0.003 1	0.045 6	25	0.000 0	0.000 0	0.019 4	0.001 3	0.020 7
11	0.009 6	0.001 1	0.038 1	0.003 8	0.052 6	26	0.000 6	0.000 0	0.019 8	0.002 2	0.022 6
12	0.001 4	0.000 1	0.023 7	0.001 6	0.026 8	27	0.000 7	0.000 0	0.016 9	0.001 4	0.019 0
13	0.001 8	0.000 6	0.031 3	0.002 5	0.036 3	28	0.000 3	0.000 0	0.021 6	0.001 8	0.023 8
14	0.001 2	0.000 1	0.026 1	0.001 8	0.029 1	29	0.000 5	0.000 1	0.024 5	0.002 1	0.027 1
15	0.004 4	0.000 2	0.026 2	0.002 1	0.032 8	30	0.000 7	0.000 0	0.025 9	0.001 7	0.028 4
						列和	0.136 0	0.005 1	0.777 0	0.081 9	1.000 0

第 3 步，计算数据变换矩阵 **Z**. 利用公式(8.35)计算数据变换矩阵 **Z** 的各元素 z_{ij}. 例如

$$z_{11}=\frac{p_{11}-p_{\cdot 1}p_{1\cdot}}{\sqrt{p_{\cdot 1}p_{1\cdot}}}=\frac{0.024\,7-0.136\times 0.064\,3}{\sqrt{0.136\times 0.064\,3}}\approx 0.170\,7$$

将所得计算结果列于表 8.12.

表 8.12　数据变换矩阵 $Z_{30\times 4}$

序号	z_1	z_2	z_3	z_4	序号	z_1	z_2	z_3	z_4
1	0.170 7	−0.007 1	−0.087 9	0.056 0	16	−0.035 6	0.003 3	0.014 6	0.000 1
2	0.110 4	0.004 5	−0.046 8	0.000 7	17	−0.035 1	−0.006 7	0.022 4	−0.022 0
3	−0.017 6	0.045 6	0.004 9	−0.003 7	18	−0.044 7	−0.003 8	0.024 5	−0.016 9
4	−0.002 6	−0.003 4	−0.004 0	0.016 4	19	−0.037 6	0.004 4	0.014 7	0.002 0
5	−0.047 4	−0.009 8	0.029 0	−0.025 7	20	−0.055 2	−0.000 5	0.025 2	−0.006 2
6	0.005 6	−0.007 1	−0.003 6	0.005 6	21	−0.065 2	0.012 4	0.020 1	0.018 9
7	−0.046 4	−0.011 1	0.024 9	−0.014 3	22	−0.038 1	−0.006 5	0.017 7	−0.003 9
8	−0.039 2	−0.011 1	−0.024 7	−0.022 8	23	−0.049 5	−0.006 8	0.023 0	−0.005 3
9	0.277 7	−0.009 1	−0.131 4	0.049 2	24	−0.048 0	−0.008 2	0.019 9	0.002 6
10	0.057 4	−0.012 3	−0.019 7	−0.010 2	25	−0.052 6	−0.010 3	0.026 2	−0.010 4
11	0.028 9	0.049 4	−0.013 8	−0.007 1	26	−0.045 2	−0.010 0	0.017 1	0.008 1
12	−0.036 8	−0.003 6	0.020 0	−0.013 2	27	−0.038 0	−0.006 1	0.017 5	−0.003 4
13	−0.043 9	0.029 7	0.018 7	−0.008 6	28	−0.051 3	−0.009 4	0.023 1	−0.002 7
14	−0.044 2	−0.007 3	0.023 3	−0.012 9	29	−0.052 3	−0.006 6	0.023 5	−0.003 4
15	−0.001 3	−0.000 8	0.004 2	−0.011 1	30	−0.050 9	−0.012 0	0.026 2	−0.012 2

第 4 步,计算协方差矩阵 $\boldsymbol{A}$. 由公式(8.36),协方差矩阵 $\boldsymbol{A}=\boldsymbol{Z}^{\mathrm{T}}\boldsymbol{Z}$,计算结果列于表 8.13.

表 8.13 协方差矩阵 $A_{4\times4}$

0.166 8	0.000 2	−0.007 91	0.028 7
0.000 2	0.007 1	−0.000 6	−0.000 0
−0.079 1	−0.000 6	0.038 1	−0.015 1
0.028 7	−0.000 0	−0.015 1	0.009 5

第 5 步,因子分析.

1.R 型因子分析

(1)计算协方差矩阵 $\boldsymbol{A}$ 的特征值及所对应的特征向量,结果分别列于表 8.14 和表 8.15.

表 8.14 特征值表

序号	特征值	百分比	累计值
1	0.297	0.946 8	0.946 8
2	0.007 1	0.032 2	0.979 0
3	0.004 7	0.021 0	1.000 0
4	0.000 0	0.000 0	1.000 0

表 8.15 特征向量表

序号	μ_1	μ_2	μ_3	μ_4
1	0.891 0	−0.033 8	−0.262 5	0.368 8
2	0.002 1	0.997 2	−0.021 5	0.070 9
3	−0.424 8	−0.066 0	−0.195 3	0.881 5
4	0.159 8	−0.000 4	0.944 7	0.286 3

按表 8.14 中累积百分比

$$\sum_{i=1}^{r}\lambda_i\Big/\sum_{i=1}^{4}\lambda_i \geqslant 95\%$$

取前两个特征值及它们所对应的表 8.15 中前两个特征向量 μ_1、μ_2,确定主因子个数 $k=2$.

(2)计算因子载荷矩阵

$$\boldsymbol{F}=\begin{pmatrix} \mu_{11}\sqrt{\lambda_1} & \mu_{12}\sqrt{\lambda_2} \\ \mu_{21}\sqrt{\lambda_1} & \mu_{22}\sqrt{\lambda_2} \\ \mu_{31}\sqrt{\lambda_1} & \mu_{32}\sqrt{\lambda_2} \\ \mu_{41}\sqrt{\lambda_1} & \mu_{42}\sqrt{\lambda_2} \end{pmatrix}$$

因子载荷矩阵列于表 8.16.

表 8.16 R 型因子载荷矩阵

F_1	F_2
0.480 1	−0.002 9
0.001 0	0.084 2
−0.194 6	−0.005 6
0.073 2	−0.000 0

2. Q 型因子分析

对应于前面所得的两个特征值($\lambda_1=0.209\ 7>\lambda_2=0.007\ 1$),计算其对应于矩阵 $\mathbf{Z}^{\mathrm{T}}\mathbf{Z}$ 的特征向量

$$\upsilon_1=\mathbf{Z}\mu_1,\upsilon_2=\mathbf{Z}\mu_2$$

再将其单位化,得 Q 型因子载荷矩阵

$$\boldsymbol{G}=\begin{pmatrix} \upsilon_{11}\sqrt{\lambda_1} & \upsilon_{12}\sqrt{\lambda_2} \\ \upsilon_{21}\sqrt{\lambda_1} & \upsilon_{22}\sqrt{\lambda_2} \\ \vdots & \vdots \\ \upsilon_{(30)1}\sqrt{\lambda_1} & \upsilon_{(30)2}\sqrt{\lambda_2} \end{pmatrix}$$

将计算结果列于表 8.17.

表 8.17 Q 型因子载荷矩阵

序 号	G_1	G_2	序 号	G_1	G_2
1	0.196 1	−0.007 0	16	−0.037 9	0.003 5
2	0.118 4	0.003 8	17	−0.044 3	−0.006 9
3	−0.018 2	0.045 7	18	−0.052 9	−0.003 9
4	0.002 0	−0.003 0	19	−0.039 4	−0.004 7
5	−0.058 7	−0.010 0	20	−0.060 9	−0.000 3
6	0.007 4	−0.007 0	21	−0.063 6	0.013 3
7	−0.054 2	−0.011 2	22	−0.042 1	−0.006 4
8	−0.049 1	−0.011 4	23	−0.054 8	−0.006 7
9	0.311 1	−0.009 9	24	−0.050 9	−0.007 9
10	0.057 8	−0.012 9	25	−0.059 7	−0.010 2
11	0.030 5	0.049 2	26	−0.046 3	−0.009 6
12	−0.043 4	−0.003 6	27	−0.041 8	−0.006 0
13	−0.048 4	0.029 9	28	−0.055 9	−0.009 2
14	−0.051 3	−0.007 4	29	−0.057 2	−0.006 4
15	−0.004 8	−0.001 0	30	−0.058 4	−0.012 0

3. 做变量点图

在 R 型因子平面上,利用表 8.16 中数值做变量点图;在 Q 型因子平面上,利用表 8.17 中的数值做样品点图,如图 8.1.

4. 因子平面点图解释

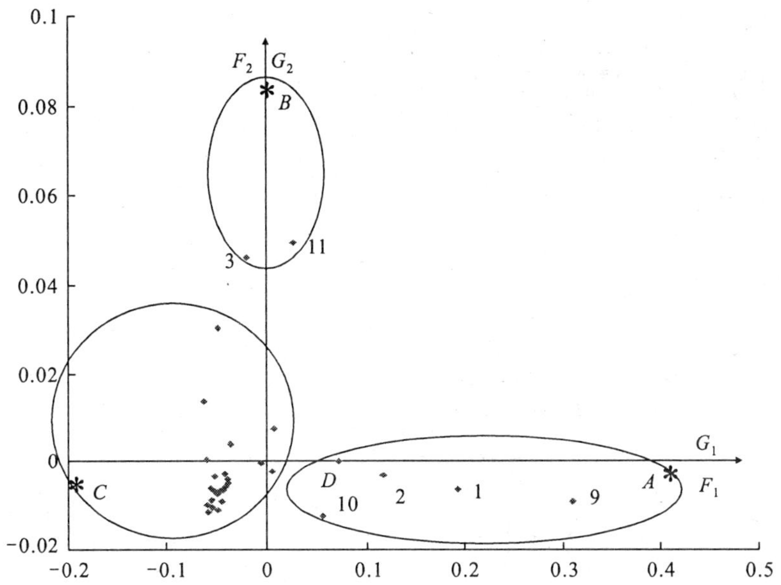

图 8.1　对应分析因子平面变量、样品聚点图

注：图中数字为城市序号.

在图 8.1 中，反映了 1989 年全国农民人均纯收入有以下特性.

(1)从农民人均纯收入的构成来看，因子轴 F_1 主要综合了农民从集体统一经营中、家庭经营中及其他非生产性活动三方面得到的收入，这是当前农民家庭人均纯收入中起主导作用的方面；因子轴 F_2 主要反映农民从经济联合体得到的收入，这方面的收入在整体农民家庭人均纯收入中占的比重不大，或者说是当前农民家庭人均纯收入中次要的方面.

(2)全国农民家庭人均纯收入大体可分为三种类型，北京市、天津市、上海市和江苏省属一种类型，这三市一省的特点是：集体统一经营和其他非生产性方面的收入显著高于其他省份. 河北、浙江两省属同一类型，与其他省份相比，这两省农民从经济联合体得到的收入显著高于其他省份. 剩下的 24 个省份属一种类型，该类农民家庭人均收入主要靠家庭经营收入，很显然这是符合中国国情的. 中国是一个农业大国，土地实行承包责任制，绝大多数农民的收入主要靠家庭经营收入.

R 型因子分析中，第一主因子轴上，从集体统一经营中得到的收入和其他生产性收入两个变量的载荷系数为正，而家庭经营收入这个变量的载荷系数为负，此时载荷系数的正与负，正好揭示了 28 个省市农民在主要纯收入方面存在的差异. 再结合 Q 型因子载荷矩阵可看出，文化、经济、工业化程度较高的北京、天津、上海和江苏省，农民的收入与“从集体统一经营”和“非生产性”两方面的收入密切相关，因此在 Q 型因子载荷矩阵中系数为正且数值较大.

综上所述，利用对应分析，较好地揭示了变量与变量、样品与样品、变量与样品之间的内在联系. 因此，对应分析方法能够以比较小的代价从原始数据中提取较多的信息. □

思考与练习

1. 比较因子分析和主成分分析模型，说明它们的关系.

2. 设标准化变量 z_1、z_2 和 z_3 的相关矩阵为

$$\boldsymbol{R}=\begin{pmatrix}1 & 0.63 & 0.45\\ 0.63 & 1 & 0.35\\ 0.45 & 0.35 & 1\end{pmatrix}$$

证明它们可以由 $m=1$ 的正交因子模型

$$\begin{cases}z_1=0.9F_1+\varepsilon_1\\ z_2=0.7F_1+\varepsilon_2\\ z_3=0.5F_1+\varepsilon_3\end{cases}$$

生成，这里 $\mathrm{Var}(F_1)=1$，$\mathrm{Vov}(\varepsilon,F)=0$，

$$\mathrm{Cov}(\varepsilon)=\boldsymbol{\Sigma}_\varepsilon=\begin{pmatrix}0.19 & 0 & 0\\ 0 & 0.51 & 0\\ 0 & 0 & 0.75\end{pmatrix}$$

即将 $\boldsymbol{R}$ 写成 $\boldsymbol{R}=\boldsymbol{A}\boldsymbol{A}^{\mathrm{T}}+\boldsymbol{\Sigma}_\varepsilon$ 的形式.

3. 关于第 2 题

(1) 计算共同度 h_i^2，$i=1,2,3$，并解释之；

(2) 计算 $\mathrm{Corr}(z_i,F_i)$，$i=1,2,3$，哪个变量在公共因子中有最大的权？为什么？

4. 结合所学专业，找一实际问题，建立因子分析模型并进行分析和解释.

5. 对应分析的产生原因及背景是什么？

6. 对应分析的基本思想是什么？

7. 农民家庭生活费支出是指农村常住居民家庭用于日常生活的全部开支，是用来反映和研究农民家庭实际生活消费水平高低的重要指标. 主要包括吃、穿、住、烧、用等消费品开支和文化、生活服务费用开支两大部分. 下表列出了 1989 年我国 30 个省、市、自治区农民生活费支出的统计资料(资料来源：《中国统计年鉴(1990)》). 试用对应分析，研究中国部分地区农民家庭消费的分布规律.

1989 年中国部分地区农民家庭人均生活消费情况　　单位：元

序　号	省、市	食　品	衣　着	住　房	燃　料	用品及其他	非商品支出
1	北　京	350.83	82.65	150.69	21.41	164.29	69.02
2	天　津	240.96	65.66	160.66	6.53	126.68	37.10
3	河　北	117.39	44.75	85.52	13.63	69.79	25.44
4	山　西	115.10	53.31	42.48	9.63	59.73	24.54
5	内蒙古	83.15	43.32	42.83	5.69	61.38	31.33
6	辽　宁	195.44	71.54	106.10	6.8	89.33	41.65
7	吉　林	148.21	54.29	65.84	1.18	68.05	40.71
8	黑龙江	129.08	51.15	49.75	5.51	55.83	25.14
9	上　海	412.23	99.34	310.40	3.10	204.10	72.63

续表

序　号	省、市	食　品	衣　着	住　房	燃　料	用品及其他	非商品支出
10	江　苏	217.35	53.48	184.56	2.29	90.69	41.57
11	浙　江	313.59	59.34	214.44	6.07	114.49	68.03
12	安　徽	131.79	36.77	75.21	2.81	53.45	30.69
13	福　建	234.29	35.29	89.20	8.29	71.42	45.95
14	江　西	142.02	37.29	65.65	6.13	56.99	33.85
15	山　东	147.20	50.80	81.05	10.66	68.23	26.76
16	河　南	94.73	41.10	49.38	7.47	45.72	29.85
17	湖　北	131.49	39.48	53.37	3.50	63.10	40.30
18	湖　南	149.74	37.93	62.90	8.40	63.10	40.30
19	广　东	319.61	38.52	133.27	6.89	125.05	81.99
20	广　西	148.86	24.97	53.53	1.45	47.68	29.54
21	海　南	229.28	37.84	73.46	2.49	54.24	57.00
22	四　川	126.29	35.12	50.79	5.87	49.99	27.81
23	贵　州	90.10	30.47	22.42	9.88	29.16	21.44
24	云　南	124.76	32.25	51.01	4.94	44.37	21.18
25	西　藏	76.95	38.11	12.80	2.38	18.10	4.44
26	陕　西	82.74	38.65	47.06	7.26	37.88	20.28
27	甘　肃	54.92	31.73	24.62	7.26	50.40	25.90
28	青　海	95.19	49.12	30.81	10.58	38.57	21.22
29	宁　夏	92.00	50.78	52.78	12.35	73.18	31.05
30	新　疆	103.13	66.40	36.90	17.55	53.92	36.12

参考文献

陈希孺，王松桂. 近代回归分析. 合肥：安徽教育出版社，1987
范金城，梅长林. 数据分析. 北京：科学出版社，2002
方开泰. 实用多元统计分析. 上海：华东师范大学出版社，1989
方开泰. 实用回归分析. 北京：科学出版社，1988
傅权，胡蓓华. 基本统计方法教程. 上海：华东师范大学出版社，1989
高惠璇. 应用多元统计分析. 北京：北京大学出版社，2005
何晓群. 多元统计分析. 北京：中国人民大学出版社，2004
何晓群. 现代统计分析方法与应用. 北京：中国人民大学出版社，2003
何晓群，刘文卿. 应用回归分析. 北京：中国人民大学出版社，2001
李子奈. 计量统计学. 北京：高等教育出版社，2000
陆璇. 应用统计. 北京：清华大学出版社，1999
梅长林，周家良. 实用统计方法. 北京：科学出版社，2002
孙文爽，陈兰祥. 多元统计分析. 北京：高等教育出版社，1994
孙尚珙，潘恩沛. 实用判别分析. 北京：科学出版社，1990
王学仁，王松桂. 实用多元统计分析. 上海：上海科学技术出版社，1990
王学民. 应用多元分析. 上海：上海财经大学出版社，1999
王松桂，陈敏，陈立萍. 线性统计模型. 北京：高等教育出版社，1999
于秀林，包雪松. 多元统计分析. 北京：中国统计出版社，1999
杨维权，刘兰亭，林鸿洲. 多元统计分析. 北京：高等教育出版社，1989
周纪芗. 回归分析. 上海：华东师范大学出版社，1993
张尧庭，方开泰. 多元统计分析引论. 北京：科学出版社，1997
Kleinbaum 等. 应用回归分析和其他多元方法. 北京：机械工业出版社，2003
Anderson. T. W. An Introduction to Multivariatr Statistical Analysis. (2nd Edition). Wiley，1984